人生最难攀登的30座山峰

张春 著

中国人民公安大学出版社

·北 京·

图书在版编目（CIP）数据

人生最难攀登的30座山峰/张春著．—北京：中国人民公安大学出版社，2013.3

ISBN 978-7-5653-1247-2

Ⅰ.①人…　Ⅱ.①张…　Ⅲ.①人生哲学—通俗读物

Ⅳ.①B821-49

中国版本图书馆CIP数据核字（2013）第042475号

人生最难攀登的30座山峰

张　春　著

出版发行：中国人民公安大学出版社

地　　址：北京市西城区木樨地南里

邮政编码：100038

经　　销：新华书店

印　　刷：北京泰锐印刷有限责任公司

版　　次：2013年3月第1版

印　　次：2013年3月第1次

印　　张：11

开　　本：880毫米×1230毫米　1/32

字　　数：288千字

书　　号：ISBN 978-7-5653-1247-2

定　　价：32.00元

网　　址：www.cppsup.com.cn　　www.porclub.com.cn

电子邮箱：zbs@cppsup.com　　zbs@cppsu.edu.cn

营销中心电话：010-83903254

读者服务部电话（门市）：010-83903257

警官读者俱乐部电话（网购、邮购）：010-83903253

杂志分社电话：010-83903239

自　序

德国著名哲学家阿·叔本华说："人生的智慧就是如何尽量幸福、愉快地度过一生这样一门艺术。"他还说："对于人的幸福起着首要关键作用的，是属于人的主体的美好素质，这些包括高贵的品格、良好的智力、愉快的性情和健康良好的体魄。"

毛泽东在《第七届中央委员会的选举方针》报告中，引用了古语"临事而惧，好谋而成"，并以"这种态度是好的"、"这样才是好的态度"予以充分肯定和赞赏。

"临事而惧，好谋而成"出自《论语·述而》。孔子夸奖弟子颜渊，勇猛的子路不服，他问老师："如果率领三军打仗，您挑谁跟着您呢?"孔子说："暴虎冯河，死而无悔者，吾不与也。必也临事而惧、好谋而成者也。"孔子认为，我不会同那种空手与虎搏斗，徒步跋涉急流，纵然身死也无悔意的鲁莽之人在一起。一定要选择同遇事谨慎小心，考虑周详，有了善谋始作决策的人在一起。这里"临事而惧"的"惧"字，不是害怕的意思，是说小心驶得万年船。

"临事而惧，好谋而成"，实质反映出的是对工作和事业的强烈的责任意识和忧患意识。面对新的任务或形势，在没有十足的把握之前，不骄矜、不自满、不自负，把困难、问题、危机估计得大一些、多一些、足一些。这样，才能避免出现大的失误或纰漏，才能作出客观准确的判断，才能因情施策有效应对，才能真正做到临危不惧、处变不惊，才能接近目标取得胜利。

由此看来，"临事而惧，好谋而成"，不仅是一种工作态度、一种思想方法，也是一种精神品格、一种高蹈风范，可以说是欲成大事者必备的一种智慧、韬略、精神与修养。因此，毛泽东把它作为识才用人的一条准绳。

现实中有这样的现象：两个人一起到同一个单位工作，几年之后两个人却产生了差距。一个人成为单位骨干，受到领导的器重和同事的敬重，另一个人却碌碌无为。大家知道，除了少数天才之外，大多数人的禀赋都相差无几。那么，是什么原因造成了两个人之间的差距呢？“临事而惧，好谋而成”也许可作为参考答案。

“临事而惧，好谋而成”，说易行难，至少有30座山峰耸立在面前，需要我们奋力去攀登。这些山峰有大有小，有高有低，有缓有陡；有鲜花美景，有荆棘坎坷，有峰回路转，有举步维艰。可以说是一步一层天，一步一道关，步步有艰险，步步有奇观。

一位哲人说得好：“阅透人情知纸厚，踏穿世路觉山平。”崎岖使人成熟，攀登使人强壮，磨难考验品格，艰难催人成长，成就坚定信心，进步丰富思想。

高山仰止，景行行止。对有的山峰，我们永远无法登至极顶，但在攀登的途中，敬仰着、期望着，从容不迫地取舍，如云卷云舒般进退，品味着生命的要义。所以，选择一根坐标尺上路势在必行！它既督促我们不懈努力地攀登，又提醒我们恰到好处，可行则行，当止则止，真正走上“临事而惧，好谋而成”的智胜之道。

因水平有限，书中难免存在疏漏与不妥之处，敬请读者批评指正。

2013年1月4日

目 录

上编

1 人生最难锻造的是——气质 3
2 人生最难修为的是——境界 17
3 人生最难培养的是——眼光 32
4 人生最难创新的是——思路 40
5 人生最难极尽的是——学识 49
6 人生最难提升的是——素养 59
7 人生最难调整的是——心态 69
8 人生最难留住的是——光阴 88
9 人生最难速成的是——水准 101
10 人生最难保持的是——健康 115

中编
11　人生最难践行的是——舍得　131
12　人生最难忍耐的是——寂寞　142
13　人生最难秉持的是——本色　149
14　人生最难改变的是——习惯　156
15　人生最难战胜的是——自己　165
16　人生最难得到的是——人心　178
17　人生最难处理的是——关系　187
18　人生最难满足的是——利益　203
19　人生最难控制的是——情绪　213
20　人生最难成真的是——梦想　222

下编
21　人生最难把握的是——机遇　231
22　人生最难精通的是——方法　242
23　人生最难学会的是——讲话　251
24　人生最难生产的是——幽默　262
25　人生最难美满的是——婚姻　272
26　人生最难识别的是——谎言　283
27　人生最难消除的是——误会　295
28　人生最难做好的是——细节　305
29　人生最难相信的是——危机　314
30　人生最难躲避的是——陷阱　324

主要参考书目　335

后记　337

上编

在人生道路上长途跋涉，有许多山峰耸立在那里，需要我们用毅力驱动前行的脚步、用信念支撑升腾的姿态，心无旁骛、专心致志地去攀登。有些山峰或许我们永远也登不上极顶，但可以挑战高度，俯瞰落差，释放激情，赢得一步高过一步的成功。要知道：只要脚步不停，处处都是风景！

1

人生最难锻造的是——气质

气质是内心世界的外在表现之一，是精神上的“钙”。如果一个人没有底气、骨气、志气、朝气、正气、勇气、锐气、大气、豪气和才气做基石，精神上就会“缺钙”，就会得“软骨病”。高贵气质人所共求。但是，人生最难锻造的是气质，它就像一座山峰耸立在那里，需要我们努力去攀登。只要脚步不停，处处都是风景。

气质是指人相对稳定的个性特征、风格以及气度，是人的经历、修养、知识、思想等长期积累、综合的产物。

良好的气质是以人的文化素质、文明程度、思想品质为基石的。

气质美看似无形，实为有形。它是通过一个人对待生活的态度、个性特征、言行举止等表现出来的。

最近，人民日报评论部围绕《锻造我们时代的精神气质》推出系列文章，论述执政者要锻造解放思想、永葆与时俱进的锐气，改革开放、永葆探索创新的朝气，凝聚力量、永葆团结奋发的士气，攻坚克难、永葆不惧风险的勇气，为我们的时代标注新的精神高度，推动中国走向更好的未来。

马克思说：“一个时代的精神，是青年代表的精神；一个时代的性格，是青年代表的性格。”

什么样的时代，就有什么样的精神气质；一个时代的精神气质，决定了时代的品质。

每一个想成大事者在做“小人物”时，都要向“大人物”看齐。在锻造我们时代的精神气质上，也不例外。

毛泽东是在20世纪的大动荡年代改变中国面貌的世纪伟人，他强调人是要有点精神的，没有那么一股子气呀、劲呀，不行！毛泽东的一言一行都显露出一种非凡的气质。

本书总结了毛泽东无与伦比的十大精神气质。这十大精神气质具有强大的冲击力、感染力和凝聚力，是典范，是榜样，是旗帜，即便是学之皮毛，对我们成就人生也具有重要意义。

一、舍我其谁的革命底气

底气，指的是十足的信心和力量。毛泽东能够纵横捭阖、所向披靡、满怀信心、战无不胜，其底气何来？

一来自他熟悉国情，把握精准。所谓中国国情，一是农民，二是农村。看他1927年写的《湖南农民运动考察报告》，对当时农民的革命要求的体察、了解透彻而深刻，对地主阶级的种种剥削形式的分析、认识尖锐而犀利。当时的中央领导成员瞿秋白看了这个报告，非常兴奋，为这个报告写了一篇序言，称赞毛泽东是“农民运动的王”。

二来自他敢于斗争，勇于实践。他在1919年就领导湖南学生“驱张”，峥嵘初露。他的名言是“没有调查研究就没有发言权”，“实践出真知”，“高贵者最愚蠢，卑贱者最聪明”。他在1925年12月1日写的《中国社会各阶级的分析》一文中就明确指出：“工业无产阶级是我们革命的领导力量。”1927年1月，毛泽东回到湖南进行了深入的调查，回答了农民运动到底是“糟得很”还是“好得很”的争论。在他亲自主办的中央农民运动讲习所，培养和造就了一大批“农运”中坚，犹如星星之火，撒向全国，终成燎原之势。

三来自他实事求是，土洋结合。1942年2月，毛泽东在延安党校的一段讲话指出：“马克思列宁主义和中国革命的关系，就是箭和靶的关系。有些同志却在那里‘无的放矢’，乱放一通，有些同志则仅仅把箭拿在手里搓来搓去，连声赞曰‘好箭好箭’，却老是不愿意放出去。”而毛泽东则把马列主义和中国革命实践有机结合，成功地寻求出一个从中国本土生长出来的理论体系，并非常具有前瞻性地预言了中国革命的独特道路和正确方向，即农村包围城市，枪杆子里面出政权。

二、从不低头的民族骨气

骨气，这是作为一个有尊严的人、一个有尊严的国家和民族必须具备的最起码的道德精神品质。骨气，简单地说，就是要有脊梁骨；没有脊梁骨，则是任人欺侮、任人宰割、任人凌辱的“软骨头”。毛泽东的一生，是挺起脊梁、进行战斗的一生，是永不向强权和邪恶势力低头的一生。

早年在《湘江评论》上，毛泽东就以黄钟大吕般的声音宣告：“天下者，我们的天下；国家者，我们的国家；社会者，我们的社会。我们不说，谁说？我们不干，谁干？”这种骨气，惊天地、泣鬼神。在他的领导下，1949 年中国人民“从此站起来了”，中国人从此挺起了脊梁，有尊严地立于大国之林，永远告别了屈辱挨打的时代。而事实上，直到原子弹、氢弹炸响以后，中国才在真正意义上站立起来。此后，才有了伦敦奥运会中国连续领跑金牌榜让世界发出“中国一直在创造历史”的惊呼。

在中国遭遇美帝封锁时，毛泽东就说过，封锁吧，封锁十年二十年，中国的一切问题都可以解决。中国是个大国，想做大事就不要怕人知道，也不可能不让人知道。忍屈受辱、仰人鼻息不是毛泽东的性格。他说：“帝国主义及一切反动派都是纸老虎；在战略上要藐视敌人，在战术上要重视敌人。”这种骨气，有谁不为之动容？哪个敌人不惧怕万分？

在人民遇到疾苦时，他明确指示医院：“不能为金钱服务、不能为特权服务。必须救死扶伤，实行革命的人道主义。”在缺医少药的年代，坚持“送医送药下乡”；穷则思变地在农村创立了“赤脚医生”；咬牙坚持国家补贴搞公费医疗和合作医疗，解决了广大群众治病难的问题；真抓实干，在全国彻底消灭了性病、消灭了麻风病、消灭了血吸虫病。这种独立自主的骨气，赢得了全国人民的衷心爱戴。

三、以身报国的宏大志气

志气，就是为了人生目标，百折不回，力求实现的气质。古语评论“志”的重要性：“三军可夺帅也，匹夫不可夺志也。”志气，是有理想、有抱负、有信心的表现。有志气的人，往往奋斗目标明确、意志坚定、不怕各种困难。越有困难、越有挑战，越能显示志气的精神力量。毛泽东一无高贵的家世，二无显赫的学历，但他青年时代就怀着“就良图、立远志”、“改造中国”、“改造世界”的强烈愿望，正所谓“有志者，事竟成”。毛泽东壮年以后直到晚年，由于已成为中共第一代领导核心、中国人民的领袖，所以他的志气，也就顺理成章地变成了中国共产党党员和中国人民的志气和志向。

井冈山革命根据地是中国革命的摇篮。在领导秋收起义之前，瞿秋白曾提议毛泽东到上海中央去工作。毛泽东回答得很干脆，我要上山下湖，到山林里去跟绿林好汉交朋友。他果然这样做了。在井冈山，他改编了袁文才、王佐两支农民武装，在山林里落下了脚。想不到，这一脚踢出一个崭新的局面。

38 年后，毛泽东回到了井冈山。看今朝，忆往昔，他心潮澎湃，挥笔写下了《水调歌头·重上井冈山》。在这里，我们不说井冈山的美景和变化，也不说当年“黄洋界上炮声隆，报道敌军宵遁”的情景，只说毛泽东“可上九天揽月，可下五洋捉鳖”的政治预言。2012 年 6 月 24 日，毛泽东 47 年前的这一诗句不止被一家国外媒体引用，来形容中国“一天内开启两个新纪元”——蛟龙号深潜突破 7000 米以及神州九号飞船与天宫一号首次手控交会对接成功。一天之内，中国在外太空和西太平洋马里亚纳海沟同时诞生了载人航天和载人深潜的新纪录。中国被认为获得“无可争议的胜利”，且“同时在宇宙和海洋上演大国崛起”。这也是“世上无难事，只要肯登攀”这一名言警句的最好注脚。

有专家概括毛泽东的一生：“指点江山，激扬文字，粪土当年万户侯”，“到中流击水，浪遏飞舟”，展现的是毛泽东青年时代的志气。“安得倚天抽宝剑，把汝裁为三截？一截遗欧，一截赠美，一截还东国。太平世界，环球同此凉热”，“今日长缨在手，何时缚住苍龙？”“俱往矣，数风流人物，还看今朝”，展现的是毛泽东壮年领导红军长征时代的志气。“四海翻腾云水怒，五洲振荡风雷激。要扫除一切害人虫，全无敌”，展现的是毛泽东晚年反帝反修时代的志气。可见，毛泽东的志气是何等的激励人心，难怪他能得到“神”一般的敬仰！

四、进取向上的蓬勃朝气

朝气，是指精神振作、奋发向上、力求进取的气概。从革命到成功，中国共产党像一个巨大的磁场产生了一呼百应的感召力和海纳百川的吸引力，社会主义革命和建设事业就像一轮喷薄欲出的朝阳点燃了人们心中的希望。追求进步和光明的先进青年一心向往新中国，积极参加社会主义革命和建设。正是有了这么一股子蓬勃向上的朝气，社会主义革命和事业才欣欣向荣、蒸蒸日上。

毛泽东把青年人比作早上七八点钟的太阳。他认为，有了这种朝气蓬勃的精神状态，就有了成就事业的雄心和激情，就有了完成任务、履行使命的责任和力量，就有了对工作、对事业、对生活的无限憧憬和追求，就有了在时代浪潮中尽显青春的勇气和信心。

说来很有趣，毛泽东这样一位后来举世瞩目的革命家、政治家、思想家，公开发表的第一篇文章却是体育论文。他在文中写道："身体是知识和道德的载体。"他提出"欲文明其精神，先自野蛮其体魄"的口号。因体育锻炼有强筋骨、增知识、调感情、强意志等许多好处，而"意志也者，固人生事业之先驱也"。可以说，毛泽东借此提倡武勇世风、充满朝气、奋斗向上的人生观。这期间，他在日记里写下了后来十分著名的话："与天奋斗，其乐无穷；与地奋斗，其乐无穷；与人奋斗，其乐无穷。"毛泽东之所以能担当历史大任，做出惊天动地的伟业，得益于很多因素，也得益于他拥有蓬勃朝气和健壮体魄。实际上，政治的较量到了最后就是身体的较量、意志的较量。一个优秀的政治家善于利用和强化对手在身体上、意志上的劣势，就能在较量中轻易地击败对手。

游泳是毛泽东毕生乐事，他少年时代就乐于同水打交道，青年时代更乐于江河湖海的风浪搏击，年近花甲依然乐此不疲。他在老家的池塘、水库里游过，在湘江里游过，在万里长江中游过，在大海中游过……

朝气——青年——未来，是毛泽东力求保持不老心灵、试图永远年轻的三个支点。

五、刚正宏大的浩然正气

正气，指的是光明正大的风气和刚正的气节。毛泽东正气浩然，霸气盖世。毛泽东的一身正气体现在哪里？

一体现在他敢于坚持真理、修正错误。毛泽东一生以追求社会公平为最高己任。他坚信，只有建立一种公正的社会制度，才能实现共同富裕，才能消灭贫穷，才能消除两极分化。在革命最困难的时候，他说："共产党人必须随时准备坚持真理……必须随时准备修正错误……"正因为这样，才能通过遵义会议，在革命的生死关头拨正航向，用浩然正气树立了中国共产党人的正直形象。

二体现在他两袖清风、一生勤政。毛泽东在领导中国革命和建设的半个多世纪中，始终把廉政勤政、大公无私作为自己毕生的奋斗目标及伟大实践，并身体力行，率先垂范。毛泽东痛恨贪官污吏，亲自批出尚方宝剑，痛斩贪官张子善和刘青山。毛泽东一生清廉无私，坚决反对子女或亲属中的任何一个人借他的声望谋半点私利。人们不会忘记那张毛泽东在延安一次干部大会上作报告的照片，他前面摆着一只方凳、一个茶缸，身上穿着一条带补丁的裤子，场景就这样简陋、简单、俭朴，然而这场面、这补丁本身就是毛泽东廉政风范的生动体现。

三体现在他服务人民、奉献国家。他一家有六位亲人为革命牺牲，包括他的爱妻杨开慧和长子毛岸英。身为人民的领袖，他慨然高呼："人民万岁！"他执著揭示的真理是："人民，只有人民，才是创造世界历史的动力。"他笃信人民的伟力，断言"帝国主义和一切反动派都是纸老虎！"身为翻转乾坤的胜利者，他昭然申明："这只是万里长征走完了第一步。"他谆谆告诫自己的同志："务必谦虚谨慎、不骄不躁；务必艰苦奋斗、继续奋斗——绝不能让资产阶级的糖衣炮弹击倒！"他为中国共产党人和一切国家公职人员确立的不可移易的最高宗旨是："为人民服务"。

四体现在他不畏强权、敢于斗争。世界上替强者效劳的思想理论不计其数，教诲弱者屈从强者的说教浩如烟海，唯独毛泽东思想专门替无辜弱者说话；教导遭受强国侵略的弱国不靠寄人篱下，不靠卑躬屈膝，不靠主权交易，完全依靠自力更生、艰苦奋斗来改变命运。无论是美国还是苏联都拿毛泽东毫无办法，打不赢，吓不倒，骗不过，困不住。抗美援朝战争，不仅使中国打败了当时最强大的国家——美国，大长了中华民族的志气，而且也巩固了新中国的地位。在抗美援朝战争以前，在第一次世界大战和第二次世界大战过程中，美国军队从未打过败仗。为什么在

“二战”以后，美国人两次都败在毛泽东之手？一次是在朝鲜战场，另一次是在越南战场。这两次，毛泽东都是为了帮助友好近邻，帮助弱小国家，出兵打败了美军。

这种浩然正气，有谁能及？

六、压倒一切的无敌勇气

勇气，是指勇往直前、敢想敢干、毫不畏惧的气概。共产党人具有压倒一切敌人而不被敌人所吓倒的英雄气概。正因为有了“下定决心，不怕牺牲，排除万难，去争取胜利”的大无畏精神，共产党人才敢于在白色恐怖的腥风血雨中点燃星星之火。

毛泽东的无敌勇气主要体现在理论和战略上：初见于二万五千里长征，再见于抗日战争，三见于三大决战，四见于对外的四大战略决战（朝鲜战争、援越抗法、中印边界战争和中苏珍宝岛战役）。每一次的决战，都是中国历史进程的一次飞跃，都是一次理论和战略的突破。特别是晚年的反帝反修、反和平演变更是一次巨大的理论和战略的飞跃，因为当时的中国是在美苏两霸的重重围堵之下，要冲破美苏构筑的铜墙铁壁，要冲破当时国际的二元格局，建立世界的三元格局，为中华民族争得生存空间。这一切没有无敌的勇气是办不成的。

说到毛泽东的无敌勇气，不能不说二万五千里长征。

长征，在中国作家魏巍的笔下是“地球的红飘带”；在美国作家索尔兹·伯里的笔下，长征是“前所未闻的故事”；在埃德加·斯诺的笔下，长征是“惊心动魄的史诗”；在毛泽东的笔下，长征是宣言书，长征是宣传队，长征是播种机。

这就是长征，是人类历史上从未有过的一次史诗般的军事壮举和奇迹。长征路上遇到了无数的艰难险阻，例如，毛泽东以事实生动地形容说，长征路上，“天上每天有几十架飞机侦察轰炸，地下几十万大军围追堵截”。然而，红军终于冲破重重障碍，克服了一切困难，取得了最后胜利。这是何等的勇气？只有具有“敌军围困万千重，我自岿然不动”般无敌勇气的统帅和军队，才能谱写一首首胜利的凯歌，才能战胜远比自己强大得多的敌人。

七、傲视千古的磅礴大气

大气，是指盛大宏伟的气势。毛泽东以其思想深邃、见解独到的理论，胸怀广阔、远见卓识的谋略，决胜千里、指挥若定的气势，独领风骚、浪漫情怀的诗篇，博古通今、别具一格的笔墨，展现了他文武兼备的磅礴大气。正是这种挑战进取的性格、雄才大略的豪情、审时度势的睿智、不拘一格的洒脱，使毛泽东在中国革命的一个又一个历史关头，能够把握住时机，力挽狂澜。毛泽东的一生，波澜壮阔，惊天地、泣鬼神，所体现出来的革命精神，具有强大的凝聚力；他的个性品格，具有动人的感染力；他的深邃思想，具有非凡的穿透力。

毛泽东的这种大境界、大气魄，与我们的民族英豪可谓是一脉相承。但是，对那些曾风云一世的英雄们，毛泽东有其自己的评价：“惜秦皇汉武，略输文采；唐宗宋祖，稍逊风骚。”“风”乃《国风》，“骚”乃《离骚》，是文学作品的总称，也是才华的代称。而所谓的强者之汗——成吉思汗，以武功见长，也“只识弯弓射大雕”。他认为，只有文武兼备的人才才能掌握中国的命运，才能成为幅员辽阔、历史悠久的伟大国家的主人。于是，毛泽东在《沁园春·雪》中写出了傲视千古的绝句：“俱往矣，数风流人物，还看今朝。”同时，也向全世界宣告：经过长征考验的红军，经过战争洗礼的中国共产党，无疑将超越历史。

古人说：“器大者声必宏，志高者意必远。”毛泽东大气磅礴地追求社会公平正义，为民族和人类谋利益，在艰苦卓绝的条件下缔造建立了新中国！

八、勇往直前的昂扬锐气

锐气，指的是一种奋发向上的斗志、勇往直前的气势。

青年毛泽东曾经写下过这样的话："河出潼关，因有太华抵抗，而水力益增其奔猛；风回三峡，因有巫山为隔，而风力益增其怒号。"这样一种"因为有阻力所以更有动力"的迎难而上、百折不挠的锐气，成就了一代又一代共产党人披荆斩棘、不断取得胜利的可贵精神品质。

一部中国共产党的奋斗历史，就是一部展现着共产党人昂扬锐气的历史。特别是经过辽沈、淮海、平津"三大战役"，人民解放军在长江以北歼灭了国民党反动军队的主力，国民党反动政府行将崩溃，但仍企图凭借长江天险，阻止人民解放军南进。1949 年 4 月 21 日，毛泽东和朱德向人民解放军发布了《向全国进军的命令》，命令全军坚决、彻底、干净、全部地歼灭敌人，解放全中国。4 月 23 日晚，人民解放军占领南京，宣布国民党反动政府土崩瓦解。

毛泽东在《七律·人民解放军占领南京》中写道："天若有情天亦老，人间正道是沧桑。"什么是人间正道？人类社会在变革中实现进步的规律，这就是人间正道；新生的战胜腐朽的，先进的取代落后的，这就是人间正道；蒋家王朝的覆灭、南京的解放，就是天地沧桑、历史巨变中的人间正道。

只要走的是人间正道，就可以所向披靡。

毛泽东曾经说过，"什么叫工作，工作就是斗争"、"我们是为着解决困难去工作、去斗争的"。我们干工作，就是迎接一个又一个挑战，战胜一个又一个困难。面对困难，怨天尤人、牢骚满腹不行，悲观失望、灰心丧气不行，做表面文章、敷衍塞责、得过且过不行，必须有克难奋进、战而胜之的信心和勇气，有坚忍不拔、百折不挠的意志，善于破解难题，做艰苦扎实的工作。

九、苦中求乐的英风豪气

豪气，是指豪迈的气概。有句话妇孺皆知：苦不苦，想想红军二万五；累不累，想想革命老前辈。毛泽东苦中求乐的豪气无人能及，虽然他长期处于艰苦、清贫、恶劣的环境，但是具有辩证唯物主义的深邃眼光，深知道路是曲折的、前途是光明的，因而充满了革命乐观主义精神。

毛泽东“苦中有乐，变苦为乐”的苦乐观是革命胜利的法宝之一。红军为什么能在那样艰苦卓绝的长征中感到苦中有乐，能够克服种种困难，变苦为乐呢？这是因为他们自觉意识到在为国家的解放、民族的崛起和人民的翻身而奋斗，意识到今天个人的吃苦，是为谋求全中国人民和全世界人民明天的幸福和欢乐。

毛泽东曾指出：革命就得吃苦，不怕苦。怕吃苦，吃不得苦，就别革命。革命不经过艰苦斗争，又怎么能取得革命胜利呢？我们从事任何工作，不经过痛苦的磨炼，不进行艰苦的劳动，或者刻苦的求知，怎么可能取得优异成绩呢？世界上没有不费任何气力、不吃一点苦就能办成的事。要干出一番事业，要为社会发展或人类作出贡献，就必须艰苦奋斗。“苦尽甘来”，由苦转化为乐，需要经过艰苦历程。怕吃苦，吃不得苦，就不能实现向乐的转化。所以，真正的快乐只能由奋斗的艰苦转化而来。

革命是极其艰难的，胜与败、生与死，就在转瞬之间。要吃苦，但也不能傻吃苦，关键要给人以光明的前景。毛泽东始终以独特的智慧和豪气去迎接挑战，并且善于鼓舞士气，向人们播撒坚定的信念。即使革命力量在长征过程中一时微弱得如同一簇寒星的时候，也坚定地预见中国将要发生翻天覆地的变化。

1930 年 1 月 4 日晚上，毛泽东在一盏油灯下，调墨挥笔，畅想着星火燎原的革命高潮，“它是站在海岸遥望海中已经看得见桅杆尖头了的一只航船，它是立于高山之巅远看东方已见光芒四射喷薄欲出的一轮朝日，它是躁动于母腹中的快要成熟了的一个婴儿”。这是一封写给红军将领的信，也是一首洋溢着理想主义激情和豪气的诗篇、一个关于革命前途的神奇预言、一个政党关于苦难辉煌的不懈追求，可以说是豪情万丈，气势如江河奔腾，山呼海啸！

十、满腹经纶的超凡才气

才气是一种能力，也是一种品德和素养。毛泽东才华横溢，超凡脱俗！他是中国历史上甚至人类历史上，罕见的具有军事、哲学、文学、政治等多方面综合性超凡才华的旷世奇才！人们不禁要问，毛泽东的这种超凡才气从哪里来？

一来自他的历史承担。1963 年，毛泽东在写完《人的正确思想是从哪里来的》这篇文章后，曾对他的卫士说过这样的话："人们常说虎死了留皮，人死了留名。我这个人啊，只要给人民留点'文'就行了。"对毛泽东诗词，郭沫若评价："经纶外，诗词余事，泰山北斗。"柳亚子赞之："才华信美多娇，看千古词人共折腰。"

相传，在湘江之战后的一天下午，毛泽东和王稼祥、张闻天三人躺在担架上，途遇一白胡子老者，这个老者给戴着眼镜的王稼祥和张闻天出了一幅上联："天当棋盘星作子，谁敢对弈？"王稼祥和张闻天一时答不上来，说："我们答不上来，但我们的老毛很有古文功底，现在他小解去了。等他回来给您对一下。"老者点头称是。一会儿，毛泽东回来了。王稼祥把上联说了一下就让毛泽东来对。毛泽东思忖片刻，随口吟来："地做琵琶路为弦，我来弹琴！"不但对得工整，而且尽展毛泽东卓越才华和扭转乾坤的气魄。

二来自他的有胆有识。毛泽东一身是胆，他年轻时就喊出"问苍茫大地，谁主沉浮？""粪土当年万户侯"的豪言壮语；他初出茅庐就扳倒了皖系大军阀张敬尧；他在敌机轰炸现场谈吐自如、毫不惊恐；他为揭露蒋介石玩弄的和平阴谋，亲赴暗藏杀机的重庆；他把自己的最高统帅部放在战争最前线；他为减轻别的战场的压力，把几十万敌军吸引到自己周围；他为了保家卫国敢于和世界最强大的军事联盟较量；他“以核制核”，击败了两个核大国的核垄断、核讹诈。

自古以来，有才的人很多，有识的人相对要少；有才的文章很多，有识的文章相对要少。文有才，读书万卷可以做到；文有识，则还要加上饱经世事、深思熟虑才成。所以人们说：文贵有识。这就决定了“毛泽东的诗词功底，与中国历代帝王综合比较，毛都是冠军”（朱向前语）。而毛泽东的胆识，更多地体现在他那些光芒四射的著作中，体现在毛泽东思想中。

三来自他终生与书为伴、学而不倦。毛泽东说：“我一生最大的爱好是读书。”“饭可以一日不吃，觉可以一日不睡，书不可以一日不读。”实际上，无论是青春年华的学生时代，还是戎马倥偬的战争岁月，抑或日理万机、领袖群伦年代，他都手不释卷，以书为伴：书以伴行，书以伴眠，甚至书以伴厕，直到临终前夕仍在索书，一生读了难以数计的书。

学生时代的毛泽东就特别喜欢中国文史，读了大量的古籍，打下了扎实的基础，练就了一手绝好的作文吟诗功夫。毛泽东在长沙的修学储能，为他波澜壮阔的一生打下了坚实的基础。

在艰苦的战争年代，毛泽东对书有一种饥渴心情，总是想方设法找书，在戎马倥偬中挤时间读书。无论是在峰峦叠嶂的井冈山，还是在闭塞的黄土高坡延安，他都阅读了大量的马克思主义著作。

新中国成立后，作为党政军的最高领导人，毛泽东更忙了，然而，他日理万机不废读，甚至入痴入迷读文史，那些具有世事洞明的创见，对指导中国社会主义建设起到了积极而重要的作用。

在中南海住的时候，一米八的床三分之二都是书，看累了才睡，睡醒再看书。这才叫与书为伴！毛泽东读的书，涉及孔孟老庄，古诗史记，资治通鉴，二十四史；诗经楚辞，汉赋唐诗，韩柳古文，苏陆新词；三国西游，水浒红楼，封神东周；孙子兵法，文正家书……他文山漫步，史海扬帆，诗苑寻芳，无所不及，无所不包。学生时代，精研古籍，寻求真理；投身革命，学习马列，唯物辩证，法眼独具。研究历史，批判吸收，结合中外，融汇古今。无古不成今，观今宜鉴古。借古喻今，古为今用。运用之妙，存乎一心。

从某种程度上说，是中华大文化养育了毛泽东这样一位大人物。一个人所具有的精神气质，不是天生就有的，而是自己努力修为和锤炼得来的。在这方面，毛泽东值得我们学习一辈子，特别是他那非凡的精神气质，如果真的能学之一二，那我们也就不虚此生了。当然，学习也是千里之行始于足下，只有多读、多想、多学，不断感受那绵延浩荡的革命底气、民族骨气、宏大志气、蓬勃朝气、浩然正气、无畏勇气、昂扬锐气、磅礴大气、英风豪气、超凡才气，并在实践中不断主动锻造自己，才能真正成为一名“临事而惧，好谋而成”的智者。

当前，我国发展正处在关键时期，经济社会发展呈现一系列新的阶段性特征，出现一系列新情况、新问题；世界形势复杂多变，政治多极化、经济全球化、社会信息化，使我国面临的生存安全问题和发展安全问题、传统安全威胁和非传统安全威胁相互交织，更要求我们必须重视修为和锻造自己的精神气质，以适应形势和工作的需要。

2

人生最难修为的是——境界

境界是一种精神，是一种领悟，更是一种做人的高度。境界是胸怀宽广，是明朗大气，是有舍有得，是进退自如，是低调淡薄。有境界自成高格。但是，人生最难修为的是境界，它就像一座山峰耸立在那里，需要我们努力去攀登。只要脚步不停，处处都是风景。

有一件事让我终生难忘。

假期里我在家忙着修改书稿，儿子催我带他去打篮球，我顺手拿过来一本画报，把其中带有世界地图的一页扯下来撕成若干片，给他："把地图拼完整，再带你去玩。"过了不到 5 分钟，儿子过来说："爸，我拼好了，咱们走吧！"我不信："怎么可能，这么快就拼好了世界地图！"

儿子说："这还不简单，地图的背面是一个人的头像。我反过来拼，只要将这个头像拼好了，地图就拼好了。"

他无意中说出一个人生的道理——做事先做人。

什么样的人行什么样的事，这是必然的。

做好人，干好事，你的世界就更美好。

写好一个"人"，只需两笔；做好一个人，却要一生。人生不是铅笔字，橡皮是擦不掉的。

睡在简陋的木板床上却乐此不疲的人是幸福的，知足是一种境界。雷锋真诚、乐观、无私助人，高尚也是一种境界。

明代儒学大家王阳明曾用金子比喻人格，纯度越高，品质就越高。提高这种“纯度”，关键取决于“知行合一”。

国学大师王国维也说过：“有境界自成高格。”他说古今之成大事业、大学问者必经过三种境界：“昨夜西风凋碧树，独上高楼，望尽天涯路”，此第一境也。“衣带渐宽终不悔，为伊消得人憔悴”，此第二境也。“众里寻他千百度，蓦然回首，那人却在灯火阑珊处”，此第三境也。这三种境界给成功者做了一个很深远的概括。简单地解释这三种境界为立志、奋斗、成功。

孟子云君子有三乐：父母俱存，兄弟无故，一乐也。仰不愧于天，俯不怍于人，二乐也。得天下英才而教育之，三乐也。这是人生的一种境界。

人生三不斗：不与君子斗名，不与小人斗利，不与天地斗巧。

人生三不争：不与上级争锋，不与同级争宠，不与下级争功。

人生三大憾事：遇良友不交，遇良机不握，遇好书不读。

人生三福：平安是福，健康是福，吃亏是福。

人生三为：和为贵，善为本，诚为先。

人生三书：父亲是教科书，朋友是参考书，自己是一本尚未写好的书。

人生三不等：孝老，行善，健身。

幸福的根本在于三件事：手上有事做，眼里有关爱，心中有希望。

成功靠四人：高人指点，贵人相助，旁人找茬，个人奋斗。

人生境界真善美，大家都知道，出自邓丽君唱的《小城故事》：“看似一幅画，听像一首歌，人生境界真善美，这里已包括。”大俗中有大雅，也是一种人生境界。

人生要当进则进，当退则退；云卷云舒，张弛有致。这也是一种境界，人生才显得有节奏、有韵味、有韧性、有生命力。

山水相依，仁智共见；日月交辉，儒道互补。立德立功立言，有理有欲有情。这也是人生的一种境界。

有人说，幸福，是用来感觉的，而不是用来比较的；生活，是用来经营的，而不是用来计较的；感情，是用来维系的，而不是用来考验的；爱人，是用来疼爱的，而不是用来伤害的；金钱，是用来付出的，而不是用来衡量的；谎言，是用来击破的，而不是用来粉饰的；信任，是用来沉淀的，而不是用来挑战的。

有人说，跟恋人讲道理，是不想爱了；跟老婆讲道理，是不想过了；跟同事讲道理，是不想混了；跟上司讲道理，是不想干了……

也有人说，人生在世，有许多地方是没道理可讲的。而我想说，不是没有理讲，是有许多不同的理要讲。

伟人的人生境界是我们学习的典范。

周总理去世的时候，联合国决定降半旗致哀，有些国家的外交官不同意，当时的秘书长瓦尔德海姆说，有哪个国家的总理一生都受人民爱戴，在国外没有一分钱存款，一生只有一个女人？你们任何一个国家的元首如果做到其中一条，在他逝世之日，联合国总部将照样为他降半旗。他这么一说，反对的人都哑口无言。我国著名妇产科专家林巧稚说过这样一句话："我从周总理身上看到一种真正高尚无私的人格……使我由信上帝变成信共产党。要说真有上帝，那么他就是我心中的上帝！"这就是人格的魅力。

有三条忠告值得你铭记心间：

第一，遵守规则的人才有机会制定规则。

第二，看得透想得开，拿得起放得下，立得正行得直。

第三，只有在工作上当仁不让，才能在进步上水到渠成。

前不久，我到福州参加会议时，即兴撰述一副对联：茶一杯酒一杯杯杯入口，干一事成一事事事上心。后来回味，这也应该是一种境界。

在人生路上，我们都是赶路人。要心无杂念，在以下九个方面修炼人生的最高境界：坚定信念——信念决定行动；奋斗精神——精神决定态度；阳光心态——态度决定一切；高清思路——思路决定出路；务实作风——作风决定作为；责任意识——责任决定生存；创新水平——创新决定发展；笃学品质——学习决定进步；人格魅力——人格决定命运。

这就需要大智慧，而不是小聪明、小心眼、小算盘、小肚鸡肠。有些人表面看起来很聪明、很精细，却反倒不容易干成大事。小聪明，往往是打败自己的武器。

人生境界没有永远的最高，只有目前的最高、以后的最高，境界也是不断进化的。

越深的道理越简单，越好的修行越平常。做事先做人，这简短的五个字诠释了人生艺术的最高境界。然而，做人并非简单一句话就能概括，而是一门大学问。那么，到底应该做一个什么样的人呢？

一、信仰高贵

法国著名哲学家萨特曾经说过：“世界上有两样东西是亘古不变的，一个是高悬在我们头顶上的日月星辰，一个是深藏在每个人心底的高贵信仰。”什么是信仰？信仰是人对人生观、价值观和世界观的选择和拥有，是人的行为准则和人生指南。信仰像日月星辰一样在我们头顶照耀，人们相信它并仰望它，在风雨中不动摇，在考验下不改变。邓小平同志曾指出：“为什么我们过去能在非常困难的情况下奋斗出来，战胜千难万险使革命胜利呢？就是因为我们有理想，有马克思主义信念，有共产主义信念。”在《红岩》中，许云峰在敌人的魔掌中两次战胜死神，用双手挖出一条越狱的通道留给战友，自己却壮烈牺牲；江姐在狱中受尽了折磨，凶残的敌人把竹签钉进了她的十指。面对毒刑，她大义凛然：“毒刑拷打是太小的考验，竹签子是竹做的，共产党员的意志是钢铁。”这让我们看到，是共产党员，就要有崇高的信仰、坚定的意志、高尚的人格和凛然的气节。

难怪有人说，有了信仰，石头在水上也能漂流。高贵的信仰是暗夜里的灯，是催人奋进的鼓。

我们说，共产党员应有高贵的信仰，是不是人人都要为了共产主义抛头颅、洒热血呢？其实不必。时代不同了，信仰也有所不同。对于航天重大发射任务，成功就是100分，失败就是0分，没有中间值。因此，中国的航天人把成功作为信仰，坚守对成功的信仰就是坚守质量，质量是政治、是生命、是效益。当然，把成功作为信仰需要历经困难与挫折的磨炼；把成功作为信仰需要优秀精神文化的传承；把成功作为信仰需要掌握科学的方法；把成功作为信仰需要善战的人才团队的支撑。任何航天活动的成功都是新的起点和新的考验，但由于中国航天研制团队早已把成功融入血脉，当成一种坚定的信仰，在55年的发展过程中，他们走过弯路，经历过失败，但每一次他们都能从失败的挫折中站起来，走向新的成功。也正是这样，成功更多，失败更少。因此说，人生应有一个信仰，确立自己事业的目标，决定自己的志向，做起事来，全神贯注，不散漫无章，才会有所成就。

“行源于心，力源于志。”坚守信仰，不能只说在口头上；而是要发自内心，只有深信不疑，才能坚定不移。解决信仰问题，最根本的途径就是从世界观上解决问题。只有注重从思想深处改造自己，在实践中磨砺自己，把信仰之基打牢，有坚定信仰的支撑，才会有明确的奋斗目标，才能保持旺盛的革命斗志和无私的献身精神，才能经得起诱惑、经得起考验，排除干扰，专心致志创造一流业绩，铸就事业辉煌。

在政治多元化、经济全球化、社会信息化的今天，高贵的信仰不能丢，丢了高贵的信仰就丢了魂，丢了魂的人就是一个废人。高贵信仰的具体化就是要切实解决好“信什么”的问题、“服从谁”的问题、“为了谁”的问题和“怎么做”的问题。只有解决好了这四个基本问题，才能做一个大写的“人”。

二、履职尽责

俗话说：“干什么，吆喝什么。”尽职尽责是成就人生的基石。现在你做别人不愿做的事，将来你就能做别人不能做的事。履职尽责，需要把握以下三点：

一要有夙夜奉事的责任心。一个老木匠年近退休，老板安排他建最后一座房子。由于老木匠归心似箭，心思全不在工作上，选材、用料、做活都失去了往日的水准。等房子盖好后，老板把房子的钥匙交给了老木匠，说：“这房子是送给你的退休礼物。”老木匠羞愧难当，他做梦也没想到一生筑造了那么多华亭豪宅，最后却给自己盖了一座粗制滥造的房子。

这个故事给我们的启示是，做事成事关键是责任心在起作用。

有了责任心，就有了做好工作的激情和动力，做起工作来就会积极用心。不讲责任，不愿承担责任、不敢承担责任的行为，必然造成工作上敷衍了事、庸碌无为，随心所欲、弄虚作假，缩手缩脚、错失良机。责任心强，就会把精力集中在发展上，积极主动地想办法、出主意、拿措施，执行起来就会做到没有任何借口、不发任何牢骚、不谈任何条件、不讲任何代价、不计任何得失。相反，责任心不强，在其位不谋其政，碰到问题不解决，遇到矛盾绕着走，对职责范围内的事情该抓的不抓，该管的不管，结果就会困难越来越大，问题越积越多。

工作有难易之分，能力有高低之别，但关键还是责任心。只要是工作，就要有一种“等不起”的紧迫感、“慢不得”的危机感、“坐不住”的责任感。这样，干劲就会更足，热情就会更高，办法就会更多，执行力也就会大大增强。

一分担子，一分责任；职务越高，责任越大。无论你肩负什么样的职权，都要抱着对单位建设负责、对领导负责、对同事负责、对自己负责的态度做好每一项工作，不为家庭困难所扰，不因个人问题分心，切实做到事业重于泰山、使命高于一切，在其位则谋其政、负其责。

有了责任心，才能踏实肯干。踏实肯干，既是一种工作作风，也是一种精神状态。有的领导说，凡是能力强、素质高的同志，都是干出来的，吃苦“吃”出来的，加班“加”出来的。这些话虽朴实，但反映的道理却很深刻。海龟产一千个卵无人知晓，母鸡下一个蛋无人不知。干工作的两种选择：一是下工夫把工作做得很好，二是下工夫让别人知道你的工作做得很好。前者要比后者收获大，因此我们应该做一名多干少说的人，这样更踏实、更有后劲。

二要有敲钟问响的执行力。为政之要，贵在执行。执行力是检验一个人素质高低的试金石，反映的不仅是能力问题，还是工作作风问题。在事业上、工作中要想出类拔萃，就要在执行上比精神、在执行上见高低、在执行上出水平。

一个业务员去讨债，经过一番苦战，对方给了一张 10 万元的现金支票。结果到了银行，却被告知，账上只有 99900 元。如果他是一个只重过程不重结果的人，就可能回去复命，钱要到了，暂时取不出来。但这个业务员考虑到第二天就是春节，如果不及时拿到钱，不知要拖多久，就灵机一动，自己拿出 100 元钱，让对方存到客户公司的账户里去。这样一来，账户里就有了 10 万元。他立即将支票兑了现金。当他带着这 10 万元回到公司时，董事长对他大加赞赏，后来他成了公司的总经理。这就是执行力。

如果你是一名领导，要提高单位的执行力，就要盯住不落实的人、抓住不落实的事，奖勤罚懒、用能去庸，真正做到让想干事、能干事的人有舞台，让政治上靠得住、工作上有本事的人有施展空间，让言行不一、表里不一的人受教育，让成事不足、败事有余的人没市场。让优秀的干部有成就感、平庸的人有压力感、不称职的人有危机感，让每一个下属都清醒地认识到，满足于得过且过的“撞钟”者，不仅会贻误事业，而且也会害了自己。

三要有解决问题的“金刚钻”。履职尽责就要解决问题。我们不要忘记：最泥泞的沙滩，脚印最深；最险峻的高峰，风景最美。解决问题也是如此，解决小问题，得到小收获；解决大问题，得到大丰收。领导干部的威信在解决问题中提高，作风在解决问题中转变，境界在解决问题中升华。我们切不要因为沙滩泥泞而止步不前，不要因为山峰险峻而放弃攀登。

南京明城墙六百多年坚如磐石的秘密，就在于修建过程中严格落实了责任到人。今天，细心的游客还可以在一些城砖上发现斑驳的铭文，除时间、州府名外，还有监造官、烧窑匠、制砖人、提调官的名字。砖上刻人名的用意，用现在的话来说，就是要责任到人。无论是监造官、提调官，还是烧窑匠、制砖人，砖块质量如有问题，都会受到惩罚，谁也逃不掉。据记载，交砖时，检验官会让两名士兵抱砖相击，城砖不脱皮、不破碎，声音清脆，方为合格；如果城砖掉皮、破碎，声音混浊或有裂缝，则为不合格。不合格砖块一旦超过规定数量，则该批城砖即被定为不合格产品，必须重烧。

这个例子说明，解决了责任到人的问题，长城质量不过关的问题就迎刃而解。对单位存在的问题越是敢于揭短亮丑，越是能尽早发现问题，解决问题的成本也就越低；越是讳疾忌医、捂着盖着，问题就容易“发酵”，使小问题演变成大问题，“急性病”转化成“慢性病”。解决问题，有时要承担一定风险，有时会遇到挫折，这都是正常的。但如果对矛盾和问题采取回避拖延的态度，结果积重难返，造成工作被动。

三、尽量求是

人们天天讲实事求是，实际能做到的不多，能完全做到更难。实话实说说起来容易做起来难，需要诚实和勇气。

乔治·华盛顿是美国第一任总统。从懂事起，就很崇拜英雄人物。当他看到哥哥穿着军装上前线打仗，羡慕极了。

一天吃过晚饭，他忽然想到了一个问题，急忙跑去问父亲："爸爸，我长大了也要像哥哥那样，当一个勇敢的军人，好吗？""好极了，亲爱的孩子！"父亲高兴地回答，"可是，你知道什么样的孩子才能成为勇敢的军人吗？"父亲反问道。"嗯……"小华盛顿想了想说，"诚实的孩子才能成为一个勇敢的军人，是这样的吗？""是的。只有诚实，大家才能团结，团结才能战胜敌人，成为勇敢的军人。"

在他家的农场里，有一棵小樱桃树，那是父亲为纪念小乔治诞生而栽种的。小华盛顿一天天长大，小樱桃树也一年比一年高了。

华盛顿一心想长大做一名威武的军人。有一次，他打算做一把小木枪，把自己武装起来。他本想让父亲帮忙，可看到父亲成天忙于自己的工作，没有时间，于是决定自己动手。华盛顿拿起锯子、斧子，找了一棵容易砍倒的小树，把它锯断了。哪知道这棵树，就是父亲最心爱的那棵樱桃树。

父亲回来，知道了这件事，大发脾气，质问是谁干的。华盛顿躲在屋子里，非常害怕。他想了想，还是勇敢地走出来，惭愧地说："爸爸，是我干的。""小家伙，你把我喜爱的樱桃树砍倒了，你不知道我会揍你吗？"

华盛顿见父亲气未消，回答说："爸爸，您不是说，要想当一个军人，首先就得有诚实的品质吗？我没有撒谎。"

听儿子这么一说，父亲很有感触。他意识到孩子身上的优良品质，要比自己心爱的樱桃树还要珍贵。他一把抱住华盛顿，说："爸爸原谅你，孩子。承认错误是英雄行为，要比一千棵樱桃树还有价值。"

四、懂得转化

矛盾是可以转化的，“矛盾的双方无不依据一定的条件向其相反的方向转化”。好与坏、善与恶、爱与恨、喜与悲、顺与背、优与劣会发生转化，鬼使神差地改变着做人的质量、输赢的结果。奥运比赛体操男团遭遇严重伤病，资格赛中仅列第六。然而，就在这种颓势的“绝处”中，中国小将在决赛时以“零失误”完成六个项目18人次的比赛卫冕，终成优势，这是一种转化；优势明显的举重选手吴景彪大意失荆州，导致了“板上钉钉”的金牌被横空出世的朝鲜“影子选手”夺走，这也是一种转化。再比如谁是我们的朋友，谁是我们的敌人的问题，这个也可以转化。消灭敌人的最好办法是把他变成朋友。矛盾转化，难到极处就是易，易到极处也会出现难。黎明前最黑暗，过去就是曙光，物极必反嘛。

五、低调做人

有句歌词是：“要想唱歌，先对调。”说的是唱歌、奏乐前，必须先定好音、调好高低。音调的高低，决定着唱这支歌的成功与失败。做人亦如此，人有贤愚之别，“调”有高低不同。为人高调者，大多目空一切、妄自尊大、独断专行、飞扬跋扈；为人低调者，多深思熟虑，谨言慎行。有人对高调和低调做了个通俗的比喻，所谓高调，就是吃炸酱面都要左刀右叉配干红；所谓低调，就是吃鲍鱼也要用烧饼夹着。尽管比喻不免俗气，但还是可以想象到，那种高调的人是何等张扬，低调的人则是如此含蓄。

保持低调是大智慧。保持低调，就要淡泊名利，不为名所累、受利所驱，不为浮云遮望眼，不让名利的藩篱束缚思想的疆域，真正做到淡然置之、安然处之，得之坦然、失之欣然；保持低调，就要不事张扬、踏踏实实，避免咄咄逼人、锋芒毕露；保持低调，就要凡事顺其自然，“宠辱不惊，闲看庭前花开花落；去留无意，漫观天外云卷云舒”；保持低调，就要谦虚谨慎、戒骄戒躁。王羲之《兰亭集序》说：“向之所欣，俯仰之间，已为陈迹。”其实，只要消除了不该有的杂念、私欲，生活上的问题就变得简单了。

所以，我们平时说话不要说满，做事也不要做满，要留有余地。日中则昃，月盈则食，水满则溢，八九分最好。

六、心胸豁达

茫茫宇宙，小小寰球如一粒微尘，何况人乎？人要心胸豁达，才能共事。比如，三国时的曹操，不如袁绍有庞大的家族世系做支撑，不如刘备有绵远悠长的帝王谱系可利用，不如孙权有父兄创下的一片基业供享受。曹操只有依靠其乱世英雄的才能，自打江山，自创伟业。而心胸，是他的一大法宝。陈琳，这位三国时期著名的刀笔吏，当年替袁绍捉刀，一封讨曹檄文，传遍大江南北，不仅把曹操骂了个狗血喷头，而且将其祖宗八代一网打尽，极尽冷嘲热讽之能事。而曹操捉住陈琳后，居然轻描淡写责备道，你小子也真是，给袁本初干事，骂我几句就是了，干吗把我祖宗都带上？后来，陈琳仍被曹操用其所长，安排做刀笔吏。还有官渡之战后，袁绍仓皇溃退，曹操兵士从袁绍帐里搜出大量书简，其中不乏曹操手下之人与袁绍暗通消息的信函。当有人建议追查时，曹操却大手一挥，说道：“当时，我都自身难保，有人希望日后有个生路，这也是人之常情，免了免了，统统烧掉。”这一烧不要紧，你知道转化了多少矛盾，稳定了多少人心，团结了多少将士，又有多少人反过来为他拼死疆场？

在中共召开“七大”之前，进行了延安整风，整风的重点就是反对教条主义。教条主义的代表人物是王明。整风以后召开“七大”进行选举，毛主席力主选王明为中央委员。薄一波同志回忆，选举之后，毛主席不放心，就在旁边看计票，直到王明的选票过了半数才出去抽烟了。当然，后来王明性质变化了，那是另一回事。但当时就是要团结一切可以团结的人。这反映了毛主席在用人问题上的心胸。

七、诚信做人

2012年9月17日，温州市民林国梭父子带着3万元现金来到平阳县人民医院还清49年前欠下的18元医药费，儿子说："债还了，一身轻松，无遗憾了。"

时光退回到1963年8月，年仅7个月的儿子林继排患胸膜炎住院治疗，病愈出院时33元的医药费让林家犯了难，好不容易凑足15元，剩下的18元只能暂且"逃费"，以后再还。近半个世纪，这笔债如同一块大石头沉重地压在老林心头，当初18元，现在该多少呢？他们算了一笔账，18元相当于当时一个月工资，现在月工资差不多3000元，再乘上十倍吧。于是，林家父子终于还清了欠费，谱写了一曲大诚大义的赞歌。

江苏扬大附中学生徐砺寒估计没有想到，他在放学途中不慎弄坏了他人轿车后视镜后留下的那张道歉及赔偿联系的小纸条，会令车主"无比感动"和"极度震惊"，并引来一连串感人的后续：被撞车主感动之余主动不让徐砺寒赔偿；一家修车行表态愿意免费为受损车主修车；网友们纷纷感慨，在这个孩子身上看到了美好……

商品社会，物欲横流，更显得这种诚信尤为可贵！

八、顺势而为

老子终其一生写了一部《道德经》，两千多年不朽，其宣扬的就是"道法自然"、"顺其自然"。"顺其自然"可以分为"积极顺其自然"和"消极顺其自然"。"积极顺其自然"的要义可以概括为以下五个方面：第一，度"势"，即全面地观察、研究现状，正确地估计形势；第二，谋“势”，即根据形势的发展和任务的要求，积极进取，打主动仗；第三，造“势”，即根据工作任务和目标，营造有利于开展工作的氛围；第四，乘“势”，即借上级指示和对某项工作要求进行顺势推动，乘势而上；第五，导“势”，即顺着事物发展的趋势导向正常的道路。

遵义会议之前，革命形势已经恶化到危及整个红军和党的生存的程度。面临危局，毛泽东开始做耐心细致的思想工作。他首先找了王稼祥和张闻天两人，向他们详细分析第五次反“围剿”失败的原因，并指明红军的前途。血的事实使这两位同志首先从“左”倾教条主义的营垒中分化出来，加上红军广大指战员的强烈要求，终于在周恩来等人的支持下，召开了遵义会议。

后来有人问毛泽东：“为什么不早点领头与‘左’倾教条主义者干？那样可以使红军和根据地少受损失。”毛泽东回答：“因为事物有一个发展过程，错误路线也有一个暴露过程。如果在大多数人没有觉悟的时候过早展开斗争，不仅达不到目的，还有可能发生党和红军的分裂，革命的损失会更大。只有经过第五次反‘围剿’的失败和长征初期的惨重损失的血的教训，才会使大多数人提高认识。”所以在大多数人没有觉悟的时候要善于等待，等待时机成熟。

这个事例充分体现了毛泽东顺势而为的大境界。

九、儒道兼修

儒家有一些思想，值得我们认真学习、领悟。比如说：做人不凭空猜测，不坚持己见，不顽固拘泥，不自我膨胀。比如说：如果每日好好修德，好好学问，好好做事，好好改错，长年坚持，必受大益。几年之后，必然改头换面，变成更好的人了。比如说：不要只是羡慕别人的成就，如果持之以恒，则人人都有成为尧舜的可能。最好的办法，就是找到一个典范人物跟着学，他怎么做，我跟着做，久而久之，我就忘了这是我学来的，还是我自己要做的。譬如做好事，做久了之后，就会忘记我做好事是为了博得名声，还是出于内在的要求，反正做久了之后成为习惯，自然而然会去做好事。换句话说，只要努力学习与实践，长期下来，自然会转化命运。

儒家从孔子开始，就准备有了才华学问之后，可以造福社会，负起社会责任。子贡说："假设这里有一块美玉，是把它放在柜子里藏起来呢？还是找一位识货的商人卖掉它呢？"孔子说："卖掉吧，卖掉吧，我是在等待好商人呢。"成语"待价而沽"就出自这里。但是一个人光有本事，有服务社会的愿望还不够，还需要什么？机会。需要有人赏识你、信任你，给你机会，让你放手去干。可惜这样的机会不多，连孔子都没有得到。孔子说："天下有道则见，无道则隐。"有人用我就做事，没有人用我就隐居起来，继续修炼。也许别人不用你，是因为你实力不够，还没有准备好。

儒家是以人为中心的，而道家不以人为中心，认为以人为中心未免太狭隘、太主观。宇宙万物都有其内在的价值。老子反对自我中心主义，主张"知常曰明"、"自知者明"，提醒我们觉悟智慧的重要。他有"四不"，值得我们学习和领悟。

一是不局限于自己所见，所以看得明白。如果任何事情你都以自己所见到的为标准，那你就看不明白。我们都有这样的生活经验，不同行业、不同年龄、不同阶层的人看到的东西不一样，两边对照之后，才能够发现真相。所以在希腊，"真相"这个词就是发现的意思，人平常总是被自己的主观见解所遮蔽，只有不总认为自己所见到的就是对的，才能发现真相。

二是不以自己为对，所以能够彰显出来真实的情况。我们常常说，你不要那么主观，你要跳开自己的立场，才能够客观；但事实上，你再怎么客观，还是会有一定的立场、一定的观点。老子只是提醒我们说，你不要走得太极端了，太局限于自己的所思所见。老子很喜欢用"明"这个字，"自知者明"，"明"常常被译成“启明”，心灵之眼张开，才能启明。

三是不夸耀自己，所以才有功劳。你不夸耀自己的优点，你才有功劳；明明是你做的事，但你要知道，没有一个人可以做成所有的事情，或者说即使你做成一件事，也不是靠你一个人的功劳，你需要各种条件的配合，需要别人的帮助。譬如竞争上岗，你胜选了，可是背后有多少人在支持你，没有人支持你你也竞争不上啊！

四是不仗恃自己，所以才能领导别人。如果你说这个团体都靠我一人，只要我在，就没有问题；但你真的去做时，别人不会服从你的领导，认为你太骄傲自大，你既然有本事，一个人做好了。今天这个时代，每一个人都有自己的主见，如果你不能够以服务代替领导，以谦虚来领导别人，别人只要稍微动动手脚，或是不愿意配合，后果就不堪设想。

五是不与人争，所以天下才无人与你相争。没有必要在每一点上都胜过别人，因为每个人都是在某一点上各有优点、各有专长，所以不用去争。如果你有某一方面的专长，到时候轮到你展示，你就自然而然地去做。是骡子是马，拉出来遛遛就知道了。如果每一样都去争的话，争到最后恐怕是两败俱伤。你一个人有多少本事呢？奥运会上你得到金牌，也不要忘记在几百种项目中，你只是在某一方面胜过别人罢了。另外，即便你能够胜过别人，也要不争，以“不争”作为处世原则，等到你非争不可的时候，别人自然会尊重你的专长。

以上这九条，说的就是“临事而惧，好谋而成”的道理，但知易行难，谁也不可能完全做到，但做的多一些是可能的，当然还需要精神气质来铺垫。

3

人生最难培养的是——眼光

眼光决定高度，眼界决定境界。眼光越高远，视野越开阔。眼光的高低取决于心智，决定事业成败。有眼光，工作就会充满机会，生命就会丰富多彩。但是，人生最难培养的是眼光，它就像一座山峰耸立在那里，需要我们努力去攀登。只要脚步不停，处处都是风景。

只关注森林的人，有时会一头撞在一棵大树上。

眼光一般指视线所及的高度和长度，如人们常说的战略眼光、长远眼光等。眼光又常常被引申为眼界。眼界一般指视域的宽度，典型之说莫过于“坐井观天”、“管中窥豹”，即指由于眼界受限，只能得出一些狭隘的见解。

眼界广者其成就必大，眼界小者其成就必小。

大人物，必定有大眼光、大眼界；小人物，也应有大眼光、大眼界。

红顶商人胡雪岩说：“生意做得越大，目光就要放得越远。你的眼光看到一省，就能做一省的生意；看到一国，就能做一国的生意；看到国外，就能做国外的生意；看得到天下，就能做天下的生意。”做人也是如此。

文种和范蠡都是越王勾践身边的红人。勾践平定吴国以后，引兵北上，与齐国、晋国会盟徐州，并且得到周平王的封赏，号称霸王。范蠡是越国的上将军，辅佐越王勾践前后二十余年，对勾践的雪耻复国屡建奇功，为越王坐上霸主之位运筹帷幄，可范蠡心知勾践对自己并非真心实意，早晚要加罪于他，于是偷偷带上宝物珠玉，与心腹亲信乘船从海路逃走……

范蠡在齐国海边落脚之后，改名换姓，耕种滩涂，劳身苦作，治理产业，几年工夫就成了当地的首富。

齐国大夫听说他的贤名和才能，派人请他去做齐国的相国，可是他谢绝了。范蠡不去当相国，便不宜在此处久居，遂迁移到陶地，自称为陶朱公。于是，他又把家财分给知友、乡亲，只带些值钱的珠宝，不久，他又成为当地的富豪，家资巨万，远近闻名。

自从范蠡不辞而别以后，大夫文种很觉孤单，又见勾践日夜享乐，不像从前那样敬重自己，有点心灰意懒，常常称病不朝。于是有人向勾践进谗言说："大夫文种自恃有功，倨傲不朝，背地里勾结私党，企图叛乱……"越王勾践于是赐一把宝剑给文种，命令道："你教寡人七种计谋征服吴国，寡人只用了其中三种就打败了吴国。还有四种计谋留在你那儿，我命令你去替我死去的先王谋划吧……"大夫文种悔恨地说："这都怪我没学范蠡啊……"说完，文种便用宝剑结束了自己的生命。

范蠡拒辞分封，放弃高官，选择了当时荆棘遍布的从商之路，不但发财致富，远离权谋漩涡，更给后人留下了"兔死狗烹"、"鸟尽弓藏"这两个成语，得益于他长远的眼光。

烦恼不是没有答案，而是答案太多；迷路不是没有方向，而是方向太多。眼光之所及，则行动之所趋；眼界之所及，则目标之所至。

看不清、辨不明形势、态势和趋势，就下不好先手棋、打不好主动仗、掌握不了人生的主动权。

贵阳的图云关有一副楹联很有启迪意义：两脚不离大道，吃紧关头，须要认清岔路；一亭俯视群山，占高地步，自然赶上前人。我们无论什么时候都要始终紧扣上级决策部署、紧盯工作目标不动摇；跳出自己的“一亩三分地”，自觉站在高处、看到远处，始终以大局为重。不然的话，眼睛就容易“散光”，视距就演变成现实的差距。

当然，开阔眼界，并非要求每个人都成为超凡脱俗的观察家、预言家，但“一人之见有限，众人之智无穷”，彼此只有相互“借光”，才能把前进之路看得更清、更准。从这个意义上讲，养成长远的眼光，绝不仅仅是决策部门、高层人员的事，而是大家的共同责任和义务。

一、多种眼光看形势

当前，国际形势错综复杂，国内不稳定因素大量存在，在开放透明和信息化条件下，各种矛盾很容易交织叠加、发酵蔓延。复杂形势所表现出的问题是多样的，要求我们看形势的视角必须是多维的。唯有用多种眼光看形势，才能把形势看全面、看明白、看透彻，才能运用正确的方法积极应对。

一是用世界眼光看形势。当前世界风云变幻，我们要以“会当凌绝顶，一览众山小”的大眼界，以“安而不忘危，存而不忘亡，治而不忘乱”的大胸怀，从容应对国际局势深刻变化带来的挑战和考验，始终做到未雨绸缪、防患未然。

二是用战略眼光看形势。“不谋万世者不足谋一时，不谋全局者不足谋一域。”战略眼光是指从宏观上考虑和把握问题，从总体上研究和探寻对策。用战略眼光看形势，就会站得高、看得远，否则只能是坐井观天、举步维艰。

三是用政治眼光看形势。形势是政治的反映，政治是形势的基因。用政治眼光看形势，就是要从政治的角度观察和分析问题，不断增强政治洞察力和鉴别力，善于从政治迷雾里辨方向，做到“不畏浮云遮望眼”，始终保持清醒的政治头脑。

四是用发展眼光看形势。看到危机预示着机遇，既要认清挑战、应对挑战、战胜挑战，也要珍惜机遇、抓住机遇、用好机遇，变被动为主动、化不利为有利；做到知形识势，见微知著，审时度势，因势利导，从而顺应规律，把握机遇，掌握主动，奋发图强，持续发展。

二、多种眼光看问题

所谓“问题”，就是需要研究和解决的矛盾，也指工作和建设中的弱项和缺点。无论哪个单位或者哪项工作，都会有这样那样的问题，善于发现问题，进而解决问题，是抓好工作落实的关键环节。用多种眼光看问题，是工作水平的重要体现。

一是全面地看问题，切忌片面性。特别是在成绩面前要注意盯着问题抓落实，揭露矛盾求发展。越是在形势好的时候，越要查找制约发展的因素，越是在相对稳定的情况下，越要查找不稳定的因素。要全面地看问题，必须大力弘扬求真务实的作风，切实扑下身子调查研究，善于透过现象看本质，并且要有很强的数量观念，特别是对一些基本数量及其变化要了如指掌，这样才能避免片面性。

二是客观地看问题，切忌主观性。要客观公正地看问题、看主流、看大节、看本质，是非清楚，黑白分明，不主观臆断。一个单位某项工作比较薄弱，不能认为其他方面的工作都不行；反过来，也不能因为一个单位有一两个强项，就认为这个单位全面建设过硬。我们的头脑中一定要多一些辩证法，少一点片面性，坚持综合分析，辩证思考，抓住那些能够反映事物本质特征的现象，做好去粗取精、去伪存真的工作。这样，抓落实才能真正抓到点子上。

三是联系地看问题，切忌形而上学。用联系的观点看问题，不能只从一个角度、一个方向去看，更不能偏听偏信。这个观点把握运用得好，班子的创造力就强，单位学习研究、创造性落实的风气就浓，抓工作的主动性、预见性、科学性就强。

四是全局地看问题，切忌拘于圈子。要善于冲出小圈子，从全局、大局上定位，工作是优是劣就会一目了然，抓什么、怎么抓也就心中有数了。

五是发展地看问题，切忌思想僵化。形势在发展，使命任务在拓展，标准要求在提高，所以，我们一定要与时俱进，勇于创新，不断提高工作标准，不断创造新的业绩。

三、多种眼光看人看己

用什么眼光看自己、看别人，蕴涵着哲理。一个少年去拜访一位年长的智者。少年问："怎样才能变成一个自己愉快也能带给别人快乐的人呢？"智者送给少年四句话。

第一句话——把自己当成别人。在你感到痛苦、忧伤的时候，把自己当成别人，痛苦就减轻了；当你欣喜若狂之时，把自己当成别人，那些狂喜也会变得平和一些。

第二句话——把别人当成自己。真正同情别人的不幸，理解别人的需要，而且在别人需要帮助的时候，给予恰当的帮助。

第三句话——把别人当成别人。充分尊重每个人的独立性，在任何情况下都不能侵犯他人的核心领地。

第四句话——把自己当成自己。因为你爱别人，所以你要爱自己。

少年说："这四句话之间有许多自相矛盾之处，我怎样才能把它统一起来呢？"

智者说："很简单，用一生的时间去体会。"

少年沉默了很久，然后叩首告别。后来，少年变成了中年人，又变成了老人。在他离开这个世界很久以后，人们还时时提到他的名字，都说他是一位智者。

把自己当成别人，能让我们心态平和；把别人当成自己，能让我们学会怜悯；把别人当成别人，能让我们懂得尊重；把自己当成自己，能让我们懂得自爱。

这样的人生，将是完美的人生。同时，还需要特别提示的是：

一方面不要太看重自己。一个人看别人容易，但要认清自己很难。我们强调的是，别不拿自己当回事，也不要太拿自己当回事。不当回事，就不能尽心尽力尽职；太当回事，就容易飘飘然，导致自傲自负。

另一方面不要小瞧别人。有一个农夫和律师的汽车相撞，律师高傲地拿了一张名片给农夫，农夫也从他的后备厢中拿出了一瓶威士忌，说道："你好像受惊不小，喝一口吧！酒可以定定神。"律师就喝了一小口。"你的脸色还是很苍白。"农夫说，"再喝几口吧。"在农夫的劝说下，律师又喝了五六口，然后律师提议说："你也喝几口吧。""我不要，"农夫说，"我在等交通警察……"永远不要小瞧别人，连美国还探讨"我们能够向外部世界学什么"，何况我们呢？

四、眼光体现洞察力

眼光，亦可理解为洞察力，能够"见微而知明，见端而知末"。实践证明，后见之明易求，先见之明难得。

第一次世界大战期间，德军向法军猛烈进攻，法军为了避开德军的锐气，积蓄力量，巧施隐身术，躲藏了起来，德军一时失去了攻击目标。一天，德军一名军官用望远镜搜索法军阵地，突然发现前方阵地下慢慢爬出一只名贵的波斯猫，懒洋洋地躺在那里晒太阳。德军由此分析，战场附近没有居民住宅，如此名贵的波斯猫只有法军高级指挥官才有，那里肯定隐藏了法军旅以上的高级指挥所。于是，德军马上集中火力，向波斯猫所在地发动攻击，摧毁了法军一个旅指挥所。

这一著名战例给人以启示：洞察力能影响全局。

从前，有一个樵夫，靠每天上山砍柴为生，日复一日地过着平凡的日子。

有一天，樵夫跟往常一样上山去砍柴，在路上捡到一只受伤的银鸟，银鸟全身包裹着闪闪发光的银色羽毛。樵夫欣喜地说："啊！我一辈子从来没有看到过这么漂亮的鸟！"于是把银鸟带回家，专心替银鸟疗伤。

在疗伤的日子里，银鸟每天唱歌给樵夫听，樵夫过着快乐的日子。有一天，有个人看到樵夫的银鸟，告诉樵夫他看过金鸟，金鸟比银鸟漂亮上千倍，而且，歌也唱得比银鸟更好听。樵夫想，原来还有金鸟啊！

从此，樵夫每天只想着金鸟，也不再仔细聆听银鸟清脆的歌声，日子越来越不快乐。

一天，樵夫坐在门外，望着金黄的夕阳，想着金鸟到底有多美。此时，银鸟的伤已经康复，准备离去。银鸟飞到樵夫的身旁，最后一次唱歌给樵夫听，樵夫听完，只是感慨地说："你的羽毛虽然很漂亮，但是比不上金鸟的美丽，你的歌声虽然好听，但是比不上金鸟的动听。"

银鸟唱完歌，在樵夫身旁绕了3圈告别，向金黄的夕阳飞去。

樵夫望着银鸟，突然发现银鸟在夕阳的照射下，变成了美丽的金鸟。梦寐以求的金鸟，就在那里，只是，金鸟已经飞走了，飞得远远的，再也不会回来。

有的人在不知不觉之中成了樵夫，自己却不知道，不知道原来金鸟就在自己身边。

这个故事说明：洞察力能影响心境。

五、眼光好才敢于冒险走创新路

在奥斯维辛集中营，一个犹太人对他的儿子说："现在我们唯一的财富就是智慧，当别人说1加1等于2的时候，你应该想到大于2。"纳粹在奥斯维辛毒死了536724人，这父子俩却活了下来。

1946年，他们来到美国，在休斯敦做铜器生意。一天，父亲问儿子一磅铜的价格是多少，儿子答35美分。父亲说："对，整个得克萨斯州都知道每磅铜的价格是35美分，但作为犹太人的儿子，你应该说3.5美元。你试着把一磅铜做成门把手看看。"

父亲死后，儿子独自经营铜器店。他做过铜鼓、做过瑞士钟表上的簧片、做过奥运会的奖牌。他曾把一磅铜卖到3500美元，这时他已是麦考尔公司的董事长。

然而，真正使他扬名的，是纽约州的一堆垃圾。

1974年，美国政府为清理给自由女神像翻新扔下的废料，向社会广泛招标。但好几个月过去了，没人应标。正在法国旅行的他听说后，立即飞往纽约，看过自由女神像下堆积如山的铜块、螺丝和木料，未提任何条件，当即就签了字。

纽约许多运输公司对他的这一愚蠢举动暗自发笑。因为在纽约州，垃圾处理有严格规定，弄不好会受到环保组织的起诉。就在一些人要看这个犹太人的笑话时，他开始组织工人对废料进行分类。他让人把废铜熔化，铸成小自由女神像；他把木头等加工成底座，把废铅、废铝做成纽约广场的钥匙。最后，他甚至把从自由女神像身上扫下的灰尘都包装起来，出售给花店。不到3个月的时间，他让这堆废料变成了350万美元，每磅铜的价格整整翻了1万倍。

4

人生最难创新的是——思路

思路决定出路，观念决定行动。思路正确打胜仗，思路错误打败仗，没有思路打乱仗。任何成功最初就是一个思路，人人都希望做事创业能有好的思路。但是，人生最难创新的是思路，它就像一座山峰耸立在那里，需要我们努力去攀登。只要脚步不停，处处都是风景。

什么是思路？思路就是人们思考某一问题时思维活动进展的线路或轨迹。

资深企业总裁、出版人宿春礼在其所著《思路决定出路Ⅱ》一书的封面上赫然写着——

思路之重要：一切伟大的成就，均始于一个思路。

思路之普遍：有生活就有思路，有困难定有出路。

思路之关键：成功始之于思路，失败亦始于思路。

思路之强大：能变天堂为地狱，能化地狱为天堂。

如果你是一个不甘平庸、渴望成功的人，如果你在通往梦想的道路上迷失了方向，如果你面对困难踌躇不前、犹豫不决，如果你渴望有一种力量支撑你走向成功的尽头、欣赏最美丽的风景，那么就得从思路入手。

拿破仑·希尔有句名言：“有什么样的思想，就有什么样的行为；有什么样的行为，就有什么样的习惯；有什么样的习惯，就有什么样的性格；有什么样的性格，就有什么样的命运。”中国也有相似的谚语："种豆得豆，种瓜得瓜。"思路是种子，出路就是果实。

拥有好的思路，它能使你很容易走向成功。有好的思路就会有好的出路；有宏大的思路就会有宏大的出路；有精彩的思路就会有精彩的出路。反过来，一般化的思路、碌碌无为的思路、守摊子的思路，就没有出路。成功没有定式，优秀可以复制，从思维入手，你可以找到改变自己人生和命运的终极力量。

1978 年 10 月，邓小平在访问日本时乘坐了一回新干线，亲身体验了这种像风一样飞驰的高速列车。他深有感触地对周边的人说："这就像推着我们跑一样，我们现在很需要跑。"不过可以告慰邓小平的是：32 年过去了，日本的新干线还维持在时速 250 公里，而中国自己开发的高速列车已经跑出 486 公里的时速，中国高铁总里程也很快超过了欧洲和日本，成为世界第一。这种跨越式的发展给世界带来震动。而这种震动来自于一个中国模式的战略思路："引进先进技术、联合设计生产、打造中国品牌。"也就是借鉴、创新、超越三部曲。我们先是利用中国巨大的国内市场优势，通过谈判让世界四大公司转让部分高铁技术；然后组织自己十多万名科研人员对引进技术进行消化、整合、创新，最终形成总体实力超越西方水准的新技术和新标准，创造了中国品牌，使得中国得以引领今天世界的"高铁时代"。

"股神"巴菲特曾说过这样的话："榨出我 1 克脑汁，再加上 16000 元，我就可以创造出 1000 万的价值。"可见，思路之中蕴涵了何等重大的价值。

在美国西部的一个山谷，有人发现了一座金矿，淘金者从四面八方闻风而至，最终发财的却是一个摆渡的，因为所有的淘金者都必须渡过一条大河。这位发财者就是精于思考，有别于一般人的思维，当大多数人都在梦想一夜暴富的时候，他却在踏踏实实地靠摆渡一块钱一块钱地赚。

从春秋时期鲁国的巧匠鲁班发明锯子也可以看出，鲁班所以会想到制造锯子来锯大树，主要是他从茅草划破他的手指这件事中得到了启发。茅草软薄脆弱，但由于两侧有许多小细齿，就那么锋利，能轻易地把人的手指划开一条口子，那么，如果将铁片的边上也刻成许多小细齿，自然就会更加锋利，可以用来更快地锯倒大树了。很显然，从思维的推理过程看，鲁班就是根据茅草与铁片共同点的类比，再由茅草因有小细齿而更加锋利的事实推出结论：如果铁片上刻上细齿，也将会更加锋利。根据这样的推理，鲁班发明了锯子。

苹果熟了往地下掉，不往天上飞，大家都认为很正常，牛顿却在思考为什么，所以，他后来发现了万有引力定律，成了大科学家。

18 世纪英国政府向澳洲移民，开始时按上船人数将运费付给船主。船主为多赚钱，超载严重，死亡率高达 30% 多。后来，他们改进运送管理机制，即按下船时到达澳洲的实际人数及其身体健康状况给船主付费。结果船主为获得最大效益，对移民既不多载，也不虐待，途中死亡率不到 1% 。这不仅提高了运送人员的有效率，也体现了一点所谓的“人道主义精神”。

一个人没有技能，可以拜师学艺；没有知识，可以求学问道；没有金钱，可以筹借贷款……但一个人如果不善于思考，一切都无从谈起。思路即头脑，思路即智慧，思路即用心……人之所以比机器高明，就是因为人在生活中自始至终有自己的思路，包括想法、创意、挑战、主动等，正是这一区别成就了人生特有的价值。

思路能变天堂为地狱，能化地狱为天堂。拥有了好的思路，就能够在迷雾中看清目标，在众多资源中发现自己的独特优势。即使是身陷困境，也能保持清醒的头脑，找到解决问题的方法。美国著名地质学家华莱士在总结其一生成败经验的著作《找油的哲学》中这样写道：“找油的地方就在人的大脑中。”他提出了一个著名的观点：人的大脑里蕴藏着丰富的宝藏，而思路是其中最珍贵的资源。由此，我们不难看出，思路对我们的工作和生活有多么重要。在现实生活中，善于思考问题、善于改变思路的人，总能在困境中寻找到解决问题的方法，在成功无望的时候创造出柳暗花明的奇迹。

有位记者曾问比尔·盖茨：“你成为当今全球首富，个人资产高达数百亿美元，成功的主要经验是什么？”比尔·盖茨坚定地回答：“一是勤奋工作，二是刻苦思考。”

一天深夜，著名的现代原子物理学的奠基者卢瑟福教授看见在自己的实验室里，一个研究生仍在实验台前忙碌着。他关心地问：“这么晚了，你在做什么？”研究生回答：“我在工作。”“那你白天干什么了？”“也在工作。”“你一整天都在工作吗？”“是的，导师。”研究生表情很谦恭，但却期许得到教授的赞许。卢瑟福教授稍稍想了想，然后说：“你很勤奋，整天都在工作，这自然是很难得的，可我不能不问你，你用什么时间来思考呢？”

爱因斯坦说过：“你只有眼睛能看见东西，那是不会发现什么的，还要你的心能思考才行。”法国雕塑家罗丹的作品《思想者》举世闻名，给人们带来无限遐思。

思想是个形而上的东西，它看不见摸不着，但却实实在在存在于人们的头脑中。形而下是什么？应该是行为，思想决定行为。当前国际形势异常纷繁复杂，局部的真实未必反映整体的面貌，表面的特征未必反映本质的特点，特殊的现象未必反映一般的规律，这就要求我们必须多些以智而视，少些一叶障目，尤其要防止过眼而不入脑。面对各种“浮云”，要通过脑力加工、辩证思维，进而练就超人的“火眼金睛”，透过现象看本质，拨开迷雾抓规律，真正使作出的判断和结论建立在真实可靠的基础之上，至少做一名注重实际的思想者。

一、勤于思考，想中受益

思路决定出路。但思想有路径，思路正确才有出路，思路错了走弯路；思想有宽窄，思路宽的人，把天下事装在心里，思路窄的人，把自己的事当天下事；思想有大小，“大”思想周济天下，“小”思想独善其身。要把事情办好，就是要勤于思考，善于多想，要把需要做好的事情想全、想细、想深、想透。

（一）想全

想全，即想到工作的方方面面，不出遗漏。唯物辩证法告诉我们，看问题要全面地看，光想某一点、某一个方面，必然带有片面性。只有想全了，才能统筹兼顾，突出重点，兼顾一般，弹好钢琴。

（二）想细

想细，就是要精雕细刻，精耕细作。工作严密细致是通常要求，也是事业心、责任感强的表现。任何粗枝大叶、马马虎虎的行为，都可能带来损害。因此，要把可能遇到的情况，尽量想得细一些，不能因小失大、因点损面。

（三）想深

想深，就是要想得复杂一些，不能浮光掠影。事物有现象和本质之分，只有善于作深层次的分析，才能抓住事物本质，找到规律，从而少走弯路，少受挫折。

（四）想透

想透，就是要想得融会贯通。不能似是而非、似懂非懂。唯有如此，才能处变不惊，游刃有余，应对各种可能出现的复杂局面。

总之，对所做之事，只有想全了、想细了、想深了、想透了，才会有助于正确决策、顺利实施、取得成果。

二、经常想想“我是谁”

说到这，也许有人纳闷：哪有人不知道自己是谁的？但生活中真有人忘了“我是谁”：有的人不能够正确认识自己，总觉得自己能干，认为今天的“位置”是个人奋斗得来的，甚至埋怨组织“早该用我了”；还有人认为自己付出太多，得到太少，总觉得吃亏，内心深处就想得到些“补偿”和“安慰”；有的说别人一套一套的，而个人愿望一旦得不到满足，就怨声载道，牢骚怪话一大堆；有的官升脾气长，不问自己能力几许，动辄就是“按我说的办”、“我说了算”；还有的抵挡不住权力、金钱、美色的诱惑，什么朋友都敢交，什么场合都敢去。然而，他们恰恰没有想一想：如果缺了组织的培养、同志的支持，仅凭一己之力，会有什么作为？更重要的是他们忘了“我是谁”。

经常想想“我是谁”，关键是要保持一颗平常心。由于手中握有权力，有些人耳闻目及的多是谀言与笑脸，久之就容易丧失警觉，失掉平常心。唐朝诗人白居易说得好：“今我何功德，曾不事农桑。吏禄三百石，岁晏有余粮。念此私自愧，尽日不能忘。”用心体味前人的训导，对于保持健康平和的心态，不无启示意义。

经常想想“我是谁”，归根结底还是要管住自己。管住自己的思想，管住自己的欲望，管住手中的权力，管住自己的“小节”，时刻铭记“我是谁”，切实使自身言行与岗位要求“合拍”，与个人“身份”相一致起来。

三、多想干点啥，少想得到啥

奉献还是索取、为公还是为私，是高尚与卑劣、伟大与渺小、光荣与耻辱的分界线。一个人的成功不在于得到多少名利，而在于为党、国家和人民作出多大贡献。“非淡泊无以明志，非宁静无以致远”。一个人只有淡泊名利，才能“宠辱不惊，去留无意”。

思想的产生，知识、学识、见识、实践，一样不可缺。没有这些，思想就是无源之水、无本之木。学而不思则罔，思而不学则殆。思想要开窍，开窍就是产生灵感。灵感一来，好主意就来了。但这都是建立在丰富学识和实践基础上的，否则，即便灵光一闪，也不一定是什么好主意。

俄罗斯作家克雷洛夫有句著名的话：“现实是此岸，理想是彼岸，中间隔着湍急的河流，行动则是架在川上的桥梁。”只有行动才能将想法变成现实，但是如果这“川上的桥梁”没有架好，也可能给人们造成损失，所以想到就要做到，做到更要做好。

一要有真干的实劲。这既是干事成事的精神状态问题，也是干事成事的出发点、落脚点问题。干事情，必须发自内心想去干，把出发点放在履职尽责上，把落脚点放在办实事、求实效上。

二要有敢干的狠劲。毛泽东说：“抓而不紧，等于不抓。”干事成事是一个艰苦的过程，需要下硬功夫、狠功夫、苦功夫。畏首畏尾、唯唯诺诺，不敢得罪人，只当老好人，遇到困难就躲、遇到矛盾就绕、遇到责任就推，心浮气躁是不可能干好工作的。

三要有善干的巧劲。蛮干不如巧干，干事成事需要热情和冲劲，更需要方法和巧劲。实践证明，统筹谋划好、善于组织协调、长于开拓创新，往往事半功倍；反之，则事倍功半。海尔集团董事局主席兼首席执行官张瑞敏曾经提出一个脑筋急转弯问题：“石头怎样才能在水面上漂起来?”有人回答“把石头掏空”，有人回答“把石头放在木板上”，而正确的答案是：速度决定石头能否漂起来。由此可见知识根基的重要性。俗话说：“掌握方法不用忙，不懂方法忙断肠”。方法对路，事半功倍；方法不对，事倍功半。

四要有常干的韧劲。干事成事，一时一事不难，难在经常，贵在经常。只有保持一股韧劲，持之以恒，咬定青山，一丝不苟，特别是将不显山不露水、暂时见不到成效的事情办好，才能一点一滴地把基础打牢，把后劲蓄足。

四、思路一变，天地无限

一些事没人做，一些人没事做。没事的人盯着做事的人，议论做事的人做的事，使做事的人做不成事、做不好事。于是，领导夸奖没事的人，因为他看到事做不成；于是，领导训诫做事的人，因为他做不成事。一些没事的人总是没事做；一些做事的人总有做不完的事；一些没事的人滋事闹事，使做事的人不得不做更多的事。结果好事变坏事，小事变大事，简单的事变复杂的事。

一个单位存在这样的风气，肯定是不和谐的，是没有战斗力的。解决的最佳方案有两条：一是换思路，二是建机制。什么叫机制？简单地说，机制就是制度加方法或者制度化了的方法。机制必须像链条一样环环相扣，形成回路，运转灵活，不能断档。

一个制作降落伞的厂家，一直无法确保产品质量，经广泛征得高人的意见，他们决定让制造降落伞的工人第一个试跳，于是降落伞质量合格率立即达到百分之百。

一位副局长请教新任局长："过去召集部门领导开会，他们老是心不在焉，这种会风怎么整顿？""这好办，"新任局长胸有成竹地说，"撤掉记录员，立出新规矩，在会议结束时才宣布由哪位负责记录。"

有七个人曾经住在一起，每天分一桶粥。要命的是，粥每天每人只有一碗。

一开始，他们抓阄决定谁来分粥，每天轮一个。于是乎一周下来，就是自己分粥的那一天是饱的。

后来他们开始推选出一个道德高尚的人出来分粥。强权导致腐败，大家开始挖空心思去讨好他、贿赂他，搞得整个小团体乌烟瘴气。

然后大家开始组成三人的分粥委员会及四人的评选委员会，

互相攻击扯皮下来，粥吃到嘴里全是凉的。

最后想出来一个方法：轮流分粥，但分粥的人要等其他人都挑完后拿剩下的最后一碗。为了不让自己吃到最少的，每人都尽量分得平均，就算不平均，也只能认了。大家快快乐乐，和和气气，日子越过越好。同样是七个人，不同的分配制度，形成不同的风气。

正可谓：思路一变，机制一建，效率提高，天地无限。

5

人生最难极尽的是——学识

学识是进步的阶梯，是成功的保证。有学历没学识，那是“书呆子”、“空架子”。学历有尽头和顶点，学识却是无限的。人人向往高学识。但是，人生最难极尽的是学识，它就像一座山峰耸立在那里，需要我们努力去攀登。只要脚步不停，处处都是风景。

“认识你自己”（即“自知”），是古希腊德尔菲神庙墙上篆刻的箴言中最有名的一句。据流传下来的资料说明，这句箴言与古希腊著名哲学家苏格拉底有密切关系。苏格拉底认为，只有那些承认自己无知的人，才是最有智慧的人。苏格拉底的这个结论，是对“认识自己”这句箴言的含义所作的深刻解释。

“认识你自己”作为警世之语，从两千多年前一直流传到现在，而且日益受到人们的重视。为什么？因为这句箴言中所包含的深意——认识到自己的无知，它首先反映了认识论的一个平凡真理，即任何人对客观世界的认识，都是局限性的。这是因为一个人在一定条件下，只能对客观事物的某些方面有所认识；而且，在一定时间里，这样的认识只能达到一定的深度；同时，由于条件的局限，在某个特定的历史时期中，人们对自然现象或社会现象本质的认识，只能达到一定的深度。这就是说，我们每个人，在一定的认识领域，都可以说是一个“无知者”。

一个人读完小学、中学、大学，只是进行了基础知识的学习，只起到奠基作用。人们进入任何一种职业角色，走上任何一个新的岗位，学习又成为首要任务，成为新的出发点。这是因为，角色不同，借助知识思考问题的方式有所不同；岗位不同，要求知识储备有所不同。只有学习了，才能进入新角色，才能适应新阶段的要求。因此，学习已成为我们终生的任务，是我们工作的一个组成部分。

正因为如此，我们对学习的意义、方法、途径的探讨，也是永无止境的。

一、学习的十大必要

习近平主席强调指出："知识就是力量、就是财富。知识可以改变一个人的命运，也可以改变一个民族、一个国家的命运。古今中外，传承知识、创新知识、学习知识、运用知识，始终与历史进步相伴、与社会发展共存，是人类提高自己的重要阶梯，是国家发展兴盛的重要基础。"

随着科学技术的迅速发展，信息与知识急剧增长，知识更新的周期缩短，创新的频率逐步加快，社会对人的素质要求不断提高，人力资源的重要性日趋增强，学习已成为个人、组织以至社会的迫切需要。

（一）学习既是知识积累又是才能储备

积累知识，最终的目的是储备进一步认识世界和改造世界的能力。世界上的知识有两门：一是自然科学知识，二是社会科学知识。人们用自然科学知识去了解自然和改造自然，用社会科学知识去了解社会和改造社会。同时，改造社会和自然，又是为了让人类过上更美好的生活。积累知识、储备能力，这应该成为我们加强学习的目的。

（二）学习既是人生主题又是现实需要

常言说，"腹有诗书气自华"。要想胜任一项工作，必须强化“学不好就干不好”的观念，只有扎扎实实、坚持不懈地学习，理论素养、文化素质和实际工作能力才会不断地提高。

（三）学习既是立身途径又是成功阶梯

宋代大儒朱熹指出：“无一事而不学，无一时而不学，无一处而不学，成功之路也。”拥有文凭和学历并不代表就有水平和能力。学历不高的人，勤奋好学，同样会成功。“一年不学习，你所拥有的全部知识就会折旧 80%。”任何一个人，在学校求学阶段所获得的知识，不过是他一生所需的 10%，甚至还不到 10%，其他 90% 以上的知识，是在离开学校之后的自学中不断获取的。

（四）学习既是良好习惯又是智慧源泉

明朝宰相刘伯温在《智力》篇中说，虎有锋牙利爪，其力气比人不知大多少倍，但“虎之食人不常见，而虎之皮人常寝处之，何故?”因为“虎用力，人用智”。“智是进德之基。”英国著名物理学家、诺贝尔奖获得者卢瑟福说：“人们的知识在不断充实着，而人们的智慧却徘徊不前。”

（五）学习既是传统美德又是竞争资本

当前，国际社会正流行一种新理论，即“L < C = D 理论”。意思是说，如果学习（Learning）的速度小于变化（Change）的速度，就等于死亡（Die）。有专家预测，到 2020 年，人类和知识的半衰期只有 73 天。在这样的社会里，要跟上时代发展的步伐，必须比你的竞争对手学习得更快。

（六）学习既是基础建设又是效益投资

学习好比经济建设中的基础建设，基础不牢，地动山摇。学习是一项伴随终生且最划算、有效、安全的投资，无论对个人、家庭、企业、国家，学习都是一本万利的事情。正因为如此，学习成为一些企业的效益投资。

（七）学习既是个人权利又是社会责任

学习不仅是个人的权利，而且是一种工作、一种责任及一种要求。社会的发展和每个人的素质息息相关，学习不只是个人的行为，更是一种社会责任，是履行职责的必备条件。

（八）学习既是一种素质又是一种状态

善于学习本身就是一种素质，是一种自觉的能动活动，是追求思想品格和精神境界升华的过程。一个精神状态不好、思想觉悟低下、责任感和事业心较差的人，不可能苦心学习。

（九）学习既是生存之道又是决策之本

为了生存，我们要学习；为了工作，我们要学习。为工作而学，可能只是一时一地；为生存而学，则是一生一世。在知识经济时代，学习是社会的基本生存状态，是社会进步的动力和生活需要，也是每一个社会成员提高生存能力和竞争力的唯一手段。为社会作贡献而学，使生命充满色彩，是学习的真谛所在。

（十）学习既是力量之源又是制胜法宝

善于学习，不断提高科学文化素质意识，对于一个国家来说，是一种战略意识；对于一个民族来说，是一种生存意识；对于一支军队来说，是一种取胜意识。

二、学习的三大要领

博学多才，源于专心致志。管子曰：“心一而意专，然后功足观也。”学习要有高标准，就如拿破仑所说：“不想当元帅的士兵，不是个好士兵，因为他没有上进心，没有进取心。”

（一）目标专注

目标专注，首先要克服“四种障碍”。一是基础不好，学不进去。二是年纪大了，学不进去。三是工作太忙，没有时间学。四是急于求成，看不到成果。

（二）日积月累

人们都以“攒钱好比针挑土”来比喻财富积累的不易，知识积累也如同此理。学习最有效的“方子”是：把积累的资料放入思考的“沙锅”，辅以艰苦的“佐料”，用时间的“文火”炖熬既成。积累是个很艰苦的过程，像是推上坡车，没有毅力和甘于吃苦的精神是很难保持长久的。

（三）意志坚强

习近平主席强调：“要真正学有所得、学有所成，就必须下一番苦工夫。我们的先人有许多勤学苦读的动人故事，如悬梁刺股、凿壁偷光、囊萤映雪等，一直传为美谈，这种刻苦学习的精神值得汲取。”艰苦的环境是培养毅力、勇气和韧性的“磨刀石”，是走向坚强和成熟的“桥梁”，是获取知识、能力和成就的“学校”。可以说，害怕艰苦的人就没有资格谈加强自身学习。

三、学习的四大模式

（一）主动学习

学习有被动和主动之分，有“要我学”和“我要学”之别。学习型的“学习”不应当成为一种负担、一种包袱，而应当成为一种志趣、一种追求而主动促成。主动学习是知学——好学——乐学的过程。知学、好学、乐学的核心是乐学，即对学习怀着浓厚的志趣。学习的志趣，来源于对未知事物的好奇心，来源于对新知识、新技能的渴求，来源于对自身发展与使命的清醒认识。

（二）终身学习

面对人类社会知识激增的时代现状，唯一的出路是学习、学习、再学习。否则，民族无法振兴，工作无法开展，个人无法生存。因此，终身学习，不能简单地理解为只是学习时间的延长，而是对学习态度和学习观念的重新认定。

（三）创新学习

创新学习区别于传统教育的灌输学习。创新学习的基础是理解，核心是探求，本质是善于发现新问题，即在融会贯通的基础上举一反三，发现新知识、新思想和新理论。要在学习的过程中培养自我创新的思维素质。

（四）务实学习

书籍是人类的亲密朋友，但把书本知识学死了，并不是真正获得了知识：不能应用所学的知识去解决实际问题，是无用的知识。联系实际，是学习的基本原则，也是学习的根本出发点。

四、学习的十一种方法

（一）笔读法

俗话说，“好记性不如烂笔头”，“眼过千遍，不如手抄一遍”。清代史学家、思想学章学诚在他的《章氏遗书》中说，读书不及时做笔记，犹如雨落大海没有踪迹。经过做笔记，思维得到加工整理，形成了系统的思路和表现形式，就不易遗忘。

（二）博览法

丰富的知识来自于博览。博览群书，但也要学会选择有价值、适合自己需要的书。现在的书籍大致可分为四类：一是值得精读的；二是可供参考的；三是没有参考价值的；四是误人子弟的。开卷有益指前两种。一本好书可以改变一个人的性格，甚至可以影响一个人的一生。要适应时代发展的需要，知识面一定要宽，既要读与自己职业相关的书，又要读些其他的书。

（三）薄读法

华罗庚说：“一本书，当未读之前，你会感到，书是那么厚。但是，当我们对书的内容真正有了透彻的了解，抓住了全书的要点，掌握了全书的精神实质以后，就会感到书本变薄了。愈是懂得透彻，就愈有薄的感觉。”也就是说，只要抓住了重点就可以把厚书读薄。

（四）问疑法

现代著名教育家陶行知写过一首《八个顾问》的读书诗，诗中曰：“我有八位好朋友，肯把万事指导我。你若想问真姓名，名字不同都姓何：何事、何人、何故、何如、何时、何地、何去，好像弟弟与哥哥。还有一个西洋派，姓名颠倒叫几何。若向八贤常请教，虽是笨人不会错。”“学”与“问”自古以来便是连在一起的。要多问为什么，培养一种“敏而好学，不耻下问”的求知美德。

（五）多思法

孔子说：“学而不思则罔，思而不学则殆。”学习与思考、勤学与善思是相互联系和相辅相成的，不可把二者割裂开来。“学有障于思，学愈博思愈远；思有功于学，思遇困则学必勤。”读书不思考，等于吃饭不消化。因此，我们在学习过程中，要结合自己的工作实际，脑子里经常装几个问题，反复思考。这对于培养和提高自己的理论思维和战略思维能力很有好处。做到及时学，及时消化，使之早日变成自己的东西。思考是一把万能钥匙，可以打开一个又一个门。思考的能力来自于对大脑的开发利用。人的大脑是一座取之不尽、用之不竭的思想宝库。人脑不同于机器，机器使用久了会磨损，而大脑越用越灵活。

（六）兴趣法

心理学研究表明，一个人做他感兴趣的事，可以发挥智力潜能的89%以上；而做不感兴趣的事情，则只能发挥智能的20%左右。因此，对求知好学者来说，激发和培育学习兴趣，可以使自己的注意力高度集中，想象力丰富，信心增强。

（七）惜时法

美国夏威夷岛上的学生，每天上课之前都要念诵一句名言："一个人的一生只有三天，昨天、今天、明天。昨天已经过去；今天已经和你在一起，但也很快会过去；明天就要到来，但也会消失。"每天都只有24小时，但时间的"含金量"各不相同。在同样的时间里，有的人成为天才，有的人成为蠢材，有的人知识渊博，有的人孤陋寡闻。人的差异在很大程度上取决于对时间的利用。战场上，"兵贵神速"；商场上，"瞬息万变"，谁动作快，谁就是赢家；考场上，"惜时如金"，谁理解快，谁就榜上有名。

（八）观察法

据统计，一个人的知识的90%是通过观察得来的。生物进化论的创始人达尔文说过："我没有突出的理解能力，也没有过人的机智，只是在发觉那些稍纵即逝的事物并对它细心观察的能力上，我可能在众人之上。"观察是智力结构的眼睛，是一种有目的、有计划的认知活动，是汲取知识、挖掘潜能的重要途径。

（九）无字法

学习的书有两种，有字的讲义是书，无字书——社会上的一切也是书。读"无字之书"，即向社会学习，向实践学习，向群众学习。书本和实践犹如攀登知识巅峰的两根链条，善学者通常是同时握紧两根链条。古人说："一语不能践，万卷徒空虚。"只有做到"知一理则行一理，知一事则行一事"，从"知识学习"到"行为学习"，从"理论学习"到"实践学习"，才是真正的素质学习。

（十）交流法

善于相互交流和学习，能够取得集思广益的效果。孔子说："三人行必有我师焉，择其善者而从之，择其不善者而改之。""见贤思齐焉，见不贤而内自省也。"《礼记》中说："独学而无友，则孤陋而寡闻。”诸葛亮说：“集众思，广忠益。”这些古语说明了什么呢？一是人与人之间要进行交流思想、交流学识、交流经验的学习活动；二是对交流出来的东西要进行分析、比较和辨别，凡是好的就学习遵从，不好的就自省自戒，这样就可以达到相互学习、取长补短、共同提高的目的。古人这种交流学习的经验，值得借鉴和应用。

（十一）总结法

善于对思想和工作情况进行总结，对个人的进步和提高很重要。人们常说“吃一堑，长一智”，“一智”是怎么长的？通过总结，认识到“一堑”为何，从中吸取教训、引为鉴戒，这样才会长“一智”。由“堑”到“智”的转化，是通过总结实现的，总结是这种转化的认识之桥，没有这座桥，“堑”就无法转化为“智”。工作中的经验是财富，工作中的教训也是财富，关键在于是否善于总结。要在工作“热运行”中不断进行“冷思考”，时常静下心来“踱方步”，以此来回顾和总结自己以往的工作与生活，从中吸取经验与教训，坚持真理、修正错误，使自己的认识和工作立于新的起点，以利实现新的提高。

五、增强学习转化功能的三个方面

学习能力与其转化功能成正比。转化功能越强，学习能力也就越强。增强其转化功能有三个方面：

（一）突出重点，解决问题

一切学习都不是为学而学，学习的目的在于应用。宋代学者朱熹说过：“为学之实，固在践履。苟徒知而不行，诚与不学无异。”这句话的意思是说，学习的目的在于实践，如果只是明白道理而不去做，那么学与不学就没有什么区别了。学习必须克服“贪多求全”的不良习惯。一个人的精力和时间是有限的，不可能成为无所不知、无所不能的超人。

（二）吸收精髓，潜移默化

学习能力的强弱，不是单纯看读了多少书，关键看消化了多少内容，汲取了多少精髓，能不能结合实际运用。转化的过程是一个潜移默化的过程，是一个触类旁通、学以致用的过程，是一个从必然王国向自由王国飞跃的过程。

（三）没有天分，只有勤奋

《牛津个人生涯设计》中写道："这世上的任何一件事，仔细推敲，没有一件事是靠天分做成的，只能靠勤奋。"书山有路勤为径，学海无涯苦作舟。宝剑锋从磨砺出，梅花香自苦寒来。只有勤奋学习的人，才能保持顽强的拼搏精神，踏踏实实地学进去，并通过所学的知识让生命闪烁着睿智的光芒。

总之，在思想上，要强调学习是财富，学习是机会，学习是享受，学习是福利；在机制上，要强调学习是职业，学习是岗位，学习是工作，学习是制度；在方法上，要强调学习是读书，学习是思索，学习是实践，学习是互助；在成果上，要强调学习是知识，学习是创新，学习是效率，学习是成功。通过增强学习意识，落实学习制度，优化学习方法，逐步实现学习目标和方式上的自我超越。

6

人生最难提升的是——素养

独立的人格、良好的教养和社会生存能力决定着一个人的素养高低。一个人只有讲人品、有真知、善笃行，才能称其为高素养。高素养成就高品位。但是，人生最难提升的是素养，它就像一座山峰耸立在那里，需要我们努力去攀登。只要脚步不停，处处都是风景。

素养，是长年累月修炼的结果，是个人良好习惯的总和。

一个人的素养，会打上鲜明的国家民族的烙印。

“既生性好斗而又温和谦让；既穷兵黩武而又崇尚美感；既桀骜自大而又彬彬有礼；既顽固不化而又能屈能伸；既驯服而又不愿受人摆布；既忠贞而又心存叛逆；既勇敢而又怯懦；既保守而又敢于接受新的生活方式。”这是撰写《菊与刀》的美国学者鲁斯·本尼迪克特，对日本人素养的精彩描写。

素养内容丰富，包括心理素养、文化素养、知识素养、科学素养等，当然也包括爱国素养，它是实现个人爱国目的所必需的基本条件。爱国需要条件，这个条件既包括个人对国家主权的自豪、对国家利益的捍卫决心，也包括遵守社会秩序、贡献社会。在这方面，以少年时期的周恩来最具代表性。12 岁的周恩来，看到中华民族饱受列强欺侮，没有走上街头用拳头报复社会，而是提出“为中华崛起而读书”，其爱国情愫，至今弥足珍贵。但是，泱泱大国，也难免有一些爱国人士“营养不良”。例如，在保卫钓鱼岛的事件中，有的人出现一些不理智的举动，在自己家园用拳头和脚板表达爱国情绪，毁坏物品，殴打他人制造过激事件，这是爱国素养不高的表现。

一、素养高，是对一个人的高度评价

“山高路远坑深，大军纵横驰奔；谁敢横刀立马，唯我彭大将军。”

“诸葛一生唯谨慎，吕端大事不糊涂。”

这两首闻名遐迩、脍炙人口的诗句不仅表达了老一辈革命家间的深厚情感及领袖对爱将的赞许，也把共和国两位开国元勋的良好素养刻画得栩栩如生。彭老总的威猛刚烈、一往无前，叶老总的严谨细腻、举重若轻，两位彪炳史册的老帅迥异的性格与气质演绎出不同的波澜人生。众所周知，《三国演义》中的周瑜智力素质极高，但气量狭小，嫉贤妒能，结果这块短板严重制约了他事业的发展。可见，性格、气质等因素对人才成长的影响意义深远。

素养包括素质与教养。马克思认为，人的素质是影响人成为自己主人的最根本因素。爱因斯坦曾说过，仅“用专业知识教育人是不够的，通过专业教育，他可以成为一种有用的机器，但不能成为一个和谐发展的人”。

“君子不器”是孔子积极倡导的理念。君子不是一个“器具”，仅仅掌握一定的技能，具有一定的用处是不够的。孔子更关心道、仁，关心生命的大智慧，这智慧是人意志力的纯化，是人对生命本质规律的洞悉。他认为，知识只能解决“不惑”的问题，不能解决人生命的根本问题。所以孔子所说的进学过程，由“四十而不惑”到最终的“从心所欲，不逾矩”，不单指知识的获取，更是心灵境界的提升。中国哲学推崇心灵的大气象，转局促为圆融，化干戈为玉帛，弃低俗而慕高远，强调以生命的内养为人生主要功课。

被誉为“教育心理学之父”的埃德伍德·桑代克在《成人的学习》一文中指出，“影响成年人学习的主要因素不是智力，而是其他因素，如身体健康状况、学习兴趣、学习动机等”。心理学家丹尼尔·戈尔曼认为：“真正决定一个人成功与否的关键是情商而非智商。”因此说，素养的提升对人才的成长影响深远。被喻为“当代毕昇”的王选少时仅得到过“品德好”奖，但在此后的50多年中，这个奖一直是令王选最引以为荣的。良好的道德修养等非智力素质，对王选事业的成功起到了不容忽视的作用。故宫博物院院长郑欣淼在接受记者采访时说：“现在很多党政干部有文凭、有知识，但是不一定有文化。”他没能考研究生，却当过九年中国鲁迅研究会会长，并写了一本《文化批判与国民性改造——鲁迅思想研究》，获得了陕西省社会科学成果的二等奖。

人们都想做事，都在做事，都愿成事，但关键是要把事情做好、做到家、做得出色出彩，这就需要努力把知识内化为潜意识，形成本能和素养。《牵手》的作者王海鸰说过这样一句话：“一个人只要不甘平庸，又有一些天资，就是石头压着你，也会从旁边冒出来。”

美军于1999年颁布的《美军高层领导与指挥》条令，要求美军中高级指挥官应具备5种素质、19种能力。这5种素质、19种能力分别为：洞察素质，包括分析洞察能力、历史洞察能力、作战洞察能力和组织洞察能力；认识素质，包括决策能力、预测能力、创新能力和直觉能力；专业素质，包括忍耐能力、冒险能力、协调能力和判断能力；交往素质，包括人际交往能力、倾听意见能力、语言应用能力和教导能力；信息素质，包括信息认知能力、信息需求确定能力和信息利用能力。从美军的标准中，可以看出对素养的高标准要求。

综上所述，一个人是否成才，智力素质固然重要，但更重要的则是他的素养状况，正是这些素养，决定着智力活动的方向和性质，产生着巨大的动力或阻力。美国对前500强大企业员工的一项调查显示：一个人的非智力素质对工作成就的影响是智力素质的两倍。良好的素养往往是一个人成长创新最稳定、最持久、最巨大和最经受得住考验的驱动力，而且在高强度、快节奏的现代工作环境中，愈来愈成为成功天平的制胜砝码。

二、学历高，不代表素养高

有一个博士生被分配到一家研究所工作，成为该研究所学历最高的一个人。有一天他到单位后面的小池塘去钓鱼，正好正副所长在他的一左一右，也在钓鱼。他只是微微点了点头，这两个本科生，有啥好聊的呢？不一会儿，正所长放下钓鱼竿，伸伸懒腰，蹭蹭蹭从水面上如飞一般走到对面上厕所。博士生眼睛睁得都快掉下来了。水上漂？不会吧？这可是一个池塘啊。正所长上完厕所回来的时候，同样也是蹭蹭蹭地从水上“漂”回来了。怎么回事？博士生又不好意思去问，自己是博士生呀！过了一阵，副所长也站起来，走几步，蹭蹭蹭地“飘”过水面上厕所。这下子博士生更是差点昏倒：不会吧，到了一个江湖高手集中的地方？

博士生也内急了。这个池塘的两边有围墙，要到对面的厕所非得绕十分钟的路，而回单位上又太远，怎么办？博士生也不愿意去问两位所长，憋了半天后，也起身往水里跨，只听“咚”的一声，博士生栽到了水里。

两位所长将他拉了出来，问他为什么要下水，他问：“为什么你们可以走过去呢？”两位所长相视一笑：“这池塘里有两排石头，由于这两天下雨涨水正好漫在水面下。我们都知道这石头的位置，所以可以踩着石头过去。你怎么不问一声呢？”

由此可见，学历高，不代表素质高，也不代表素养高。

“素质”是一个中性词：高是素质，低也是素质；全是素质，偏也是素质；好是素质，坏也是素质。世界上没有一个没有素质的人，因为有些素质是与生俱来的。

而素养就不同了。素养是指一个人在从事某项工作时应该具备的素质与修养。它指的是一个人在品德、知识、才能和体格等诸方面先天的条件和后天的学习与锻炼的综合结果。可以说，一个人的素质、能力好提高，但素养的提高就需要长期的积累和全方位的锻炼。

这位博士生的问题就出在素养不够上。到一个新的单位工作，看不起学历低的同行，特别是看不起学历低的领导，是没素养的表现。

三、素养有着鲜明的个性

电视连续剧《亮剑》的主人公李云龙，把一支部队作风的形成，归结为部队组建时主官的性格，尽管是艺术虚构，但符合历史的真实。

领导者的素养带着鲜明的个性，其个人魅力所在之处，会成为所有人仿效的榜样，进而成为一种精神、一种作风、一种凝聚力和号召力。《上甘岭战役中的秦基伟》一书中记述了这样一个故事：有一次，指挥上甘岭战役的志愿军第十五军军长秦基伟与坚守阵地的部队通电话时，刚说了一句“军党委和首长都很惦念前面的同志……”电话员就毫不客气地打断了他的话：“首长别啰嗦了，拣要紧的说，先下命令吧！”秦基伟回忆起这件事说：“战士们做得对啊！那时牺牲了很多通信兵，也很难保障电话长时间畅通，只能说一句算一句。”“拣要紧的说”，这简单的一句话，反映了一种雷厉风行、务实严谨的战斗作风，体现了一名军人在战火纷飞与残酷斗争中果敢坚定的英雄本色。

还有一部抗日题材的电视剧，名叫《永不磨灭的番号》。这部电视剧创下全国 11.7% 收视率的奇迹，再次证明了叙事艺术这条颠扑不破的真理——风格。“番号”的故事好看，而更好看的是活动在故事中的一群八路军将士。他们生动、鲜活，个个都是不一样的“这一个”。其中，最打眼的，还是剧中着墨最多的杂牌队伍当家人“李大本事”。他是个地道的农民，却对打鬼子充满热忱，他要当英雄，要拢着别人跟着自己干，因此他好吹牛。他没有文化，但他善于从前人的故事中汲取智慧，学习打仗，学习带兵，因此在吹牛之外，狡黠机智也是“李大本事”的特色。他带着民兵队打成了县大队，打成了独立团，打成了主力新一团。这就是“番号”。它的主人公“李大本事”和他的战友们，有着一样的底色，又有着不一样的“各色”，因此他们让人崇敬，让人感动，也让人亲近，让人过目不忘、交口称赞。

还有一部电视剧虽然剧名上写着“孤军”，但《孤军英雄》不是夸张地表现个人英雄主义，它实实在在是一部群像戏，里面的每个人物都值得再三玩味。剧中，车道宽长相英俊，拥有北大数学系的教育背景，智勇双全，屡屡出奇制胜，独力挖掘掩藏极深的国民党卧底。他有英雄的霸气与豪气，又有英雄的侠气与柔情，对下属细心呵护，对爱人柔情蜜意；他幽默、风趣，生死关头还能逗笑捧哏；他忠于自己的信念，不为高官厚禄所引诱；他有学识，也有底层生活经验……在他身上，是德、智、勇的结合，与先前大行其道的“李云龙式”草莽英雄截然不同，完美又绝不让人觉得做作与反感。

龙生九子，各不相同；各安其位，各显其灵。队伍建设是一个复杂的系统工程，人员组成是一个互相衔接的链条结构，如果三百六十行，行行都有硬邦邦的有声望的行家里手，那必定是一个群星璀璨的人才集团，也必定是一个战无不胜的雄师劲旅！

四、提升素养，需要不断学习

学习，其实是学与习两个字。学一次，做一百次，才能真正掌握。学历代表过去，只有学习力才能代表将来。尊重经验的人，才能少走弯路。能够清楚地看到自己的短处，并尽可能地经营自己的长处。经营自己的长处能给你的人生增值，经营自己的短处必然使你的人生贬值。铁饭碗的真正含义不是在一个地方吃一辈子饭，而是一辈子在哪都有饭吃。学习并不一定只看书本，也不一定去拜高师，值得学习的人往往就在自己身边。

高学历也不一定能解决所有难题，因此必须在实践中不断学习提高。

有一位汽车驾驶员开着一辆车要过一座拱桥，车上装的货物比较高，顶部再往下一点点就能通过。桥上桥下围着一帮人（有高学历的，也有低学历的）都一筹莫展，后面一长溜车也被堵住走不了了。大家都很着急，这时候，一个小孩子说："每个车胎放掉一点气就能通过了。"一句话提醒了大家，一会儿堵塞的交通就恢复了正常。

给车胎放气，是顽童调皮的做法，小孩子用这个办法解决了大人解决不了的难题。这就说明，经历比学历更容易转化为能力。

有个年轻的伐木工人被录取后，第一天，他砍了 18 棵树。老板表扬不错，就这么干！第二天，他干得更加起劲，但是只砍了 15 棵树。第三天，他加倍努力，可是只砍了 10 棵树。他觉得很惭愧，跑到老板那儿道歉，说自己不知道怎么了，越砍越少。老板问他："你上一次磨斧子是什么时候？""磨斧子？"年轻人悔悟地说："我天天忙着砍树，竟忘记了抽出时间磨斧子！"

磨刀不误砍柴工，活到老学到老。当今社会发展日新月异，昨天的知识未必能解释今天的现实，今天的经验也未必能解决明天的问题。因此，一切工作都须从学习出发，只有学有所成，才有可能事有所成。

所以，不管在哪里在什么岗位工作，一定要创造机会，全方位锻炼自己，增长才干，提高素养，为民服务。

五、提升素养，追求高尚的生活情趣

什么是生活情趣？用美学术语说，它是"人类精神生活的一种追求，对生命之乐的一种感知，一种审美感觉上的自足”。

实践证明，凡是那些业余爱好广泛丰富、积极向上，能从一般的爱好中充实思想、涵养精神的人，都拥有更健康的心态、更积极的人生追求和较高的智商、情商，因而，也就有了更好的发展潜能和培养前途。

因为热爱生活，所以追求乐趣、创造乐趣、感受乐趣。一个人的兴趣和爱好，构成了他的生活情趣。没有生活情趣的生活是乏味的，没有生活情趣的干部也少了一条与人沟通交流的渠道。

生活情趣要建立在有利于事业发展的基础上，尤其要注意不能因个人爱好而影响工作。寻找个人情趣与事业的结合点，把个人情趣融入到生活中，为单位建设增色添彩，应是我们的不懈追求。

没有业余爱好的人，不是一个完整的人。业余爱好可以陶冶情操，开阔视野，更能够使人心情舒畅，精力充沛。

“淡泊明志，宁静致远。”这是我们共同追求的一种人生境界。我们要对低级趣味说“不”。高尚的生活情趣，源于健康向上的人生追求。“雪后寻梅，霜前访菊”，“闭门即是深山，读书随处净土”……古代文人对高雅志趣的描述，见证了人类文明的脚步。脱俗的情趣折射出的是一种“有文化、有修养、知廉耻”的人格。

我们的生活情趣不仅是闲情逸致，更是一种文化品格；不仅是怡情养性，更是一种道德建树；不仅是个人情怀，更是一种政治风采。

情趣是否健康，体现的是一个人的精神追求、价值取向、审美层次。情趣不健康，迷恋于口腹之欲、沉醉于物质满足，就很容易在金钱、美色的诱惑面前失去自我，堕入精神空虚、欲壑难填的泥沼。

情趣对人的品行和追求有着直接的影响。情趣高尚者，不仅得意不忘形，而且失意的时候也不失志。有高尚的情趣，生命才有寄托。一个让党放心、经得起历史检验的干部，必然是一个明辨是非、严于律己的干部，一个品德高尚、情趣健康的干部。

“视其所好，可以知其人焉”。情趣健康，就是要追求高层次的人生境界，而非女色、金钱、豪宅等纸醉金迷的生活。即便穷得只有一张纸，但高尚者仍然可以画出如诗的画，情趣雅者，穷困的生活如同白菜豆腐一样可以保持健康；情趣低俗，富裕的生活更容易糜烂人生。

业余爱好如同一面镜子，折射出每个人的优劣短长。郑板桥爱竹，终成一代大家；陈毅爱词，始有儒将雅称。古往今来的许多事例说明，健康、积极、适度的业余爱好对增长见识、改善个性、培养气质、提升境界、净化灵魂、促进工作，的确有着别的行为方式无可替代的独特作用。

爱好是多方面、多角度的，从中凸现的个性特征也随之而异。比如，从一个人有无勤奋学习的习惯里，能大致判断出他有无缜密的思维和较广博的知识结构；从一个人有无坚持运动的习惯里，能大约推理出他有无较强健的体魄和挑战自我、坚韧不拔的毅力；从一个人有无爱好，如诗歌、美术、书法等习惯里，能大概衡量出他有无一定的艺术修养与和睦谦恭的气质，等等。

中国书法是一门既传统又现代的艺术，赏心悦目，情趣高雅。鲁迅先生曾说：“书法不是诗，却有诗的韵味；不是画，却有画的美感；不是舞蹈，却有舞蹈的节奏。”学习书法，哲学的微言奥义，绘画的生动气韵，诗歌的一片天籁，武术的刚柔并济尽在其中，等着学习者去探索、去领会。在练习中可以体察提捺、转折等用笔之美，刚柔、粗细等线条之美，浓淡、枯润等墨色之美，俯仰、向背等结构之美，疏密、穿插等章法之美。如能陶冶其中，就会钟爱一生。不论是创作一件好的书法作品，还是欣赏一件好的书法作品，都是一种美的享受。勤习书法修品格，人品清正，才能创作出好的书法作品。

六、不断提升素养，是长期复杂的过程

素养乃人的综合素质的底色和骨架。提升素养，人文教育先行。人文教育具有寓教于知、寓教于美、寓教于情、寓教于乐的特点，可以起到春雨润物、潜移默化并且稳固持久的作用。新形势下人们出现的思想问题不是孤立的，不少与人文素养低下和人文精神的缺失有关。实践证明，人文素养的匮乏，必然导致精神的荒芜和灵魂的沙化，以致衍生出种种不可思议的现象和问题。解决这些问题应注重全面抓好人文素养教育，培植厚实的人文基础底蕴，让充满道德之美、情操之美、品格之美的人文精神，驱散心灵的污垢和尘埃。

“煌煌乎武哉”，“郁郁乎文哉”。一支由高素养人才集结的队伍，必将永远立于不败之地！

7

人生最难调整的是——心态

心态决定命运，成功源于心态。心态就是精神能量，要么驾驭生命，要么破坏生命。好心态享受二十四小时，坏心态煎熬二十四小时。一个健全的心态比一百种智慧更有力量。但是，人生最难调整的是心态，它就像一座山峰耸立在那里，需要我们努力去攀登。只要脚步不停，处处都是风景。

高尔基说：“对待工作要有一种良好的心态，要像音乐家演奏乐器一样，他们演奏的乐器虽然各异，但奏出的却都是美妙的旋律。”法国作家莫泊桑也说：“如果你的心中充满了阳光，无论怎样黑暗，你都会看到光明。”这告诉我们，要以乐观、宽容、接纳、愉悦和积极的心态去面对学习、工作和生活，因为它能很好地促进人的身心健康。

一个朝着自己目标永远前进的人，整个世界都给他让路。同样的工作，不同的人干会有不同的效果，有才智和能力的原因，更重要的是心态。无数事实证明，一个人只关心脚下的事情，是没有未来的。一个人能走多远，取决于他能想多远；而一个人的成功，则取决于他积极的人生态度。

有人总是埋怨命运不公，抱怨怀才不遇，觉得人材小用，感叹世态炎凉，却很少问问自己，努力得够不够？小事情做得好不好？具体问题解决得怎么样？出生的环境，我们无法选择；成长的环境，我们无法改变。我们唯一能做的就是像水一样，不论环境如何变化，都能调整自己的心态以适应环境。因为，水性至柔，却能流出大山。当然，这种适应不是强压心中的怒火，忍受环境的不利，屈服生活的煎熬，而是如水在流淌过程中那样，遇险而不退缩，遇阻而不气馁，为了滴水入海的浩荡而一往无前。

一个人拥有阳光心态，生活便能惬意轻松，激情才能汩汩流淌，工作着才无比快乐。以阳光心态激情工作，是快乐和幸福的因子。

心有阳光，连免疫力都会提高许多。曾有专家做过试验，心态好，整天阳光灿烂的人，呵出的气息都是健康的。心有多大，舞台就有多大。心态好，事业的舞台就会无限延展，生命的厚度就会非比寻常。心态好，潜能就会最大限度地得到发挥。心态好，激情就会燃烧起来。心态好，灵感便会频频青睐你。小胜靠运气，大胜靠境界和心态。这是为无数事实所反复证明了的道理。

阳光心态决定了昂扬状态。状态昂扬，心态阳光，内心杂质就少，就容易做到心无旁骛，始终保持奔跑的姿态。有句话说得好："做事情，第一位的是认真，其次才是能力。"认真做事可以把事情做好，用心做事可以把事情做到极致。这就是一种状态，状态好就像加足了马力的发动机，倍有力道。以昂扬状态工作，才能找到成就感，才能找到归属感，才能找到价值体现。工作使人年轻，使人更有活力和创造力，一切的一切才能进入良性循环状态。

阳光心态看似简单，实则并不简单。生活中这样的例子比比皆是，有的人把物质和金钱看得太重，欲望很难得到满足，于是心上总是压着一块欲望的巨石，根本无法释怀，无法轻松。工作中，明明是很简单的事，一个人不需多长时间就能做好，却非要故弄玄虚、兴师动众，结果是害人害己，损害事业。简单了，快乐就会不期而至，幸福必然来敲门。快乐其实很容易，它就在你的身边，可以轻易得到；就在你的生活中，俯拾皆是；就在你的心里，伸手可及；就在不经意间，就在点点滴滴，就在每时每刻……前提是，必须简单。

心为百胜之源，心为百病之根。心烦气躁，伤人伤己；心有旁骛，事业难成。因此，我们必须讲究修心养身，对自己的思想和心理问题一定要及时进行自我调适，做到26个力戒：

一、力戒拈轻怕重

人生有一条不变的法则就是："一分耕耘，一分收获。"一个人不管从事何种职业，都渴望获取成功，而成功的取得是需要以付出为代价的。多付出一分，就意味着多积累一分资本。多付出一分，就意味着多显露一分才华。多付出一分，就意味着多闪现一分美德。多付出一分，就意味着多获取一分成功。

越是急难险重的任务，越能考验人，越能锻炼人。没有一番寒霜苦，哪有腊梅扑鼻香？付出和收获构成得失人生。我们只有有着积极进取的良好心态，有着勇挑重担的奉献精神，才能成为一个大写的"人"。

要学会把自己作为教育对象，经常思考自己，主动设计自己，并以实际行动努力完善或造就自己。经常主动自觉地与英雄模范对照检查自己，用他们勇敢顽强的精神激励自己的勇气。

二、力戒悲观失望

冷静分析受挫的主客观原因，是主观上努力不够，还是客观上受时间、条件等方面因素的影响，从而采取积极的补救措施。

要清醒地认识到人生有顺境，也有逆境。面对逆境和挫折，要勇敢面对，就像草原上发生火灾，顺火而逃易被困住，因为人跑得再快也没有风和火的速度快；逆火而上，冲过火区，则有生的希望。人生不如意事十之八九，就看你如何面对。有副对联写得好："得意，失意，且莫大意；顺境，逆境，切莫止境。"

要努力做好每一件事。美好的理想，靠一步一步实现；人的意志，在艰苦的环境中得到磨炼。没有困难、没有厄运，甚至连愤怒和烦恼都没有的人，很难成为强者、成为栋梁。

三、力戒心存嫉妒

正确看待人生价值。要摆脱一切私心杂念，心胸开阔，不计得失。一个人没有理想，无所事事，必然会去挑别人的刺，寻别人的短。

发挥自我优势。"金无足赤，人无完人。"每个人都有自己的优势和长处。要学会全面地认识自己，既看到自己的长处，又正视自己的差距，扬长避短，不断提高自己，力求改善现状，开创新局面。

培养达观的人生态度。人生本就是一个大舞台，每个人都有自己适合的角色。要有勇气承认对方有比自己更高明的地方，自觉地防止陷入嫉妒的泥潭。

密切交往，加深理解。许多嫉妒心理都是由误解产生的，嫉妒者误认为对方的优势会造成对自己的损害，从而耿耿于怀。所以要打开心扉，加强沟通，避免发生误会。

四、力戒心理困境

学会归因。困境的形成总是有原因的，正确地归因无疑是为了便于审视问题，为有效地解决问题找到一条可行之路。困境或许是由于事先判断有误，或许是因为其中某一环节上考虑不周全，不必因局部而否定全部，夸大事情糟糕的程度。

宽慰自己。有时候，需要找点理由"为自己说话"，需要在内心维护一下自己。来自别人的宽慰常是"隔靴搔痒"，还是自解心结为好。因为你最了解自己为什么而不愉快，你是自己的

“救世主”。

转换频道。如果事情已成定局，而结果让你不舒服，就要设法从不良感受中快快地分离出来，不要让单位里惹出的坏情绪在家庭中弥漫，感情上遇到挫折，不要再冷落了事业，为自己平添烦恼。若一个人在困境中久久地“驻足”，就是为自己选择了不理智、不快乐的生活。

积极暗示。积极的暗示是借助心理活动将困境减弱到最低限度的方法。若能身在困境中仍不失乐观精神，调动遐想和意念增强信心，努力改善现状，肯定会有助于自身健康的。

耐心等待。人在困境不免有失落感，追悔惋惜、自责、消沉等不良情绪也可能“乘虚而人”，搅得你心烦意乱。昨日已经过去，希望只能寄予未来，此时懂得耐心等待时机重整旗鼓，实际上比仅仅陷于苦闷更有意义。

乐观生活。把困境当做垫脚石，当成磨炼意志的燧石，有勇气面对困境的人，有驾驭自己生活能力的人，总会在不懈的追求中“独领风骚”，创造一份属于自己的快乐。

五、力戒爱慕虚荣

树立正确的荣辱观。面子不可无，但也不强求，如果过分追求荣誉，就会使自己的人格受到扭曲。

进行正确的比较。要比政绩、比干劲、比奉献，不要比待遇、比享受、比消费。在比较中知不足，奋发努力，迎头赶上。

进行自我心理纠偏。通过向英雄人物、先进典型的学习，完善人格，做实事求是的人，而不要做自以为是的人。

六、力戒疑心太重

要拉近与同事的距离。了解是信任的基础，信任是感情的纽带。与同事同工作、同学习、同劳动、同娱乐，就会产生感情。

有了感情基础，就不会产生猜疑。

从自己做起，增强“透明度”。首先自己要透明，看问题、办事情，做到客观、公平，不偏激，不掺杂私心。

对已经出现的矛盾、误会要及时化解，不要任其发展。

要注意提高自身的思想、文化水平，遇事辨清是非，不乱猜疑。

七、力戒沾沾自喜

无论过去多么成功，多么灿烂，都不能代表未来，只有不停地耕耘，不停地鞭策，不停地学习，才能把“人”字的后一笔写得更加壮丽。做一点工作就沾沾自喜，有一点成绩就看不起别人，是自己最大的敌人。

要正确地看待自己。做到胜而不骄、谦虚自律，不要在口头上什么都能干，实际上什么也干不好。

要正确地看待别人。一个篱笆三个桩，一个好汉三个帮。一个人的能力再大，离开了集体也一事无成。有了这思想，才能正确认识自我，不断反思自我。

要正确地看待组织。组织上对人是公正的，对人的使用也都有一系列制度来保证，因此，只要自己有本事、够努力，领导就看得见，群众也看得见。如果自己不努力，只等着组织来发现自己、重用自己，那你的希望只会变成失望。

八、力戒自私自利

要进行内省。自私常常是一种下意识的心理倾向，要克服自私心理，就要经常对自己的心态与行为进行自我观察。

多做利他行为。一个想要改正自私心态的人，不妨多做些利他行为。例如，关心和帮助他人，给希望工程捐款，为他人排忧解难做好事，使自己的灵魂得到净化。

现代社会要求人不仅要“读万卷书，行万里路”，而且还要“交八方友”，太自私就交不到好朋友。交往能使人的思想观念保持新陈代谢；交往能丰富人的情感，维护人的心理健康。

九、力戒包袱太重

放下包袱开动机器。脚踏实地从实际出发，树立正确的目标，把心理压力化为工作与学习的动力。只有想到才能做到，只要坚忍不拔、勇于攀登、不懈追求，一定会有所成功。

以积极、健康、乐观的态度去对待压力，不能一味地扩大压力或消极地对待压力。

“人无压力轻飘飘，井无压力不喷油。”有压力也很正常，只是不要被压垮。要多读一些名人传记，从中汲取缓解压力的方法和力量。

十、力戒遇职必争

要知道职务不是一切。没有得到提升，也不是一无是处。

对别人的提职，特别是对与自己学历相同、经历相当的同志提职，应该感到高兴，这至少说明你的希望就在眼前。

获得多少权利，也要承担多少义务；驾驭多少机会，也要接受多少挑战。要多问问自己：“对于提升职务，你准备好了吗？”

十一、力戒心情浮躁

心情浮躁是可以改变的。首先要认识到这个缺点，然后自觉地纠正，在生活中不断锻炼自己求真务实的作风。

心情浮躁，什么事情都干不好。要认识到浮躁是工作的大敌、成长进步的大敌，只有扎实工作，只有胜不骄、败不馁，谨言慎行、警钟长鸣，才能事业有成。

刻意锻炼自己。要从细小的事情做起，加强自我磨炼，养成扎实、严谨、细致的良好作风。

十二、力戒不爱本岗

工作岗位没有高低贵贱之分，只有干得优劣好坏之别，既然组织上把自己放在某个岗位上，都应充分展露自己的才华，以得到锻炼、得到领导和同志们的认可。

爱岗才能敬业。歌德曾经说过：“你要欣赏自己的价值，就得给世界增添价值。”不论做什么工作，都应该心无旁骛、尽职尽责。能在自己认为“不好的工作岗位上”把工作做好，更能显示出自己的思想境界和能力水平。

爱岗敬业是一种精神、一种态度、一种责任、一种境界，只有尽心尽力，才能事业有成。

十三、力戒心存侥幸

保持清醒。要做好官，必须先做好人。要经常鞭策自己，在权力面前保持头脑清醒。

控制欲望。欲望是潜在心底的毒蛇：在它冻僵时，它不会伤害你；但当它苏醒时，它就会放出毒素。欲望是荡舟的风帆：凭借风帆驾驶船只，可以行程千里而不停止；但是放纵风帆而收不住，一定会有覆舟的灾难。控制欲望，一是不要去追求过多的物质享受；二是要知足常乐，有一颗平常心。有了这样的思想境界，就不会干违法乱纪的事。

不能心存侥幸。做人有三难，管住自己难，理解他人难，一辈子做好事难。正因为难，才要严格要求自己，努力管住自己，这需要有很强的自控能力。对自律，有人作了三种比喻：一是比喻为清凉油，自我反省，自我省察；二是比喻为长鸣钟，自我警惕，自我提醒；三是比喻为解剖刀，自我批评，自我纠正。自律不容易，但可以做到。

十四、力戒不良竞争

在遇到表现机会之前，必须不断充电，默默做事，一步一个脚印，积累工作经验和人生阅历；必须谦逊忍让，淡泊名利，以更高的标准要求自己；必须等待，等待风起扬帆、宏图大展的那天到来。

机会留给准备好的人。要懂得反躬自省：我够努力吗？我真的具备与众不同的能力吗？我是不是正面、积极地在竞争？是不是确实掌握了每一个稍纵即逝的机会？反省后，充实不足之处，拿出勇气与行动来，脱离困局，开创新局面。

毕竟，机会是留给准备好的人的。

不要在哀叹中自暴自弃，丧失成长的可能。就算要抱怨，也请确认，你真的是“怀才”而“不遇”吗？

十五、力戒追逐名利

看重名声，绝不是过错。要是连名声都不顾及，还能干出好事来吗？获取正当利益，也是制度允许并在情理之中。但是，重一己之名不能文过饰非，浮夸虚假；取一己之利不能欲壑难填，见利忘义。

要不断地充实自己。平时注重学习与思考，胸襟就比较开阔，目光就比较深远，对名利就会持辩证达观的态度，不以物喜，不以己悲，志存高远，心忧天下。

要经常地解剖自己。每日三省吾身，无论何种情况，既然反省自己，重点就应是自身不足和努力方向。

十六、力戒恃权弄权

权力是把“双刃剑”，把握不好会伤到自己。要知道，不管你的权力是大是小，都是党和人民赋予的，都是用来为人民服务的。

要强化自律意识，自觉接受监督和批评，解决好拒腐防变的问题。真正做到耐得住清贫、抗得住诱惑、守得住本色，切实筑起拒腐防变的思想防线，始终保持蓬勃朝气、昂扬锐气和浩然正气。

职责权力对任何人来说都是短暂的。有权不忘责任重，位尊不移公仆心。要在有限的时间里，在有限的权力范围内，尽可能为党和人民多做一些有益的工作。

要戒贪欲。令人失去理智的，是外界的诱惑；而最终耗尽一个人的精力的，却往往是他自己的贪欲。

十七、力戒误读政绩

要有正确认识。作为个人，无论什么情况，成绩的取得都要靠“天时地利人和”即综合因素，决不会属于单打独斗的个人。

要坚持正确导向。作为组织，要使老实人不吃亏、不老实的人占不到便宜，真正树立起求真务实的导向、干事创业的导向和公正用人的导向。

要抓“总开关”。政绩观是世界观、人生观、价值观的折射，是权力观、地位观、利益观的反映。抓住了这个“总开关”，树立正确的政绩观才能有坚实的思想基础，才能正确地看待取得的成绩。

十八、力戒总找借口

查找原因。找借口的真正原因，还在于自身不努力。殊不知，找借口的时间长了，很容易使自己对待生活和工作的态度发生偏差，事业心、责任心弱化，作风纪律松懈，也就很难有所作为。因此，要经常告诫自己，不为达不到目标和完不成任务去找什么借口。

注意养成。作风纪律建设，重在养成。要把塑造精神品质放在首位，通过无处无时不在的养成教育，牢固树立以“责任、荣誉、国家”为核心的品格。

自我负责。无论遇到什么样的环境，都必须学会对自己的一切行为负责。在枪林弹雨的战场上，在生死关头，你还能到哪里去找借口？即便找到了借口又能解决什么问题？“找借口”的弊端在于自我松懈、自我原谅、自我放弃，把失败、过错、完不成任务，归咎于他人和客观因素，以致把过失掩盖掉，心理上得到自我平衡。长此以往，就会疏于努力，失去战胜困难、做好工作的信心和勇气。

十九、力戒半途而废

目光要长远，突出一个“恒”字。对自己坚持高标准、严要求，学会根据不同阶段工作的特点进行心态的自我调整。

目标要准确，突出一个“导”字。要有阶段性目标，让目标长久长新。

不诿过、不贪功，突出一个“让”字。工作成绩得到承认是对人的最大激励，强调“让”，就是要把成就归功于集体，同时也使自己在内心形成对未来的憧憬和希望。

及时、果断而又稳妥地进行战略调整，突出一个“活”字。“活”是对真理的坚持、对规律的尊重，“活”字中蕴涵着对调整过程稳妥性的极高要求。正确对待“活”字，需要以科学决策和审时度势为前提，以实现总的工作目标为目的。

二十、力戒眼高手低

做事情必须明确目标。如果对自己究竟做什么、学什么心中无数，或是眼花，不断跟着别人变换目标，最终一事无成；或是眼高，决心很大，目标大而化之，同样难以实现。因此，制定一个切实可行的目标，就给成功之路打开了一条通道。

目标还需量化、分层次，要因事而异、因时而异。不要企图一下子实现几个目标，分清各个目标的主次关系。集中力量在主要目标上做文章；对于一个已经确定的目标，可以根据自身的实力和周围的现实环境，分成若干个小目标，分步骤、分阶段地付诸行动。如此，成功才不会是一句空话、一个空想。

要始终“三点成一线”，盯住自己的“靶子”。不能遇到挫折就对自己的选择产生怀疑，以致偏离“靶子”，甚至造成“脱靶”。光盯住“靶子”不行，还要讲究“三点成一线”：目标、实现目标的决心和实现目标的方法，一以贯之，始终如一，必有所成。

二十一、力戒不思进取

人在志得意满的状态下，也都变得不思进取了。自满是让你失去斗志的温床，自满是让你不战而败的麻醉剂，自满是让你自愿放弃的天敌。因此，人生最宝贵的是永不自满。

不管你是大学生，还是研究生，你学到的知识只是知识海洋的一滴水，何况当今社会新知识不断涌现，知识的陈旧率和淘汰率速度日益加快。只有对自己知识水平始终不满的人，才能时刻清醒地认识到自己面临的危险，把自己的不满变成学习的动力，“学习、学习、再学习”，活到老学到老，不断地给自己充实新知识、新技术。这样的人才能跟得上时代前进的脚步，才能不被历史所淘汰，才能在激烈的社会竞争中不断进步，取得事业的成功。

成功属于那些对自己始终不自满，而且坚持不懈地努力的人。

二十二、力戒患得患失

要学会放弃，放弃需要舍得。著名作家贾平凹写过一本书，书名叫《舍得》，他在书中说：会活的人，或者说取得成功的人，其实懂得了两个字：舍得。不舍不得，小舍小得，大舍大得。翻读古书，历史上有许多著名人物都是舍了小负之悲，得了全胜之喜。

万事万物也是有舍有得。蛇是在蜕皮中长大，金是在沙砾中淘出，按摩是疼痛后的舒服，春天是走过冬天的繁荣。

回顾经历，许多时候我们因没有小忍而坏了大谋，许多时候我们因吃了一点亏而懊丧不已，不久却赢取了利好，为了保持我们的本真没有被一时的浮华迷惑，声名太盛则又使我们失去了行动的自在。舍舍得得、得得舍舍就充满在我们琐碎的日常生活中，演绎着成功和失败的故事。

二十三、力戒耿耿于怀

看起来人生有许多不公平：一些人无须努力就能得到的东西，另一些人却要付出很多才能换来。对此，不要耿耿于怀，叹息世道不公，努力去争取好了。

人生不如意事十之八九。面对挫折、苦难，是否能保持一份豁达的情怀，是否能保持一种积极向上的人生态度，这需要博大的胸襟、非凡的气度。

如果你感到痛苦，证明你的心还不曾麻木。在逆境中，可以磨炼你的意志，不必计较一时的成败得失。“风物长宜放眼量”，去追寻长久的精神底蕴。

有的人得势时沾沾自喜，失意时就闷闷不乐，在权衡比较中患得患失，甚至为了一己私利，不择手段拖住对手，想方设法超越对方，这是要不得的。有道是：“从极迷处识迷，则到处醒；

将难放怀一放，则万境宽。”

即使自认为满腹才华，能力比别人强，也不抱怨自己怀才不遇，因为对现实的不满大多是肤浅偏激的行为。要学会用平和的心态来看待一切，在卑微时安贫乐道，豁达大度；在显赫时月盈若亏，不骄不狂。

二十四、力戒眼光狭窄

王安石在《登飞来峰》中说：“不畏浮云遮望眼，自缘身在最高层。”解决眼界狭窄的问题，需要放眼。放眼，就需要把问题放在大局、全局中去分析、比较和判断，做到目光远大、视野开阔、永不满足。

向别人请教，才意味着“孺子可教”。谦逊，意味着你有自知之明，懂得尊重他人，有向别人学习的意向，这会让你得到更多人的支持，帮助你更好地完成任务，成就事业。

慎重对待别人的失误。当同事在工作中出现失误时，千万不要持幸灾乐祸或冷眼旁观的态度，这会令其寒心。能担责任就担责任，不能担责任可帮助其分析原因，总结教训，多加宽慰。持指责、嘲讽的态度最容易把关系搞僵，而且很难复原。

不要让悲伤在自己的眉宇中播下忧愁的种子。不要总以为自己始终都生活在阳光照耀不到的角落，要相信明天的太阳依然灿烂。换一种心态，看到的将会是完全不同的风景。当心灵的脚步沿着既定的道路越走越崎岖的时候，就是该考虑换一条道路行走的时候了。路是死的，而人是活的，所以选择是自己的。

二十五、力戒放任自己

我们生活在世上，需要自律，也需要他律，法律和道德是缺一不可的。放任自己，就如同自毁长城。

欲望的惯性让人们始终处于不能满足的状态下，不停地争权争利争待遇，结果让心灵填满了欲望，让内心充满了痛苦。对此，古人说得很形象："终日奔忙只为饥，方才一饱便思衣。衣食两般皆见足，又想娇容美貌妻。娶得美妻生下子，恨无田地少根基。买到田园多广阔，出入无船少马骑。槽头拴了骡与马，叹无官职被人欺。县丞主簿还嫌小，又要朝中挂紫衣。做了皇帝求仙术，更想升天把鹤骑。若要使人心里足，除非南柯一梦兮。"所谓"人心不足蛇吞象"，大抵如此。

1. 受困工作

如果你现在从事的工作正是你喜欢做的事，那么恭喜你，你是幸运的。如果你和 95% 的人们一样，那么糟透了。那些枯燥乏味的工作虽然我们一周只花 40 个小时，但感觉上却像是被判了无期徒刑。就像被投入了监狱一样，我们会觉得被束缚，绝望，注定要过一辈子我们不想要的生活。所以，为了避免被判无期徒刑，选择一个你喜欢的工作吧，这样你会少受很多折磨。

2. 家庭压力

每个家庭里的孩子都是上帝对我们的恩典，但同时也可能成为源源不断的压力根源。交通事故、绑架、意外伤害等，这几乎是每一位为人父母者担心的问题。有人也许会说，这样的几率太低了，但是别忘了，养育孩子过程中的劳累、睡眠不足、烦躁甚至精疲力竭仍在超负荷的允准，都是必须经历的，孩子发脾气、淘气、打架、抱怨、不尊重的行为等都会成为困扰你的东西，你的生活质量会大大下降。但如果不要孩子，家庭中也许又会出现其他事端。

3. 心墙高耸

如此多的人看起来已经放弃了自己想要的幸福生活。他们的生活没有方向，生活令他们精疲力竭，只剩下一副躯壳。这是相当可悲但同时又是相当普遍的情况。这些人只是毫无方向、毫无激情、毫无志趣地随波逐流着。

我们可以轻易拆除隔断空间的砖墙，但却很难拆除人与人之间厚厚的心墙。但心墙不除，人心就会因为缺氧而枯萎，人就会变得忧郁、孤寂。爱是医治心灵创伤的良药，爱是心灵得以健康成长的沃土。

4. 意志衰退

在人生的旅途中，惰性总会冷不防地侵袭你、干扰你，让你奋进的脚步停滞不前，甚至让你火红的事业功亏一篑。松懈情绪便是侵袭你、干扰你的毒素，它是惰性的产物。让自己松懈是可悲的。实际上，如果不是抱有远大目标，就很难持之以恒，不是因挫折而怠惰，就是因成功而松弛。

这个世界需要更多的意志坚强、敢冒风险的人以及充满激情的人。不需要另一个沉迷于从薪水到薪水的世俗的人。

人生只是短短的一瞬，生命的弓弦应该是紧绷不松的。

5. 随风摇摆

人要有主见，并不是说我行我素，刚愎自用，听不进别人的意见，错了也不接受批评。而是在于坚持真理、坚持自我，不是被人误导、不知所措、拿不定主意、迁就别人。凡事没有主见，人云亦云，就会失去自我，只能变成一个混在人堆里的平庸之辈，怎么能成就大业？

6. 缺乏激情

当一个人发现生活中真正的激情时，那一刻堪称生命的里程碑。死气沉沉的生活让人乏味、大多数人终其一生都不明白什么能让他们心跳加速、大脑飞转，就这样日复一日的平庸过着。但越过这道樊篱，改变一种生活方式，尝试下新的事物，就会让你的生活变得多姿多彩。所谓激情，就是要有一种面对机遇，敢于争先；面对艰险，敢于探索；面对落后，敢于奋起；面对竞争，敢于创新的勇气。

7. 自我中心

付出而不计较回报是世界上最美好的事情。但现在的社会总让我们关心“我能得到什么”，于是我们就变成了索取者。我们更加需要那些真正懂得付出无私的伟大力量的人。当你帮助别人做出些什么而不求回报时，你会发现幸福感油然而生。

8．死要面子

逞强好胜、死要面子是人性的悲哀，也是可笑的表现，在对待世事、开创事业的时候，它又是一种可以葬送你成功的致命缺点。在现实生活中，许多因面子问题而为日后埋下隐患和祸根的例子屡见不鲜。所以，无论在人际关系上还是在事业中，一定不要因为小小的面子，而刻意表现出自己本没有的本领，也就是千万不要逞强好胜。

9．不会超越

生活就是不断成长、学习、完善自我的过程。努力提升自我是通往幸福生活的不由之路。但大多数人安于现状，故步自封，早就没了奔头。超越的过程实质上是一个从隐到显、从内到外、从弱到强、从虚到实的过程。

10．内心空虚

如果你走来走去总会觉得生活中少了点什么，那么你就离孤独不远了。不幸的是，很多人终其一生都有这种感觉。有的人用信仰宗教来弥补这种空虚，有的人用孩子，还有的人甚至使用毒品和酒精。

有创造力的人内心从不会空虚。你也许梦想着一种没有问题的生活，然而，那种生活并不值得继续下去。即便真的有一天，这种生活实现了，你会发现你的感觉是平淡、枯燥和乏味，这种生活唤不起你的丝毫兴趣。

二十六、力戒不拘小节

2010年虎年春晚郭冬临、牛莉表演的小品《一句话的事》中，有一段经典台词：“不就是一句话的事嘛，一句话能成事，一句话能败事，一句话能产生一个和谐社会，心里阳光点行吧！”这段话说得很准确、很实在、很有道理，但是要让心态真正能阳光起来，也是很不容易的，需要每个人的努力，从小节开始。

1. 不使“小心眼”

使“小心眼”是不健康的心态的外在表现，使“小心眼”有害无益。因此，小心眼是成长的大敌。使“小心眼”势必内耗不断、人心涣散，影响各项工作的开展。一个人不耍小聪明，不使小心眼，不搞小动作，做淡泊名利的老实人，做厚积薄发的老实人，做潜心修为的老实人，不迷醉于炫丽的诱惑，不垂恋于眼前的得失。只有沉其心、砺其志，才会有长远的进步和最终的大成。

2. 不耍“小聪明”

耍小聪明，古已有之，但往往不成正果。不论在哪里，都有一些爱耍小聪明的人。小聪明是立身做人的大敌，也是成就事业的大敌。耍小聪明，动的是投机取巧的歪心思，打的是自谋私利的小算盘，暴露的是能力素质和品质人格的低劣，终究上不了正场、经不起考验、成不了大器。干事创业需要的是大智慧、大实干、大苦干，来不得半点投机取巧、华而不实、消极怠工、避硬趋软，唯有实实在在，才能得到真理、真经与真道。

3. 不搞“小动作”

搞小动作的人，不琢磨事，专琢磨人。自己不干，还看不得别人干，人家在前面干事，他在后面放“冷箭”、使反劲、下“绊子”；自己不行，还容不得别人行，搬弄是非，说长道短，造谣中伤，诽谤贤能。同志之间最厌恶、最忌讳的莫过于暗算，暗地里做“手脚”。搞小动作的人，根源在于病态心理作祟，多是心术不正、品行不端。再自以为高明的小动作，也是黑暗中的龌龊伎俩，上不了正台，见不得阳光。正如鲁迅说的，捣鬼有术，也有效，然而有限，所以以此成大事者，古来无有。

4. 不惯“小毛病”

在生活中，有的人认为自己辛辛苦苦干工作，有一点小毛病不影响大节，没有什么可怕的，只要在政治上不犯错误，吃点、拿点算不上什么大事；有的人认为只要不犯大错误、不搞大腐败，犯点小错误、有点小毛病，没啥了不起。正是这种小节无害的心理，使他们渐渐放松自我约束，滋长了放任心理。小节不保终累大德。因此，一要“无病早防”。要“见危于无形，防祸于未萌”。二要“人病我防”。既要“见贤思齐”，向德性高尚的先进人物学习，又要“见不贤而内自省”，从犯错误或犯罪者身上吸取反面的教训，引为鉴戒，省己律身。三要“小病大防”。见微知著，小病大防，这是古今志士仁人修身养性终成大器的共同经验。

综上所述，心态决定命运，心态决定成败。心态是经过后天修炼的。我们完全可以通过修炼我们的心态来成就我们的事业，改变我们的人生。人的心态阳光是成功人士的一个高境界；人的内心和谐是和谐社会的一个高境界。如果你心情好，你会发现沙漠为你唱歌，小草为你起舞；如果你心情糟糕，你会发现开放的玫瑰在流泪，奔腾的小溪在哭泣，这就叫做境由心造、相由心生。因为快乐的心态会像一缕温暖的阳光驱散心里的阴云，阳光会铺满内心的每个角落。

愿我们能带着阳光心态，缔造阳光般的工作、学习和生活环境。

8

人生最难留住的是——光阴

人生天地之间，若白驹过隙，忽然而已。珍惜生命，最重要的就是把握今天，不虚度光阴。但是，人生最难留住的是光阴，它就像一座山峰耸立在那里，需要我们努力去攀登。只要脚步不停，处处都是风景。

光阴似箭，日月如梭。时间是构成生命的原料，时间是社会一切活动的限制因素，时间的重要性无与伦比。

一、时间就是军队，赢得时间就是赢得胜利

“时间就是军队”，这是恩格斯在一百多年前所写的《地基战争的进程》中所说的至理名言。今天，随着高技术在战争中的运用，特别是电子化、信息化装备的快速发展，时间在战争中的作用越来越重要。时间对军队来说就是胜利、就是战斗力，对军人来说就是生命。

“兵贵神速”，这是古今中外军事家的座右铭。在战争中，有时增加部队，有时增加炮火，但未必能解决问题，而部队行动迅速，哪怕几分钟之差，却可以决定战斗的胜利方。争取时间就争取和赢得了胜机，第二次世界大战中，日军偷袭珍珠港，美军总部并不是一无所知，而是提前一小时向夏威夷发出预警电报，可是，由于传递缓慢，当天早上 6 时 46 分的电报到下午 3 时，

也就是日机偷袭轰炸后的 7 个小时，才送到珍珠港指挥官绍特将军的手里，重要的作战指令成为一张一文不值的废纸，使美国军队受到惨重损失。现代战争行动快速化，战争节奏大大加快。1981 年 6 月，以色列空袭伊拉克，空战两分钟就全部炸毁伊拉克建设 5 年之久的核反应堆；1986 年，美国第二次袭击利比亚，只用了 12 分钟；伊拉克战争中，美英联军短短十几天就占领了巴格达。

我们常说“分秒必争”，而现代战争时间的计量将用毫秒和微秒来计算。英阿马岛战争中，阿方的“超级军旗”战斗机发射“飞鱼”导弹攻击英军“谢菲尔德”号军舰，当“谢菲尔德”号舰长知道导弹攻击的信息时，只有 6 秒钟时间了，而该作出反应舰抗击时间至少要 20 秒钟，任何防御措施都无法采取，“谢菲尔德”号军舰官兵只好望“弹”兴叹。未来战争还将是一场诸兵种的立体战争，各部队的行动都有统一的时间，必须准确无误。如果没有时间上的准确性，就没有协同作战的可能性，其后果是不堪设想的。

二、时间就是金钱，赢得时间就是赢得效率

18 世纪的美国思想家、科学家、政治家本杰明 · 富兰克林有一句名言：“你热爱生命吗？那么别浪费时间，因为时间是组成生命的材料。”在美国西部大开发时期，这句话曾经产生过很大的影响，以至于长久流传于世；无独有偶，两百多年后在我国改革开放中，敢为天下先的深圳人，也提出了“时间就是金钱”的口号，这句口号已经成了“杀出一条血路”的最佳解释，也成了一座现代化城市的精神象征，以至于每逢说起它，我们就想起一个时代，也想起一座城市的名字——深圳。

时间与速度紧密相连。速度就是时间，时间就是财富。时间在经济、技术活动中的这种突出意义，必然也要反映到整个社会生活中来。

“文化大革命”结束后，邓小平就一再强调必须抓紧时间，告诫全党千万不要再失掉了机会；在他即将离开领导岗位之前，又一再地对一些领导同志说，他最担心的就是会错过发展机会！这语重心长的肺腑之言，格外发人深省。

三、时间就是生命，赢得时间就是延长寿命

“时间就是生命”，这是鲁迅先生的一句名言。他还说：“节省时间，也就使一个人的有限生命更加有效，而也就等于延长了人的生命。”鲁迅是这样说的，也是这样做的。他一生写了共460万字的《鲁迅全集》，这还不包括译著，毛泽东给予他崇高的评价，鲁迅是中国文化的主将，他不但是伟大的文学家，而且是伟大的思想家和革命家。他一生多病，工作条件和生活条件都不好，但他每天都要工作到深夜，第二天起床后，有时连饭也顾不得吃，又开始工作，一直到吃晚饭时才走出自己的工作室，实在困了，就和衣躺到床上打个盹，醒后泡一碗浓茶，抽一支烟，又继续写作。鲁迅不但自己惜时，还留下了许多珍惜时间的名言世代传颂，比如，“时间，就像海绵里的水，只要你挤，总是有的”。又如，“美国人说，时间就是金钱，但我想，时间就是生命，无端空耗别人的时间，其实是无异于谋财害命的”。

爱迪生说：“浪费，最大的浪费莫过于浪费时间了。”他还说：“人生太短暂了，要多想办法，用极少的时间办更多的事情。”一天，爱迪生在实验室里工作，他递给助手一个没上灯口的空玻璃灯泡，说：“你量量灯泡的容量。”然后，他又低头工作了。过了好半天，他问：“容量多少？”他没听见回答，转头看见助手拿着软尺在测量灯泡的周长、斜度，并拿了测得的数字伏在桌上计算。他说：“时间，时间，怎么费那么多的时间呢？”爱迪生走过来，拿起那个空灯泡，向里面斟满了水，交给助手，说：“将里面的水倒在量杯里，马上告诉我它的容量。”助手立刻读出了数字。爱迪生说：“这是多么容易的测量方法啊，它又

准确，又节省时间，你怎么想不到呢？还去算，那岂不是白白地浪费时间吗？”助手的脸红了。爱迪生喃喃地说：“人生太短暂了，太短暂了，要节省时间，多做事情啊！”

莎士比亚说过：“放弃时间的人，时间也放弃他。”古今中外，大凡有作为的主将，都把时间视为生命，决不肯虚度，而虚度年华者，大抵为人所不齿。

孔子说过：“逝者如斯夫，不舍昼夜。”他是感叹万物消失如流水一般，不分白天黑夜间流逝，永不回转，他以此来教育他的学生要自省自察。有一次，他的学生宰予在白天睡觉，孔子非常生气，他说：“朽木不可雕也，粪土之墙不可圬也。”由此可见，珍惜光阴在孔子这位教育家心中的地位。

时间就是生命，许多文化巨匠就是用生命竖起了一座座丰碑。东汉有位许慎，花了二十多年的时间和精力，写成《说文解字》，病危时才由他儿子在公元 121 年献上朝廷，这本书成为我国第一部字典。到了清代，段玉裁花了 40 年的时间，写成《说文解字注》，为后人使用这部字典提供了方便。应该说，许慎、段玉裁是用时间和生命为我国文化宝库添上了光辉的一页。

达·芬奇有一句名言我们应当永远牢记：“趁年轻少壮去探求知识吧，它将弥补由于年老带来的亏损。”

时间伴随着我们的一生，我们可以自由支配，然而我们当中的很多人都忽视了时间的存在。我们需要做的是学会管理好自己的时间：我们无法阻止时间的流逝，但是我们可以利用时间。我们要成为时间的主人，而不是成为时间的奴隶。

有一个著名的三八理论：八小时睡觉，八小时工作，八小时自由安排时间。这个人人一样。人与人之间的不同，在于业余时间是怎么度过的。时间是最有情也最无情的东西，每人拥有的都一样，非常公平，但拥有资源的人不一定成功，善用资源的人才会成功。白天图生存，晚上求发展，这是 21 世纪对人才的要求。

时间是最公正的裁判，不管你是富有的还是贫穷的，都会公平地分配给你大好的时光，一年365天，一天24小时，86400秒，不多不少，就看你如何合理安排了，也许有人会在一天里创造出一项伟大的发明或是研究探讨出一种新的元素，也许有人会在一天里碌碌无为、虚度时光。那怎样才能做到珍惜时间呢？那就要勤勉了，不让一天闲过，每时每刻做些有用的事，戒掉一些不必要的行动，这样你才会成为时间的主人，时间也才会对你微笑。

陶渊明说：“盛年不重来，一日难再晨。及时当勉励，岁月不待人。”岳飞在《满江红》词里大声疾呼：“莫等闲，白了少年头，空悲切！”在人的一生中，时间是最容易流失的。时间将贯穿于每个人的一生，我们的生命的价值及意义的体现不可能脱离有限时间的束缚，而对时间的认知和应用它来创造价值的能力就显得非常重要。

四、时间就是一切，赢得时间就是赢得一切

大千世界千般好，唯有时光最公正。时光不会再来，青春无法再复。所以，我把“秋月春风等闲度”这句诗，其中的“等”字改成了“莫”字，期许与大家共勉：莫因虚度时光产生失落感。说到时光，无论拥有的是长是短，在利用上对谁都一样，几乎没有贫富贵贱之分，关键看每个人怎样对待。

有的人惜时如命，把点点滴滴时间都用在有益之处。充实的生活，成功的事业，都是跟时光讨要而来，他们比时光更悭吝。古书《淮南子》有云：“圣人不贵尺之璧，而重寸之阴。”汉乐府《长歌行》有这样的诗句：“百川东到海，何时复西归？少壮不努力，老大徒伤悲。”唐末王贞白《白鹿洞》诗中更有“一寸光阴一寸金”的妙喻。法国作家巴尔扎克把时间比作资本。德国诗人歌德把时间看成是自己的财产。法拉第中年以后，为了节省时间，把整个身心都用在科学创造上，严格控制自己，拒绝参加一切与科学无关的活动，甚至辞去皇家学院主席的职务。居里

夫人为了不使来访者拖延拜访的时间，会客室里从来不放坐椅。76 岁的爱因斯坦病倒了，有位老朋友问他想要什么东西，他说，我只希望还有若干小时的时间，让我把一些稿子整理好。有些惜时的故事，虽然已经很古老了，但对于今天的我们依然具有鲜活有效的警醒、引领、激励作用。

可是也有这样的人，总觉得日子还长，于是，对于时光毫不珍惜，每一天都是随便打发，还以为是自在潇洒。岂不知比你更潇洒的时光，这时已经了无痕迹地溜走，无声无息……

有心的人才会死死地看住时间，与其说我们的人生是在与别人赛跑，不如说是我们在与时间拼命赛跑，以至于我们一刻也不能停息，马不停蹄地拼命追赶，始终不放手，也不敢放手！害怕一旦停下脚步，就失去了方向。即使这样很累，很累，我们也不会去放手，因为赢得时间，就赢得了一切。

五、成就人生从珍惜时间开始

在美丽的草原上，曙光刚刚划破夜空，一群羚羊从睡梦中惊醒，“新的一天开始了，我们得抓紧时间跑，如果被猎豹发现了，就可能被吃掉！”于是，羚羊群起身向着太阳升起的方向飞奔而去……

几乎在羚羊群奔向远方的同时，一只猎豹也惊醒了，它起身摇摆了几下壮实的身躯，以抖去身上的灰尘，“已经有两天没吃东西了，我得立即开始寻找昨晚没有追上的猎物，如果今天还追不上它，我可能会饿死！”猎豹望着太阳升起的方向，大吼一声，狂奔而去……

就这样，每当一天刚刚开始，地球上便出现了一幅壮观的景象：猎豹紧紧追赶着羚羊群，它们各自拼命地奔跑，在它们身后扬起滚滚黄尘……

这场追逐的结局只有两种情况——羚羊快，猎豹可能会饿死；猎豹快，羚羊就会被吃掉。但是，哪怕羚羊只比猎豹早跑上

30 秒，就有可能保全性命，这 30 秒就意味着羚羊或猎豹是活着还是死去……

明朝诗人钱鹤滩有一首《明日歌》，其中写道：“明日复明日，明日何其多！我生待明日，万事成蹉跎！世人若被明日累，春去秋来老将至。朝看水东流，暮看日西坠，百年明日能几何？请君听我《明日歌》。”

寒号鸟的故事又从另一个角度警示我们：“明日复明日”是多么悲哀。

秋风萧瑟，严冬即将来临，寒号鸟冻坏了，于是它说：“寒风冻死我，明日就垒窝。”天亮了，看看暖暖的阳光，还是先享受吧，明天再开始垒窝吧，又到了晚上。

“寒风冻死我，明日就垒窝”。寒号鸟又开始叫了，但是第二天它看到太阳公公在微笑，又不动了……日子一天天地流逝，寒号鸟始终没有履行自己的诺言，仍旧扑打着翅膀在寒风中念叨着“寒风冻死我，明日就垒窝”。很快冬天来了，寒号鸟已被冻得奄奄一息了，但嘴里还在微弱地喊着：“寒……风……冻……死我，明日……”

庄子曰：“人生天地之间，若白驹之过隙，忽然而已。”一种人认为短短的人生，若不及时行乐，岂不枉来人生一遭？他们抱着“今朝有酒今朝醉，我歌我笑如梦中”的态度，把时间都在嬉戏中度过，像寄生虫一般。另一种人深深懂得“盛年不在来，一日难再晨”，于是痛感“时不待我”，整天埋头于工作和学习中，使生命的分分秒秒都在充实，都在发光发热，这也正体现了爱迪生的一句话：“人生太短，要干的事情太多，我要争分夺秒。”

当然时间也会公正地给这两种人以不同的结果：终日碌碌无为的人，落得两手空空，只留下无穷的悔恨；而艰辛的劳作的人换来的是累累硕果，他们用自己的勤劳和智慧，为国家作出了巨大的贡献。社会肯定后者的人生价值，他们也会以此自豪。

历数古今中外一切有大建树者，无一不惜时如金。

列宁惜时——有一篇回忆录，回忆一位同志向列宁汇报工作，列宁批准了他的计划，并问道：“那么你们什么时候开始呢?”“明天开始。”那位同志说。列宁却批评他说：“为什么不今天开始呢：就是现在!”从中我们可以看出列宁是非常珍惜时间的。

柯罗惜时——一位青年画家把自己的作品拿给大画家柯罗请教。柯罗指出了几处他不满意的地方。“谢谢您!”青年画家说：“明天我全部修改。”柯罗激动地问：“为什么要明天？你想明天才改吗？要是你今晚就死了呢?”可见柯罗是多么珍惜时间。

丘吉尔惜时——第二次世界大战中三巨头之一的丘吉尔，平均每天工作十七个小时，这使得十位秘书也整日忙得团团转，为了提高迟缓的政府机构的工件效率，丘吉尔还制定了一种体制，他给那些行动迟缓的官员们的手杖上，都贴了一张“即日行动起来”的签条。

齐白石惜时——我国著名画家齐白石，无论是画虾、蟹、小鸡、牡丹、菊花、牵牛花，还是画大白菜，无不形神兼备，据说他在 85 岁那年的一天上午，写了四幅条幅，并在上面题诗：“昨日大风，心绪不安，不曾作画，今朝特此补充之，不教一日闲过也。”

巴尔扎克惜时——巴尔扎克在二十年的写作生涯中，写出了九十多部作品，塑造了两千多个不同类型的人物形象，他的许多作品成了世界名著。他的创作时间表是：从半夜到中午工作，就是说，在圆椅里坐十二个小时，努力修改和创作，然后从中午到四点校对校样，五点钟用餐，五点半才上床，而到半夜又起床工作。

康德惜时——德国大哲学家康德在哥尼斯堡大学任教期间，遵循严格的生活规律，每天晚上 8 点钟睡觉，清晨 5 点钟起床，他在 30 年中严格按照这一时间表活动，准确无误，以至于他每天早上外出散步时，当地的居民都以他出门的时刻为标准来校对时间。

达尔文惜时——据达尔文的妻子埃玛回忆，达尔文在写作《物种起源》一书时，经常昼夜不眠，在他身患重病，生命垂危时，仍然坚持观察，记录植物的生长情况，直到临终前两天都未间断。

六、珍惜时间，就要把握今天

历史车轮滚滚向前，社会发展到了信息化的今天。信息社会同工业社会相比不但具有全新的社会结构特征，而且也具有全新的社会时间形态特征。这些特征包括时间界限的模糊化、时间结构的弹性化、时间制度的即时化。这些时间特征正在极大地改变社会行为规范和人们的生活方式。比如在工业社会，人们的作息时间制度是由生产线规定的，除了特殊岗位人员和倒班人员外，大部分劳动者都是白天工作、夜间休息。为了适应这种时间制度，在 1884 年“国际经度会议”将全球分为 24 个时区，不同地区都是按着当地白天工作、夜间休息的常规划定的。

但因特网打破了这种昼行夜息的作息制度化常规，取而代之的是“因特网时间”。因特网时间的特点是具有“即时性”，24 小时都在工作，它不受时间从何时开始的限制，一个人什么时候工作或浏览都可以从“不变的现在”开始。这就说明因特网使时间具有了互换性，任何时间都可以与其他时间互换。这大大改变了人们工作、休息和从事其他活动的昼行夜息的时间节律，也就使得人们对时间的利用更具有了灵活性。受其影响，时间越来越被人们重视，往日工作散怠，做一天和尚撞一天钟，吃大锅饭的现象越来越少，呈现在眼前的是抓紧时间创造效益、创造财富。

有些人在时间安排上，精打细算，善于见缝插针，结果是事半功倍；反之，那些对自己所从事的工作心中无数、没有计划的人，往往是手忙脚乱，事倍功半；至于那些马马虎虎、拖拖拉拉的人，就更谈不上有什么工作效率了。在这个意义上，我们可以说，从时间观念上，能够看出一个人、一个领导者的水平。可见，善于运用时间，是一种智慧。

对于每个人的成长和发展来说，良好而恰当的机会，也有着特殊的价值。在每个人的一生中，都有他的精力、体力、知识的最佳结合点，这形成了他的人生最优机遇期，在这个最好的发展时间段中，如果能够敏锐地把握住最适当的机会，充分发挥，奋力拼搏，那是会事半功倍的；否则，如果正当盛年却三心二意，稀里糊涂地错过了一些好机会，此后，他就是再加倍地努力，往往也会徒劳无益，后悔莫及，终生遗憾。须知，盛年不再，机会难得啊！

明代著名才子文徵明的儿子文嘉所作：“今日复今日，今日何其少！今日又不为，此事何时了？人生百年几今日，今日不为真可惜！若言姑待明朝至，明朝又有明朝事。为君聊赋今日诗，努力请从今日始。”诗人以通俗的语言、明白如话的句子劝勉人们要珍惜时间，勿虚度年华，莫荒废光阴。

“五四”运动时期的李大钊也写过一篇脍炙人口的散文，题目只有一个字“今”，其中有一句非常精彩的话：“今是生活，今是动力，今是行为，今是创作。”的确如此，我们每个人只能生活在“今天”，也就是“当下”的时间里，我们的成功，我们的希望，只能靠我们今天的奋斗。你要有所作为吗？请你一定要记住莎士比亚的另一句格言：“在时间的大钟上，只有两个字——现在。”一个希望有所作为的人，一定要把自己的经验、智慧和精力，最大限度地用在“今天”！

七、从严把握自己，合理使用时间

现在，经济发展了，生活富裕了，社会交往多了，绝大多数人都觉得时间不够用，都觉得时间被多方分割了，变成了碎块，失去了价值，我们要认真研究它的成因，找出解决的办法，从严把握自己，合理使用时间。

（一）时间被分割的表现成因

对时间的安排，在很大程度上是一种自我守纪。当前，在时间分割上，不科学的现象主要表现有：耗费大量的时间处理私事；单位内外的会议太多；大量的时间用于批阅、签发文件、资料、信函和接待等。

上述问题具有一定的社会性。

有些工作时间常被一些小事占用，而这些事情本来是可以由本单位其他人来处理的，究其原因，通常是“事不经手不放心”的心理在起作用。这就必然产生一系列不良后果：缠身于小事之中，从而无暇顾及大事，使下级责任感变差、依赖性增强。

另有一种倾向是，只有等一个问题到了非解决不可时，才去处理。这就造成了时间上的浪费。由于处理这类问题时，往往要花很大的力气，采取过激的措施，致使拟订的计划、部署的工作的连续性、节奏感和协调性明显地受到干扰。这种干扰给整个工作效率带来的后果同样不可低估。

还有一些倾向是，领导者的指示含糊不清，且修改太频繁；领导者不能发挥部署的主动性；领导者没完没了地干涉，并且越权决定。

领导者的心理因素对有效的使用时间也有影响，认为只有亲自出马，他所下达的指示才会被执行；认为“凡会必参加，凡到必讲话”，才算重视。

（二）时间合理化的途径

一切活动都要耗费时间，但是，一个人可以利用的时间是有限的，因此，必须科学、合理地管理时间。

1. 科学地拟订计划

工作计划的种类很多，使用最频繁的是周计划和两周工作计划，尽量把开会、座谈、下基层、作报告等活动的时间固定下来。其次是日计划。这种计划不但可以使领导者的活动时间更加准确，而且可以使部署时间的使用更趋条理化。

2. 精力最佳的时候干最重要的工作

有的人认为，只有连轴转的工作，才是高效率。实际上，每个人拥有一个最佳的工作量，如果超过了这个工作量，势必要降低工作效率，所以，注意区分主次，用精力最佳的时间干最重要的工作是非常重要的。

3. 保持时间利用的相对连续性

在一天的工作中，领导者一般要解决两类问题：一是要完成现有任务；二是考虑修订下一步的工作计划，就此保持时间利用的连续性。

4. 合理地委让权利，严禁事必躬亲

事必躬亲是小生产的管理方法。不懂授权，而满足于自己辛辛苦苦，往往顾此失彼，干不到点子上，实际上是放弃了领导者的职责。合理地授权，可以使领导者从日常繁忙的工作中解放出来，从而增加可控时间。

5. 改善被领导系统内部的联系，以减少时间内耗

如果领导者能妥善地掌握与上级、同级、下级进行联系的艺术，就可以建立相互间的了解和信任，减少误会和差错。

6. 及时“清理门户”

实际上，造成你的生活不自觉地陷入这种境地的，是你自己而不是别人。因此，你要来个改变，要来个“清理门户”的行动，那么有以下三种选择：第一，面面俱到。对每一件事都采取行动，直到把自己累得疲惫不堪。第二，重新整理。改变事情的先后顺序，重要的先做，不重要的以后再说。第三，丢弃。你会发现，丢掉的某些东西，其实是你一辈子都不会再需要的。

7. 科学管理时间

时间管理有个“四象限工作法”：第一象限是重要又紧急的事，立即就办；第二象限是重要但不紧急的事，列入优先；第三

象限是紧急但不重要的事，列入次优先；第四象限是不紧急也不重要的事，有时间就办，没时间就缓办。按照这样的排序安排，工作将不疾不徐、有条不紊。

8. 减少无谓的忙碌

很多人都有这样的经验：从早到晚忙忙碌碌，没有一点空闲，但仔细回想，又觉得自己这一天什么也没做。这是因为把时间和精力都花在了一些无谓的小事上，泛滥的忙碌消磨了我们大好的时光。

《时代杂志》曾经报道过一则封面故事“昏睡的美国人”，大概意思是说：很多美国人都很难体会“完全清醒”是一种什么样的感觉。因为他们不是忙得没有空闲，就是有太多做不完的事。美国人终年“昏睡不已”，听起来有点不可思议。不过，这并不是好玩的笑话，这是极为严肃的话题。仔细想一想，你一年之中是不是也像美国人一样，没有多少时间是“清醒”的？每天又忙又赶，工作、家务、应酬，几乎占据了你所有的时间。忙是正常，不忙是不正常。奇怪的是，尽管大多数人都已经忙昏了，每天为了“该选择做什么”而无所适从。事实上，太多选择的结果，往往是变成无可选择。即使是芝麻绿豆大的事，都在拼命消耗人们的精力。根据一份调查，有50%的美国人承认，每天为了选择医生、旅游地点、该穿什么衣服而伤透脑筋。

当你发现自己被四面八方的各种琐事捆绑得动弹不得的时候，难道你不想知道是谁造成今天这个局面？是谁让你昏睡不已？答案很明白——是你自己，不是别人。

昏睡中忙碌着的你我，必须学会割舍，减少忙碌，才能清醒地活着。

9

人生最难速成的是——水准

水准是杆秤、是把尺。剑不如人，剑法不能不如人。如果你能够专注于某种事物，你就会取得连自己都会感到吃惊的成就。做事高水准创造高价值。但是，人生最难速成的是水准。它就像一座山峰耸立在那里，需要我们努力去攀登。只要脚步不停，处处都是风景。

水准是水平，形容某方面的质量高或低。专业水准就是专门从事某种工作和职业的水平。

一般而言，没有人希望自己的职业水准受到质疑，即便是犯罪分子也不例外。

《天下无贼》中的黎叔说：“最烦你们这帮抢劫的了，一点技术含量都没有。”这句话可以表明这个贼头儿不屑于与那些业余强盗为伍的“职业追求”。当他终于栽在警察手里的时候，其懊悔之情恐怕多半还是出于对自己技不如人的遗憾。

古希腊有个故事：一位母亲交给儿子一把剑，要他习剑。儿子练后发现剑太短了，于是对母亲说，能不能换一把长剑。母亲对他说：“不，孩子，剑短，你跨前一步剑就变得长了，照样可以击中目标。”

剑不如人，剑法不能不如人。一个人握着短剑，就会认识到自己的不利，就会更主动地学习剑法，并力争剑法超人。因为只有这样，他才可能战胜别人，成为高强的剑客。相反，始终握着长剑的人，往往会觉得自身的客观条件优于对方，而一味满足于剑的优势，不思进取，结果失去了苦练剑法的动力，最终就极可能被剑不如己甚至手中无剑的人打败。

剑的长短，其实是一个精神上的概念。有时候，短就是长，长就是短，关键在于你如何居短思长，变短为长，以短胜长。做到了这一点，一个人即使各方面条件都不优越，但只要信心百倍，认准目标和方向，苦练“剑法”，也会成为无往而不胜的强者。

《庄子》中有一个“庖丁解牛”的著名故事，说的是一个高明的厨师在为文惠君宰牛时，文惠君发现他每个动作都很优美，并且显得轻松自如，效率很高。比如说，这个厨师在宰牛时，手接触在什么地方、肩靠在哪里、脚踏在何处等，都极为熟练自然，进刀时的声音，好像是美妙的音乐旋律在为一种优美的舞蹈伴奏一样。文惠君在惊叹之余，问他是怎样达到这样的水平，具有如此高超的技艺。对文惠君的提问，厨师作了这样的回答：

“我所喜好的是探索宰牛这件事的道理，摸索宰牛过程的规律，这显然要比具体的宰牛技术更重要，所以，我的宰牛技术就高一层了。比如说，我一开始分解一头牛的时候，眼睛里看到的自然是整个的一头牛。但是，三年之后，宰牛时，我看到的就不再是一头整牛了，而是它的各个部分的有机组合。到了这个时候，对牛身体的纹理结构，我是在用心去思考，而不仅仅是用眼睛去观察。如此，对牛体的自然生理结构就能够了如指掌了。这样，下刀之时，依照牛体的自然生理结构，对准骨骼之间大的缝隙去解剖，从不去碰那些结构复杂、筋骨连接紧密的部位，至于一些大骨头就更不去硬碰了。一些优秀的厨师，因为是在用刀割肉，所以是一年换一把刀；而那些普通的厨师，由于他们是用刀砍断骨头，所以是一个月换一把刀。而我的这把刀已经用了19年，宰牛数千头，但是，刀刃却像在磨刀石上刚磨过的一样。这是什么道理呢？因为，牛身体中各个骨节间是有空隙的，而刀刃几乎没有什么厚度，这样，用很薄的刀刃插入到骨节间的空隙中去，就会有比较宽绰的回旋余地，而能够显得挥刀自如了。虽然如此，每当我看到筋骨交错之处感到难以下刀的时候，还是格外谨慎，不敢粗心大意，一定要目光集中、动作缓慢，动刀时小心翼翼。于是，整个牛就霍然解体，如泥土一样堆在地上，牛好像还不知道自己已经死了呢！这个时候，我提刀而立，环顾左右，感到心满意足，于是把刀擦好收藏起来。”

文惠君听后觉得深受启发，于是又大加赞赏。很显然，这位高明的宰牛厨师技术纯熟，得心应手，极具专业素养。

现在社会普遍关注个人生命财产的安全问题。随着犯罪活动的智能化程度提高，警察与对手的交锋，越来越多地体现为专业技能的较量，究竟是“魔高”，还是“道高”，是打出来的，出水才看两脚泥呢。换言之，野兽绝不会因为你是猎人或者摄于猎人的“强势”地位，就会俯首帖耳地匍匐于你的面前，我们也不会因为拥有一套警服就会变得刀枪不入，相反，正因为你的警察身份，你拥有警察的职业意识、职业精神、职业技能才面临着更为严峻的挑战，在这种挑战中，警察是输不起的。

我的一个同学的侄子从警校毕业后被分配到北京府右街派出所工作，那可是全国最大、位置最特殊的派出所，开始他天天在马路边执勤，觉得很无聊。我就开导他，让他认真观察每一个从他眼前经过的人，并作出其是什么样的人的判断。经过一段时间的摸索和试验，他对研究人产生了极大兴趣，觉得工作不无聊了，脑子里装东西了，后来被调到了更重要的岗位。

在很多场合，我向很多人问同样的一个问题：“一把五四式手枪，在一颗子弹击发后弹壳却没有退出枪膛是什么原因?”很多人都答不上来，为什么？因为这个问题太专业了。而为什么知道答案呢？因为我亲身经历了这个案件：

1981 年 12 月 19 日，秦始皇港发生一起边防战士枪伤码头工人事件，事发后，由于现场工人都举证是战士远距离主动开枪击伤对方，因此战士先被拘留，而后以故意伤害罪被逮捕。而该案最终审判结果是：战士属正当防卫无罪释放，肇事者致残是咎由自取。为什么该案出现如此之大的转机呢？关键是我们找到“一颗没有跳出枪膛的弹壳”，这是工人抢枪致使战士走火的确凿证据。对弹壳缘何未跳出弹膛，开始有关侦查技术人员鉴定为三种原因：一是弹膛脏；二是子弹药力不足；三是抓弹钩失灵。而后经反复试验证明，是对方抢枪时抓住了枪套筒所致，进而证明了工人抢枪致手枪走火，而且伤者脸上的火药喷溅点恰恰也证明了这一点。

从故意伤害到正当防卫，天壤之别的判决，起决定作用的就是一颗没有退出枪膛的弹壳。这个案件也恰恰证明了警察的专业水准，对维护正当权益、打击犯罪行为起着至关重要的作用。

铅笔制造者在将铅笔装盒投放市场之前，对铅笔说：“如果你想成为一支有用的铅笔，你必须要记住五件事情。”这就是：

——你有潜力做许多事情，但是你首先得允许自己掌握在别人手里。

——你将经常遭遇刀削之苦，但是这是你成为一支有用的铅笔一定要付出的代价。

——你可能会犯错误，但是你有能力改正自己犯的错误。

——你外表美观，但是你最重要的部分不是你的外表，而是你的内心。

——你可能会被使用在平整的纸上，但是也有可能被使用在粗糙的地方，不管你面对的是什么材料，你都要留下你的印记。

由此引申，对于一个人而言，你若想成为一个有水准的人，也应该记住五件事情：

——你有潜力做许多事情，但是你首先得允许自己掌握在别人手里，这个人或许是你的老板，或许是其他需要得到你的才华相助的人。

——你将经常遭遇磨难与痛苦，但这是你成为一个有用的人一定要付出的代价。

——你可能会犯错误，但是你也一定有能力改正自己犯的错误。

——你的长相或美或丑，但你最重要的部分不是外表，而是心灵。

——你无论走到哪里都要留下足迹，不管你面对的是怎样的形势和局面，你都要全力以赴尽到职责。

比如当司机，其专业水准第一位的是安全。2012 年 10 月，48 岁的哈尔滨市 32 路公交车司机郑新鑫在行车途中突发脑溢血。在生命的终点，郑新鑫下意识地踩下刹车，把行驶中的公交车停在路边，保护了车上 20 多名乘客的安全。在生命的终点，停车是他完成的最后动作。

这就是一名公交司机，用生命验证的专业水准。

比如做警察，其专业水准按教科书上讲，包括德、识、才、学、体五大要素。而我要说的就是两句话——对犯罪分子“零容忍”，对人民群众“零懈怠”。

这是人民警察的最高专业水准。

对犯罪分子“零容忍”，就是要具备作为一名警察应有的警惕和敏锐，说白了，就是一眼能看出好人坏人。既不能“看谁都不像好人”，也不能“看谁都是好人”，这恰恰是一个优秀警察的专业水准所在。试想，一个警察不具备怀疑、质疑、求证的专业精神，总是“东方风来满眼春”，看谁都是圣人投胎、菩萨转世，要警察作甚？但是，任何人的脑门上都没贴着好或坏的标签，怎样在瞬间作出判断，就需要你的专业水准和火眼金睛了。

对人民群众“零懈怠”。警察既是严谨的执法者，又是民众的服务员。新加坡邻里警岗、一站式服务都体现着这个精神。

专业水准的提高，很难速成，要把工作当做事业干，把工作当做专业干，把工作当做乐趣干，把工作当做自己的事干，一步一个脚印，持之以恒，常抓不懈，才能收获奇效。工作高水准，应把握以下要点：

一、完善心智，玉汝于成

工作态度决定工作的力度。对于许多人来说，工作似乎是一件不得已的苦差事，他们抱怨着，发着牢骚，希望有朝一日能摆脱这令人烦恼的生活。

然而从某种角度来说，日常生活和工作正是锻炼心灵的最佳机会。当你忙着赶一份重要的计划时，碰巧又有人找你有事，这时你会不会急火攻心，方寸大乱，在心中抱怨工作是如此艰难？但假如你用另一种方式来应对这件事，也许会让你的感觉和工作效率截然不同。

就像柳宗元《江雪》一诗所说的那样：“千山鸟飞绝，万径人踪灭。孤舟蓑笠翁，独钓寒江雪。”在天寒地冻的皑皑白雪中，飞鸟绝迹，人踪俱无，唯有一叶孤舟横在江面，一位老翁悠然自得，正独自在享受垂钓的乐趣。在他的心中，人似乎已与大自然融为一体，眼中所见的，只是那无心飞舞的片片雪花……

其实，老渔翁寒江垂钓的境界，正是值得我们效法的做事方式。既不畏严寒，又自自然然，在静谧中忘却物我，超越成功与失败，我自无心于万物，何妨万物常围绕？

当你试着以这种心境，去对待所遇到的那些烦琐之事时，你会发现自己的情绪奇迹般地好了许多，自然就能比较顺利地完成任务。

二、善于表达，掷地有声

毛泽东应蒋介石之邀赴重庆与国民党进行了为期43天的谈判，适逢老友柳亚子索词，信笔写下《沁园春·雪》相赠。没想到，这首词在1945年11月14日的《新民报晚刊》上一经发表，山城重庆为之轰动。蒋介石看后，嫉妒恨齐上心头，当即命他的侍从室主任、大秘、文胆陈布雷，组织重庆一流的诗人作家教授都来写。搜肠刮肚，也没写出一首可以与之媲美的东西，气得蒋介石骂了无数个“娘希匹”。真是不比不知道，一比吓一跳，更加反衬出了毛泽东的伟大，实在没法比啊！而且，它粉碎了国民党对朱、毛，对红军的妖魔化，征服了整个国统区无数的知识分子。得民心者得天下。你说这首诗词有多大的威力吧！这也就是我们今天所说的文化“软实力”最具说服力的典范。

文字表达能力是所有成功人士的必备素质，而且职级越高，对文字表达的要求就越高。它不仅仅是熟练掌握各类文字材料的基本程式和写作技巧问题，更重要的是理论功底、思想水平、思维层次及思想方法的提高与修养问题。同时，文字表达也是我们探究把握规律、形成科学决策和正确指导的载体和手段。因此，任何一个成功人士都要把提高文字表达水平作为锤炼综合能力素质的必修课，努力学习思考，勤于总结归纳，勇于吃苦磨炼。

与此同时，不论文凭高低、能力强弱，都要善于总结。面对纷繁复杂的情况，任何时候都应注意多留些时间总结反思、归纳提炼，对每一项工作都应努力思其真谛，把握要义，融会贯通，把工作中的经验和教训总结出来，善于分析新情况、新问题的性质、特点，提出有针对性的对策措施。

1949 年 4 月 21 日，人民解放军强渡长江后，毛泽东先后为新华社写了三条新闻：《我三十万大军胜利南渡长江》、《人民解放军百万大军横渡长江》、《南京国民党反动政府宣告灭亡》。这三篇新闻，不仅文字简明、精炼，而且写得气势磅礴、有声有色。这些具有高度文献价值的新闻和毛泽东那首“百万雄师过大江”的豪迈诗句所体现的意境相辉映，已成为有历史意义的新闻珍品。

三、善于调研，直面问题

解决问题的前提就是要抓住问题。只有深入搞好调查研究，总结出带规律性的东西，才能找准影响科学发展的突出问题。为此，搞好调查研究必须在真实性、针对性、前瞻性上下工夫。

真实是调查研究的生命。调查研究的目的就是摸实情、找问题。调查研究者要深入基层一线，真正扑下身子，到群众中了解第一手资料，通过问卷调查、召开座谈会、发放征求意见表等多种形式，切实掌握基层的真实情况、发现存在的真实问题。既不可走马观花、蜻蜓点水，又不可主观想象、先入为主，也不能浮皮潦草、回避矛盾。

调查研究的针对性决定了调查研究的价值。调查研究不能漫无目的、漫天撒网，这既不科学也不可能。调查研究要取得实效，必须紧扣科学发展主题，紧紧围绕“提高认识、解决问题、创新机制、促进发展”的目标，通过广泛聚智凝力，在选题上突出重点、关注热点、瞄准难点，抓住带方向性、倾向性、预见性的问题，通过有针对性的信息收集和调查研究分析，确实找准影响制约发展的各种因素。

调查研究的根本目的是指导和改进实践。总结过去是为了规划未来，这就要求调查研究必须要有前瞻性。为此，调查研究的出发基点和评价标准以及促进未来建设发展的举措等必须具有一种动态的超前意识，站在未来科学决策的角度思考和研究现实问题，否则调查研究成果就会成为“马后炮”。

要提高调查研究的质量、增强调查研究的效果，就应该在调研中善于“望、闻、问、切”，有针对性地解决问题。望，就是观察。搞调研要像中医看病一样，由浅入深地观察真实状况，从中洞察问题。闻，就是辨听。良医无须病人详述，就可在病人呼吸、咳喘、呻吟之间“听声辨气”，把病情弄清楚。调研也要学会“听声辨气”，细听肺腑之声。问，就是询问。询问是发现问题、解决问题最直接的方法。不仅了解情况要问到关键处、问到薄弱点，遇到难题也要问计于群众。切，就是把脉。中医难在“把脉”，调研也不例外。要善于综合分析望闻问得来的情况，悉心诊断调研单位的“脉象”，把准调研单位全方位情况的脉搏，给出有针对性的良方。

四、集中能量，专心致志

胡适讲了一个印度的故事，他说，这个故事的目的，是教人专心致志做一件事情。故事是这样的：

某时代，有一个国王想找一个宰相，后来找到了一个可以当宰相的人。国王考验他，要他用一个盘子，盛上满盘子油，从东城捧到西域，不准滴出一滴油，否则即杀头，这个很不容易做到。他走到路上，父母、妻子哭他，女人勾引他，蜂虫螫他，可是他心无旁骛，仍然专心致志地捧着油盘往前走。最后，他竟达到了目的地，一滴油也没有滴下来。国王认为一个人做事，能够这样专心，即便是喜马拉雅山，也可以平蹚，何况其他！于是国王便拜他做宰相。这就说明，人的思想之所以能够产生伟大的力量，其中一个关键，就是要使自己的思想专注于某件事情。

美国思想家马克·吐温说过，思想具有神奇的力量，如果你能够专注于某种事物，你就会取得连你自己也会感到吃惊的成就。许多大科学家、大思想家的杰出成就本身，就告诉了我们这样的道理——一个人成功的秘诀，就是他能够始终不渝地忠于既定目标。另外一些人失败的教训，则告诉了我们一个与此相反的道理：那些面面俱到、事事关心、患得患失的人，是很难做成一件像样子的事情的。

五、完善自己，打好基础

（一）看透三步，想好办法

要想把事情办好，就先要把办法想好。对此，一位国际象棋大师说过，那种走一步、看一步的棋手，是注定要失败的。思考的浅尝辄止，很容易让人将解决问题的难度无限放大，最后向问题投降。一个善于解决问题的人，就如一个下棋高手：看透三步，才可落子，而绝不会像一个新手，懵懵懂懂就将棋子落下去，以致“一着不慎，全盘皆输”。

（二）看准轻重，妥善对待

如果一个人把钱看重了，就会把人看轻；如果一个人把利看重了，就会把情看轻；如果一个人把职位看重了，就会把能力看轻；如果一个人把家庭看重了，就会把事业看轻。

（三）看到短处，经营长处

经营自己的长处能给你的人生增值，经营自己的短处必然使你的人生贬值。铁饭碗的真正含义不是在一个地方吃一辈子饭，而是一辈子在哪都有饭吃。如果把周围每个人的长处都变成自己的长处，那么你一定是一个有很多长处的人。还有一点很重要，就是不要把责任都推到别人的身上。要知道：当你一个指头指着别人时，其实有三个指头正指向自己。

（四）寻找助力，减少阻力

没有一个人能独自成功。如果你帮助别人得到了他想要的，你就能得到一切你想要的。强化他人，弱化自己，让更多的人帮你成功。世事如棋，让一着不为亏我；心田似海，纳百川方见容人。你可以自尊，但不要专横；可以自豪，但不要自封；可以自信，但不要自以为是。一向自以为是，永远没有朋友。

六、风雨不惧，勇于付出

要做出突出的业绩，必须全身心地投入工作，辛苦是自然的，但切忌老是诉苦，尤其在工作进行过程中，如果老是叫苦不迭，就会适得其反。要知道，天道酬勤，有付出才有回报。即便是“灵感”或“突然”的发现，也是长时间潜心艰苦思考的结果。现代舞创始人、美国著名舞蹈家邓肯在回顾自己的舞蹈创造过程时，有这样一段自述：“我日日夜夜在工作室里潜心探索着一种舞蹈，它能够通过身体动作予人的精神以神圣的表现。我常接连几小时纹丝不动地站着，两手交叉放在胸口，母亲见我呆若木鸡，看着我精神恍惚地持续那么久，往往惊慌失措——不过我还是在思索……”

范仲淹从小时候，就很有志向和操守，尤其喜爱读书，昼夜不息。在冬天寒冷的季节里，范仲淹有时疲倦到了极点，就用冰凉刺骨的冷水来洗脸，以驱除倦意，振作精神继续读书。在食物极度缺少时，他便靠喝煮得很烂的粥来充饥。范仲淹经过努力，中了进士，后来官至副宰相，推行庆历新政，成为了北宋著名的改革家，并留下了“不以物喜，不以己悲”、“先天下之忧而忧，后天下之乐而乐”的千古名句，为后人广为传诵。范仲淹之所以能取得这么大的成就，是与他自觉地通过各种不利环境的考验，来挖掘寻找良知中的力量分不开的。

七、抓铁有痕，踏石留印

什么叫抓铁有痕，踏石留印？从铁板上一把抓过，能抓出痕来；从顽石上一步踏过，能踏出印来。这说明什么？说明工夫下得深，气儿运得足，劲儿用得狠，将要做的事情真正做出了效果。有些工作如果落实不到位，付出的可能就是政治代价。因此，无论“抓铁”，还是“踏石”，都是一种硬碰硬，有时比铁和石还要硬。正因为如此，必须要有四种精神：第一，铁锤精神。铁锤精神的特点就是能把要击碎的东西击碎，要夯实的东西夯实。抓落实就必须这样，对陈旧的经验、过时的套路及失效的做法，要敢于打破、及时打破，同时将上级的新精神、新要求贯彻好，夯实在，筑牢固。第二，钉子精神。钉子精神的特点就是能挤、能深入。抓落实的过程就是深入实际、深入群众、深入实践的过程，它要求我们像钉子一样深入到客观实际的内部，掌握情况，了解现实，解决问题。第三，滴水精神。水滴石穿，绳锯木断。抓工作落实既是苦工夫，也是细工夫，还是长工夫，不能指望一举功成、一蹴而就，而是针对问题一步步地解决，一点点地解决，直到实现最终目标。第四，高铁精神。高铁精神的特点就是快节奏、高效率，雷厉风行，说了就办。当日事，当日毕。今天能办的，决不拖到明天。今天再晚也是早，明天再早也是晚。决不允许拖泥带水还振振有词，拿着不是当理说。

八、增强远见，减少盲目

常言道："人无远虑，必有近忧。"这在迅速发展着的现代社会中，就更是如此了。每个人要把握自己的命运和前途，没有一定的远见是不行的。什么是远见？这就是远大的历史眼光，或者说，是那种深谋远虑和高瞻远瞩的能力。在某种意义上说，远见是与短见（短视）相对立的。英国作家凯瑟林·罗甘在总结自己的人生经验时说："远见告诉我们会得到什么东西。远见召唤我们去行动。心中有了一幅宏图，我们就会从一个成就走向另一个成就，把身边的物质条件作为跳板，跳向更高、更好、更令人愉快的境界。这样，我们就会拥有无法衡量的永恒价值。"有远见，就不会盲目，盲目是事业的大敌。

九、崇尚认真，追求认真

认真，即行事切实，不马虎、不苟且。认者，识也；真者，实也。"认真"二字内含明智、求实、严肃、负责、专注、细致等丰富含义，它既指人的行为和作风，又指人的品格和精神。毛泽东曾说过："世界上怕就怕'认真'二字，共产党就最讲'认真'。"

崇尚认真，追求认真，是干事创业的基石，是做好一切工作的前提。无数仁人志士的成长之路都是以认真为铺垫。他们对问题都有股"打破砂锅问到底"的钻劲，对工作都有股"咬定青山不放松"的狠劲，对生活都有股"甘于平凡亦可贵"的韧劲。

他们的成功经历也充分说明：唯有一丝不苟求学、脚踏实地工作、步步为营奋斗，才能到达成功的彼岸。

认真成就品质，平凡铸就辉煌。古人云：“大名垂于万事者，必先行之于纤微之事。”对认真的崇尚和执著追求，体现在用心、细心处理好每一个细枝末节。不轻视小事，不拒绝小事，长期用“认真”坚守，就能够在平凡中收获崇高。只有练就认真做事的可贵能力，永葆“善小而为”的耐心、恒心，在学习上严谨求实、笃实好学，工作上实事求是、严抓细抠，生活上真诚待人、抱诚守真，才能在完成任务中充分展现自己的能力，在事业上获得成功，在平凡中铸就辉煌。

十、人剑合一，气吞山河

“百日刀，千日枪，万日剑。”人剑合一，剑即是人，人即是剑，这是剑道的至高境界。相传，干将和莫邪夫妇为吴王铸剑，他们采五山铁精、六合金英，悉心冶炼，竟然三月不出铁汁。为炼出铁水，他们先是向炉中投进毛发、指甲，铁汁仍然没有流出，最后他们效法师傅，双双投入火中，以身殉剑，始得绝世双剑。

有了好剑，还需要把剑的性能发挥到极致，把简单招数练到极致，追求人剑合一的境界。英阿马岛战争中，阿根廷飞行员驾驶攻击机，以每小时900公里的速度，在40～50米高度的超低空飞行，避开了英舰的雷达探测，一举将“谢菲尔德”号击沉，然后下降高度至30米，退出英方导弹的射程，毫发无损地安全返航，创造了世界空战史的奇迹。

古人讲，练剑必先练气。这种气就是敢打必胜的勇气，有我无敌的霸气，处变不惊的静气。制胜之剑，只有千磨万砺，方能游刃有余；只有精益求精，方能无坚不摧。英国军事家蒙哥马利指出：“没有高涨的士气，则不论战略、战术计划以及其他一切工作如何完善，也不能取得任何胜利。”实现人与剑的最佳结合，追求人剑合一，就要处理好“钢”与“气”孰多孰少的矛盾，把勇的培养、力的训练、智的增长、技的掌握统一起来，在实战磨砺中亮剑试锋，淬火加钢。

闻鸡起舞，挑灯看剑。在专业水准进发的道路上，人剑合一是制胜的不二法门。

10

人生最难保持的是——健康

追求健康就是保护好自己的生命，追求健康就是追求幸福、追求快乐、追求梦想、追求亮丽人生。健康三养：修养、保养、营养。无事就是贵人，无病就是仙人。可以说，健康就是一切。但是，人生最难保持的是健康，它就像一座山峰耸立在那里，需要我们努力去攀登。只要脚步不停，处处都是风景。

1936年，美国好莱坞影星利奥·罗斯顿在英国一次演出时，因患心肌衰竭被送进了伦敦一家著名的医院——汤普森急救中心，因为他的疾病起因于肥胖，当时他体重175公斤，尽管抢救他的医生使用了当时医院最先进的药物和医疗器械，但最终还是没有能够挽留住他的生命。他在临终时不断自言自语，一遍遍重复道："你的身躯很庞大，但你的生命需要的仅仅是一颗心脏。"

汤普森医院的院长为一颗艺术明星过早地陨落而感到非常伤心和惋惜，他决定将这句话刻在医院的大楼上，以此来警策后人。

1983年，美国的石油大亨默尔在为生意奔波的途中，由于过度劳累，患了心肌衰竭，也住进了这家医院，一个月之后，他顺利地病愈出院了。出院后他立刻变卖了自己多年来辛苦经营的石油公司，住到了苏格兰的一栋乡下别墅里去了。1998年，在汤普森医院百年庆典宴会上，有记者问前来参加庆典的默尔：

“当初你为什么要卖掉自己的公司?”默尔指着刻在大楼上的那句话说:“是利奥·罗斯顿提醒了我。”

健康比什么都重要，但保持健康优势是很不容易的。每天锻炼一小时，健康工作五十年，幸福生活一辈子。健康三养：修养、保养、营养。

烦琐和刻板的养生保健，本身也是一种病态。如果你经常不按时吃饭，迟早有一天会按时吃药。腾不出时间锻炼的人，迟早一定会腾出时间来生病。

人们常说：“晚饭少吃口，饭后百步走，娶个丑老婆，活到九十九。”记住：你唯一真正拥有的是身体。

身体健康的真谛是要找到属于自己的那份乐趣。当然，这里所谓的“乐趣”，不是享乐的代名词，更不是荒淫无度的别称。真正的乐趣，是生命意义的体现，是人生价值的写照。

历史上有不少诺贝尔奖得主都非常热爱运动，其中在体育界流传最广的故事，便是一边在足球场守门一边在演算公式的诺贝尔物理奖得主丹麦人尼尔斯·波尔。无独有偶，法国作家诺贝尔文学奖得主阿贝尔·加缪也曾是阿尔及尔大学校队的守门员。

1904 年诺贝尔生理学和医学奖得主巴普洛夫经常对学生说这样一句话：“如果不锻炼身体，大脑就不能很好地工作。”他热爱体操、滑雪、自行车、游泳等运动项目，尤其擅长击木。巴普洛夫擅长左手，有一次与人比赛时，对方要求他不准用左手，他用右手同样准确无误地用木棒将木块击飞，众人皆拜服。

英国的诺贝尔文学奖得主萧伯纳长寿，他 94 岁时有人问他长寿之道，他将体育锻炼列为其中之一。萧翁的体育锻炼方式多种多样，如游泳、划船、爬山、打网球、骑单车、跑步、骑马、日光浴、冷水浴、体操，甚至拳击都是他的爱好，其中最爱游泳和日光浴。为了更多地享受阳光，他在故乡的庭院里造了一间茅屋。这间茅屋的房基安装了轴承，可随阳光的移动而转动。这样他在这间屋里写作时，整天都可以接受阳光的沐浴。

成功提炼镭元素的波兰科学家居里夫人可不是整天待在实验室里。1882 年，居里夫人从玛藤中学毕业后来到一位远房叔叔家，叔叔养了 50 多匹马，居里夫人借来马鞍便开始学习骑马，起初常常从马背上摔下来，亲属怕她受伤却劝阻不了。居里夫人说，练习骑马和演算数学题一样，开始总是不熟练，只要坚持下去，就能掌握。很快，居里夫人就成了一位熟练的“女骑士”了。居里夫人简朴的婚礼上，两个人各自推出一辆自行车，在亲朋好友的祝福声中开始“自行车蜜月旅行”，遇山爬山，逢水游泳。成名之后，由于采访要求众多，为了不耽误体育锻炼，居里夫妇还常乔装离开巴黎市区，到郊区钓鱼或游泳。

人和其他一切活物，都是靠“养”得以生存和发育的。人之“养”，在依赖老天爷赐予的不可或缺的阳光、空气和水之外，还要创造自己生存必需的食物、衣物、读物等，离了这些，即无法活着或活得更精彩——“养生”一词，便由此而来，进而催生了所谓的“养生学说”。

孔子不但是一位思想家、政治家、教育家，而且还是一位养生学家。在当时的历史条件下，人均寿命尚不能达到 30 岁，而孔老夫子却能享年 73 岁。在《论语·季氏》中，孔子对不同年龄阶段的人提出过不同的养生要求：“君子有三戒：少之时，血气未定，戒之在色；及之壮也，血气方刚，戒之在斗；及之老也，血气既衰，戒之在得。”

历代皇帝多为骄奢淫逸，醉生梦死，向来寿命很短，而唯有乾隆皇帝寿至 89 岁。他的长寿，首先得益于他数十年如一日地坚持“十常”养生术，至老不懈。十常养生术，简便易行，具体做法是：第一，齿常叩；第二，津常咽；第三，耳常弹；第四，鼻常揉；第五，眼常运；第六，面常搓；第七，足常摩；第八，腹常旋；第九，肢常伸；第十，肛常提。

三国时代著名的医生华佗是位了不起的医学家，同时又是一位了不起的养生专家，据说他临死时还是耳聪目明、满头黑发呢！他的弟子吴普、樊阿等也都活到了100岁。华佗的养生秘诀是什么呢？就是靠著名的“五禽戏”，即模仿虎、鹿、熊、猿、鹤的姿态去运动。华佗生于战乱之时，战火连年，瘟疫横行，人民流离失所，朝不保夕，在这样的情况下他直到老年还红光满面，精神抖擞，实在是因为他长期坚持锻炼养生的结果啊！

“姜太公”寿至97岁而终。后人总结他养生的秘诀是“动静结合，天人合一”，而这一秘诀集中体现在他的垂钓中。姜太公将钓鱼作为养生之术，他几十年如一日，只要一有空儿便持竿傍溪，静观天水一色。钓鱼实为形式，他那无饵直钩能钓鱼的理论，正说明了他“钓鱼是假，赏鱼是真”的淡泊利禄的养生观。

到了现代社会，我们为健康投资的钱越来越多，医疗水平越来越高，新药推出的速度越来越快，但是我们的身体状况却在走下坡路。

这是什么原因？

这是因为，有些人从来不把“健康的生活方式”这几个字真的当回事。他们宁愿花大把的银子吃维生素，上健身课，却不愿关注身边每天发生的与我们息息相关的关乎健康的一点一滴的细节。不到最后的晚餐，他们很难意识到生命的脆弱，这是人类的蠢顽。事实上，每个人都拥有自己健康的金钥匙，只要真的愿意。

绝大多数人上有老下有小，坡坎很多，在单位是工作骨干，在家是顶梁柱，承受的工作压力、生活压力和心理压力都比较大。这就需要高度重视加强心理锻炼、提高心理素质，养成积极向上、理性平和、豁达开朗、开放包容的良好心态，正确对待工作和生活中的各种困难和挫折，学会调节情绪、缓解压力，凡事要看远一点、看开一点、看好一点，做到拿得起、放得下，以良好的心理素质应对工作生活中的各种挑战。同时，还要加强体育锻炼。身体是革命的本钱。加强体育锻炼不仅是一个人健康成长的需要，也是工作和事业的需要。人们常把健康比做“1”，把事业、财富等比做“0”，前面的“1”没有了，后面的“0”再多也没有意义。毛泽东一生十分重视并大力提倡体育锻炼，在73岁时还完成了横渡长江的壮举。他说：“我有个原则：遇事不怒，基本吃素，多多散步，劳逸适度。”在这方面，我们要向老一辈革命家学习。现在，“养生”一说甚为风行。所谓养生，是指通过各种方法颐养生命、增强体质、预防疾病，从而达到延年益寿的一种医事活动。我们认为，生理上的保健固然重要，铸就浩然正气更是我们应信奉的“养生之道”。浩然正气在胸，可“养心脉”；浩然正气在胸，可“养气血”；浩然正气在胸，可“养脑髓”。

那么，如何追求身体健康呢？

一、在行走中锻炼

一辆公交车在路上行驶，但到中途抛锚了，乘客们只好纷纷下来步行。大家怨声载道，唯有一位鹤发童颜的老人心平气和、神态自若。在别的乘客或低着头匆匆赶路，或锁眉有气无力前行的时候，老人却信步而行、意趣盎然，偶尔抬头看看蓝天白云，有一番仙风道骨。

老人的“另类”行为感染了匆匆的人群。

为什么只有老人气定神闲？

老人的回答是“行走是福”！

行走的意义，全部在于不停地感知外物和充实内心。

在行走中顿悟，包含了一个求真求我的大世界。

某地有个远近闻名的长寿村，那里环境幽美，树木茂盛，空气清新，泉水甘甜。据说，在这个小村庄，百岁以上的老人就有50多人，下地干活的八旬老翁屡见不鲜。后来有位健康专家到那里做了深入调查后，得出的结论是：这儿之所以生病的人少，长寿的人多，全都是大自然的恩赐。

大自然是造物主赐给人类的最高享受，谁能与大自然亲近，谁就能拥有健康。所以，我们希望你能把休闲的地点更多地放在大自然里，而不是咖啡厅和其他聚会场所。

如果你把自己融入大自然中，大自然就会为你敞开心胸，把日月星辰、山水树木、鸟语花香、空气海洋无私地赐给你，就看你会不会热爱它，会不会利用它。如果你热爱它、亲近它，就能与其和谐相处，并有了金钱也买不到的健康。

二、在幽默中开心

人不是老死的，不是病死的，是气死的。《黄帝内经》上讲："怒伤肝、喜伤心、忧伤肺、思伤脾、恐伤肾，百病皆生于气。"人不能不生气要少生气；人不能不生气要会生气，所用一剂灵丹妙药就是幽默。

有一位历经战场硝烟的老干部，在晚年被诊断患有晚期胃癌。得知消息后，家人都很忧愁，但这位老干部却哈哈一笑："以前打仗时日子苦，经常没肉吃，没想到现在肚子里自己长'肉'了，算是补偿吧。"患病住院期间，这位老干部的病房里经常是欢声笑语，原本医生认为他的生命只剩下几个月，结果他却奇迹般地生活了好几年。这位老干部在面对绝症时的幽默和乐观让人动容，而他创造的生命奇迹也印证了一句话：幽默是健康的催化剂。

那么什么是幽默呢？德国作家布拉尔说过："使人发笑的，是滑稽；使人想一想才发笑的，是幽默。"可见，幽默不仅仅是讲笑话那么简单，它是一种智慧、一种态度，更是一种境界。幽默可以调节心情、促进心理健康，而懂得幽默的人一般都有开朗的性格、乐观的心态、豁达的生活态度。

有研究显示，幽默的人战胜疾病的机会更大。幽默感较强、笑声不断的癌症患者存活率可提高70%。这是因为幽默感能提高人们的抗压能力，激发体内免疫系统的活力。心理学研究表明，人的大脑皮层有个"快乐中枢"，而幽默正是其最佳的刺激源。这个“快乐中枢”接受适宜的刺激后呈兴奋状态，能激发人体机能，洗刷生理疲劳和精神倦怠，改善体内循环，增强免疫力。因此，科学家们把幽默生动地比喻为“心理按摩”。当你探望病人时，讲一些有关健康的妙语，可以帮助病人振作精神，减轻病痛；当你因训练艰苦，出现情绪低落时，身体会不由自主地懈怠，伤病就会常找上门，此时不妨幽上一默，给自己来一针“兴奋剂”，将伤病拒之门外；当战友间发生矛盾，打起“冷战”时，恰当的幽默也可以有效地消除双方的隔阂，解开心结……

赵朴初先生的《宽心谣》说得好：“日出东海落西山，愁也一天，喜也一天。遇事不钻牛角尖，人也舒坦，心也舒坦。每月领取养老钱，多也喜欢，少也喜欢。少荤多素日三餐，粗也香甜，细也香甜。新旧衣服不挑拣，好也御寒，赖也御寒……心宽体健养天年，不是神仙，胜似神仙。”这种心态和幽默感，是多么可贵呀！

可能有的人会问，自己天生缺乏幽默感，怎么办？其实，幽默也是可以培养的。不善幽默言谈的你，不妨去买些幽默类的书刊阅读，慢慢陶冶，一些经典的幽默片段会让你看事情的角度有新的变化。学会幽默的前提是拥有乐观的心境，凡事尝试多往积极的方面想，人的心态便会开朗、豁亮许多。如果能做到遇事不急不躁，以开朗的笑容面对生活，也是一种智慧的幽默。此外，与言谈幽默的战友多交往也是培养幽默感的捷径，如果你身边有一两位幽默健谈的战友，整天受其熏陶，自己也会变得幽默起来。

俗话说，欢笑，整个世界伴你欢笑；哭泣，只有你独自向隅而泣。学会幽默，你将听到世界的掌声；学会幽默，健康也将常伴你左右。

三、在给予中快乐

人的一生中，都无法避免困难和问题。物质上需要帮助、支持，精神上需要理解、鼓励，兴趣上需要满足、发挥……如果我们能想他人之所想，急他人之所急，及时给他人以物质和精神的帮助和安慰，在他人心里就会产生巨大的震撼力，而对于自己，则减掉了许多原来扔也扔不掉的精神负担。

给予的方式并不相同：有有条件的，有无条件的；有有限的，有无限的；有忘我的，有为我的；有精神的，有物质的。在物质给予的方面：有等价的，有不等价的；有先给后取的，有先取后予的。精神的东西，理解与鼓励；物质的东西，互相馈赠。古希腊哲学家伯利克里说过："我们结交朋友的方法，是给他以好处。当我们真的给他人以恩惠时，我们不是因为得失而这样做，乃是由于我们慷慨才这样做，不会后悔的。"

总而言之，一个并不准备承担付出的人，最终得到的是痛苦和孤独。朋友间的幸福快乐，更多地存在于慷慨的给予之中。因为"不行春风，难得秋雨"！

不但要乐于给予他人，也要善于给予他人。你能够给予他人和社会的东西太多了。为别人奉献自己，牺牲时间，也是一种给予；为别人的幸运和成功而庆幸，也是一种给予；能从别人的观点看事物，容许别人有自己的意见和特色，也是一种给予；谨慎——避免鲁莽的言行，耐心——倾听别人的倾诉，同情——分担别人的悲痛等，都是一种给予。

某年，日本横滨暴发疫情，医生和护士忙得应接不暇。该市某俱乐部的若干会员决定助他们一臂之力。他们都是上了年纪的富人，如果捐出一大笔钱来，实在易如反掌。但是，他们没有那样做，而是穿上白制服，为医院刷地，替病人洗澡，侍候病人，安慰垂危的病人和死者的家属。疲劳和传染都没能挫伤他们的热情与热心，他们给予的不是钱，而是自己的心。

他们从中体会到了金钱无法给予他们的快乐。

四、在张弛中前行

村里有一位善骑、箭法好的猎人。一次，他看到一件有趣的事情。那一天，他偶然发现村里一位十分严肃的老人与一只小鸡在说话游戏。猎人好生奇怪，为什么一个生活严谨、不苟言笑的人会在没人时像一个小孩那样快乐呢？

他带着疑问去问老人，老人却问："你为什么不把弓带在身边，并且时刻把弦扣上？"猎人说："天天把弦扣上，那么弦就失去弹性了。"老人便说："我和小鸡游戏，理由也如是。"

生活也一样，每天总有干不完的事。但是，你有没有仔细想过，如果天天为工作疲于奔命，最终那些让我们焦头烂额的事情就会超过我们所能承受的极限。

尤其是在当今社会，生活节奏不断加快，时间，似乎对每个人都不再留情面。于是，超负荷的工作给人造成不可避免的疾患。

因为人们的生活起居没了规律，所以患职业病时有发生，给人们生活、工作及心理造成了无形的压力。情绪不稳、心理失衡甚至猝死等一系列情况时有发生。据有关统计，在美国，有一半成年人的死因与压力有关，员工缺勤及工作心不在焉而导致效率低下，企业每年因压力遭受的损失达1500亿；在挪威，每年用于职业病治疗的费用达国民生产总值的10%；在英国，每年由于压力造成1.8亿个劳动日的损失，企业中60%的缺勤是由于与压力相关的不适引起的。

这时，需要我们换一种心情，轻松一下，学会放下工作，试着做一些其他的运动，以偷得片刻休闲，缓解压力，消去心中的烦恼。

五、在幸福中生活

在2012年十一黄金周期间，央视记者街头随机采访“你幸福吗?”我以为，会有一些人说“不幸福”，结果几乎所有人都说“我幸福”。但谈到“幸福指数”的时候，有人说幸福是一种感觉，有人说幸福取决于人们的心态，有人说幸福存在于生活的每时每刻，是看不到也摸不着的东西。

有个人不知什么是幸福，他发誓要寻找到幸福。他先从知识里寻找，得到的是幻灭；从旅行里找，得到的是疲劳；从财富里找，得到的是争斗和忧愁；从写作中找，得到的是劳累。

难道知识、旅行、写作与幸福快乐绝缘吗?显然不是。

在火车站里，他看到一位中年男子走下列车后，径直来到一辆汽车旁，先吻了一下车内的妻子，又轻轻地吻了一下妻子怀中熟睡的婴儿——生怕把他惊醒，然后，一家人就开车离开了。

他由此感慨道：生活的每一个正常活动都带有某种幸福的成分。

对于某个人来讲，你可能是幸福的、满足的，也可能是不幸福的。

人生的目的是幸福。幸福大多是主观的，它原本就深植于人们心中，在生存需求的满足中，因而，幸福无所不在。

你若渴了，水便是天堂；你若累了，床便是天堂；你若失败了，成功便是天堂；你若痛苦了，幸福便是天堂。总之，若没有其中一样，你断然不会拥有另一样。天堂是地狱的终极，地狱是天堂的走廊。当你手中捧着一把沙子时，不要丢弃它们，因为金子就在其间蕴藏。幸福就是既能把自己的工作做好，又能拥有轻松的休憩时刻。

幸福是拥有一些熟悉、不需客套的朋友，能够相互分担、分享彼此的烦恼、快乐，尽管观点有所差异，却永远相互尊重。

幸福是拥有一个舒适的工作间：书架上列满了各式各样自己

喜欢，对自己有助益、启发的书；笔筒里都是自己所珍爱的文具；四周有绿色植物芳馨围绕；还有一把坐多久都觉得舒适的座椅。

幸福是感觉到自己每天在人生的各个方面都有所成长，享有一种更具创造性的生活。

幸福是与过去和睦相处，将目光对准现在，对未来保持乐观。

六、在乐趣中成长

一位得知自己不久于人世的老先生，在日记簿上记下了这样一段文字：

“如果我可以从头活一次，我要尝试更多的错误，我不会再事事追求完美。”

“我情愿多休息，随遇而安，处事糊涂一点，不对将要发生的事处心积虑计算着。其实人世有什么事情需要斤斤计较呢?”

“可以的话，我会多去旅行，翻山涉水，再危险的地方也要去一去。以前不敢吃冰激凌，是健康有问题，此刻我是多么的后悔。过去的日子，我实在活得太小心，每一分每一秒都不容有失，太过清醒明白，太过合情合理。”

“如果一切可以重新开始，我会什么也不准备就上街，甚至连纸巾也不带一块，我会放纵地享受每一分每一秒。如果可以重来，我会赤足走出户外，甚至彻夜不眠，用这个身体好好地感觉世界的美丽与和谐。还有，我会去游乐场多玩几圈旋转木马，多看几次日出，和公园里的小朋友玩耍。只要人生可以从头开始…但我知道，不可能了。”

美国诗人惠特曼说：“人生的目的除了去享受人生外，还有什么呢?”

林语堂也持同样的看法，他说：“我总以为生活的目的即是生活的真享受……是一种人生的自然态度。”

生活本是丰富多彩的，除了工作、学习、赚钱、求名，还有许许多多美好的东西值得我们享受：可口的饭菜，温馨的家庭生活，蓝天白云，花红草绿，飞溅的瀑布，浩瀚的大海，雪山与草地，高山与河流，大自然的形形色色，以及遥远的星系……

此外，还有诗歌、音乐、沉思、友情、体育运动、喜庆的节日……甚至工作和学习本身也可以享受，如果我们不是太急功近利，不是单单为着一己利益，我们的辛苦劳作也会变成一种乐趣。

七、在宁静中长寿

老街上有一位老铁匠，由于早已没人需要打制的铁器，而改卖铁锅、斧头和拴小狗的链子。

他的经营方式非常古老和传统。人坐在门内，货物摆在门外，不吆喝，不还价，晚上也不收摊。你无论什么时候从这儿经过，都会看到他在竹椅上躺着，手里是一个半导体，身旁是一把紫砂壶。

他的生意也没有好坏之说，每天的收入正好够他喝茶和吃饭。他老了，已不再需要多余的东西，因此他非常满足。

一天，一个文物商从老街经过，偶然看到老铁匠身旁的那把紫砂壶。因为那把壶古朴雅致，紫黑如墨，有清代制壶名家戴振公的风格，他走过去，顺手端起那把壶。

壶嘴内有一记印章，果然是戴振公的，商人惊喜不已。因为戴振公有捏泥成金的美名，据说他的作品现在仅存3件，一件在美国纽约州立博物馆里；一件在中国台湾某博物院；还有一件在泰国某位华侨手里，是1993年在伦敦拍卖市场上以16万美元的拍卖价买下的。

商人端着那把壶，想以10万元的价格买下它。当他说出这个数字时，老铁匠先是一惊，后又拒绝了，因为这把壶是他爷爷留下的，他们祖孙三代打铁时都喝这把壶里的水。

壶虽没卖，但商人走后，老铁匠有生以来第一次失眠了。这把壶他用了近60年，并且一直以为是把普普通通的壶，现在竟有人要以10万元的价钱买下它，这让他转不过神来。

过去他躺在椅子上喝水，都是闭着眼睛把壶放在小桌上，现在他总要坐起来再看一眼，这让他非常不舒服。特别让他不能容忍的是，当人们知道他有一把价值连城的茶壶后，蜂拥而至，有的问还有没有其他的宝贝，有的开始向他借钱，更有甚者，晚上来推他的门。他的生活被彻底打乱了，他不知应该怎样处置这把壶。

当那位商人带着20万元现金第二次登门的时候，老铁匠再也坐不住了。他招来左右店铺的人和前后邻居，拿起一把斧头，当众把那把紫砂壶砸了个粉碎。

后来，老铁匠一直卖铁锅、斧头和拴小狗的链子，据说他活过了百岁。

就这样，老铁匠打破了名利对心的束缚，重获宁静。宁静可以沉淀出生活中许多纷杂的浮躁，过滤出浅薄粗率等人性的杂质，可以避免许多鲁莽、无聊、荒谬的事情发生。宁静是一种气质、一种修养、一种境界、一种充满内涵的悠远。安之若素，沉默从容，往往要比气急败坏、声嘶力竭更显涵养和理智。

中编

在人生道路上长途跋涉，有许多山峰耸立在那里，需要我们用毅力驱动前行的脚步、用信念支撑升腾的姿态，心无旁骛、专心致志地去攀登。有些山峰虽然很难攀登，但只要我们坚持不懈地追求卓越，不断进取，定能体味“山高人为峰”的快感，享受“一览众山小”的壮观。要知道：只要脚步不停，就能登上极顶。

11

人生最难践行的是——舍得

舍与得是一种哲学，更是一种本事。不舍不得，小舍小得，大舍大得，先舍后得。懂舍才得，人生幸福，充满欢乐。但是，人生最难践行的也是舍得，它就像一座山峰耸立在那里，需要我们努力去攀登。只要脚步不停，就能登上极顶。

著名作家贾平凹说：“会活的人，或者说取得成功的人，其实懂得了两个字：舍得。不舍不得，小舍小得，大舍大得。”

舍得，是一种理智；舍得，是一种豁达；舍得，是一种成熟；舍得，是一种境界；舍得，更是为人处世的大智慧，是我们必须学会的一种生存艺术。

树舍灿烂夏花，得华实秋果；鸣蝉舍弃外壳，得自由高歌；壁虎临危弃尾，得生命保全；雄蜘蛛舍命求爱，得繁衍生息；溪流舍弃自我，得以汇入江海；凤凰舍其生命，得以涅槃重生；人舍墨守成规，得别具一格；舍人云亦云，得独辟蹊径。

可见，只有懂得了舍得的人生大智慧，才能够将自己的人生经营得有声有色，拥有成功而幸福的生活，从而活得精彩、活得快乐。

人生就是一个舍与得的过程，人们常常面临着舍与得的考验，“得”是本事，“舍”是学问。正如一位高僧所说的：“舍得，舍得，有舍才有得！”关于舍得，佛家认为：舍就是得，得就是舍，如同“色即是空、空即是色”一样；道家认为：舍就是无为，得就是有为，即所谓“无为而无不为”；儒家认为：舍恶以得仁，舍欲而得圣；而在现代人眼里“舍”就是放下，“得”就是成果。其实，懂得舍与得的智慧和尺度，就懂得了人生的真谛。我们需要通过“取舍”来丰富人生，在“舍得”中体现智慧，在“舍得”后感悟人生。

舍与得是一种智慧，更是一种人生境界。很久以前，苏格拉底的几个学生向老师请教人生的真谛。充满智慧的苏格拉底把他们带到树林边，这时正是果实成熟的季节，树枝上沉甸甸地挂满了果子。“你们各自顺着一行果树从林子这头走到那头，每人摘一枚自己认为是最大最好的果子。不许走回头路，不许做第二次选择。”苏格拉底神秘莫测地说。学生们在穿过果林的整个过程中，都十分认真地进行着选择。等他们到达果林的另一端时，老师已在那里等候着他们。“你们是否都完成了自己的选择？”苏格拉底问。学生们你看着我，我看着你，都不回答。“怎么啦？孩子们，你们对自己的选择满意吗？”苏格拉底再次问。“老师，让我们再选择一次吧！”一个学生请求说，“我走进果林时，就发现了一个很大很好的果子，但是，还想找一个更大更好的。当我走到最后，却发现第一次看见的那枚就是最大最好的。”另一个学生紧接着说：“我和他恰巧相反，走进果林不久就摘下了认为是最大最好的果子，可是以后我发现，果林里比我摘下的这枚更大更好的果子多的是。老师，请让我也再选择一次吧！”“老师，让我们都再选择一次吧！”其他学生一起请求。苏格拉底坚定地摇了摇头：“孩子们，没有第二次选择了，这是游戏规则。”在人生的旅途中，懂得舍与得的智慧，你才会快乐，才会让自己无怨无悔。

伟大的作家托尔斯泰曾讲过这样一个故事：有一个人想得到一块土地，地主就对他说，清早，你从这里往外跑，跑一段就插个旗杆，只要你在太阳落山前赶回来，插上旗杆的地都归你。那人就不要命地跑，太阳偏西了还不知足。太阳落山前，他是跑回来了，但人已精疲力竭，摔了个跟头再也没起来。于是有人挖了个坑，就地埋了他。牧师在给这个人做祈旅的时候说："一个人要多少土地呢？就这么大。"

泰戈尔说过："当鸟翼系上了黄金，就再也飞不远了。"从某种意义上讲，人生是愈得愈少，愈舍愈多。

舍是哲学，得是本事。舍，看起来是给人，实际上是给自己。懂得舍得，你才会快乐、幸福、自在。

说了这么多，到底要舍弃什么呢？在人的一生中，必须舍弃的有很多，比如要舍弃无谓的忙碌，丢掉过高的期望，轻装奔向前方；要舍弃烦恼，不在小事上计较，不争名夺利；要舍弃浮华，放下浮躁的心，远离名利的烈焰，甘于清贫和寂寞；要舍弃面子，不逞强好胜，放下身段，使自己的人生路越走越宽，等等。

一、要舍弃消极心理

心为百胜之源，心为百病之根。人活在世，必须摆脱心中的绳结，挣脱痛苦的锁链，杜绝生命的内耗，活在快乐的当下。

（一）摆脱抑郁心理

抑郁是一种过度忧愁伤感的情绪体验，主要表现为情绪低落、心境悲观，对各种事情缺乏兴趣，回避与他人交往。抑郁心理主要是由于家庭矛盾和人际关系不和睦，或因生活遇到不幸、工作遭受挫折、考试落榜，或因某些失误受到批评或处分，以及周围同志的指责等原因，造成苦恼、失望、自暴自弃、沉闷忧伤。抑郁心理，既是心理疾病，也是社会疾病。患抑郁心理并不可怕，尤其是青年人的抑郁心理一般陷得不深，时间也不太长，只要通过主观努力，进行一些心理上的调适，都是可以消除的。

（二）摆脱恐惧心理

人的恐惧心理就是遇到危险或回忆、想象危险时所产生的一种畏惧情绪。恐惧心理的焦点是一个“怕”字，如有的人到了陌生的环境就显得过度紧张，说话语无伦次，动作拘谨；有的人不敢一个人走夜路，有的人怕蛇，怕雨天雷电，见到雷鸣电闪就不知往何处躲藏；有的人怕见血、见尸体，遇到就浑身发抖；有的人进考场晕场，参加重大比赛时怯场，不能发挥正常水平；有的人今天听说胆固醇高了，易患高血压，吓得什么肉也不敢吃了，明天又听说胆固醇低了，易患癌症，不知如何是好，左右为难，血压倒真的上去了；有的人坐汽车怕出车祸，坐飞机怕飞机失事，整天提心吊胆，心里总是不踏实。恐惧胆小是成不了大器的，应及时采取措施，进行必要的调适。

（三）摆脱依赖心理

依赖心理又称惰性心理，表现为处处依赖他人，自己不愿动脑筋、费气力。它的存在是多种多样的。例如，想办一件事不敢独立去做，总想跟别人一道去做；遇事没有主见，总是等上级作决定，靠别人拿主意；不相信自己，不敢讲出自己的见解；对领导唯命是从，不敢发挥自己的主观能动性。对于有依赖心理的人来说，要用坚强的意志来约束自己，无论做什么事都要有主见，靠自己动脑筋想办法处理各类复杂问题。

（四）摆脱虚荣心理

虚荣心，是指以不适当的虚假的方式来保护自己自尊心的心理状态。虚荣心理是一种不良心态，是引人走下坡路的催化剂。虚荣心强的人热衷于赶时髦、追浪头，对社会上流行的东西盲目崇拜，喜欢炫耀自己，炫耀家庭的富有，炫耀亲戚朋友的地位，炫耀自己懂得多、会办事，经常言过其实，甚至说假话；物质生活上讲排场、搞攀比，明明自己经济条件一般，也要抽好烟、穿名牌，追求档次，请客送礼出手大方；喜欢高谈阔论，不懂装懂，到处卖弄；喜欢沽名钓誉、做表面文章、搞形式主义，对表扬沾沾自喜，对出现的失误或发生的问题总是强调客观，推卸责任；有的为了荣誉和面子，不愿做默默无闻的工作，只愿意做那些可以扬名的事；还有的不能正确对待批评，一旦受到批评，就心灰意冷、无精打采。一个人被虚荣冲昏了头脑，为了满足虚荣心，常常会丧失理智，造成不良效果。因此，必须努力摆脱之。

（五）摆脱自卑心理

自卑是一种自己瞧不起自己的消极心态，总认为自己这也不行，那也不行，做什么都缺乏信心，还常常把目光只盯向自己的缺点、不足和失误。自卑心理人人都可能有，只是程度不同。当自卑达到一定程度，影响到学习、工作、生活及正常的人际关系时，就会成为心理问题。严重的自卑心理是压抑自我的一种精神枷锁，消磨人的意志，挫伤人的锐气，使人畏缩不前、不思进取。契诃夫有篇小说《一个小公务员之死》，写一个小公务员看戏时打了个喷嚏，把唾沫星溅到了前座的一位将军的秃头上。他三番五次地向将军道歉，还生怕将军怪罪，由此而惶惶不可终日，不久就忧郁而死。这个小公务员的悲剧固然与沙俄专制社会的官员等级森严制度有关，但他的自卑心理起了主导作用。摆脱自卑心理的关键是要树立信心。漫长的人生免不了风风雨雨，永远一帆风顺是不可能的。在挫折和失败面前保持平常心，正确评价自我，敢于超越自我，自卑心理就会烟消云散。

（六）摆脱逆反心理

逆反心理也称逆向心理和对抗心理，是指人们彼此之间为了维护自我，而对对方的要求采取相反态度和言行的一种心理状态。有些人处理问题常持“你不让我这样做，我偏要这样做”的态度，“禁果分外甜”，越是不让干的，越是禁止的，他越想干，越想违反。这种与常理背道而驰，以反常的心理状态来处理问题的行为，就来自逆反心理。逆反心理是一种不健康的反常心理，对一个人的成长进步危害很大。逆反心理不利于人的身心健康，不利于改善和协调人际关系，不利于维护纪律的严肃性，不利于树立自己的良好形象，严重的甚至会造成指挥失灵、管理失控。逆反心理在本质上与创造性的个人素质有着根本区别，它往往是孤陋寡闻、妄自尊大、偏激和头脑简单的产物。摆脱逆反心理的关键是要学会宽容。不会宽容就总会有别扭，如同事之间闹矛盾，或上下级之间有隔阂，互相看不顺眼，不论对方说什么或干什么，另一方总是感到很别扭，从心眼里觉得厌恶，进而挖苦对方，拆对方的台。

（七）摆脱猜疑心理

猜疑心是嫉妒心的派生物，是一种自私心理的神经过敏症。有此心病的人，往往对别人怀有一种不信任态度，疑心重重，无中生有。如见到上级领导要找人谈话，他心里便嘀咕起来："会不会在汇报我的问题?"每当自己做错了事，即便别人不知道，也怀疑别人早就知道，好像正盯着自己似的；同事们无意中说了一些他忌讳的话，也以为人家在讥讽他；当受到领导的批评时，疑心别人打了小报告，疑心领导对自己有成见，故意找茬；看到别人职务晋升了，或评上了先进，不看人家工作的政绩如何，而猜想他一定有什么关系或给某个领导送礼了；认为人人都不可信、不可交，甚至怀疑自己的丈夫或妻子对自己不忠诚。有猜疑心理的人，常常使自己感到孤独、寂寞、心慌、焦虑，同时也伤害了亲人、朋友的情感。因此，必须及时进行调适。

（八）摆脱焦虑心理

焦虑是因不能达到预定目标和不能防止各种障碍而表现出来的紧张不安、忧心忡忡、烦躁焦急的心理状态。当这种情绪得不到及时控制而发展到一定程度时，就会形成焦虑性障碍，出现失眠、烦躁、记忆力减退等现象。焦虑通常是由当事人面临潜在性的威胁所引起，造成焦虑的因素可能发生，也可能不发生。倘若焦虑持续存在，极度紧张不安，形成心理障碍，那就会严重影响工作效率和身心健康。摆脱焦虑心理关键靠自己，依靠别人只能是开导、疏解，真正起作用的是自己调整情绪，或者转移兴奋点，勇敢地向焦虑挑战，摆脱焦虑的缠绕。

（九）摆脱嫉妒心理

嫉妒是一种难以公开的心理活动，也是一种以与自己地位相似、水平相近、年龄相当的同辈人为指向的，带有妒贤嫉能的心理现象，人们常称之为“红眼病”。这种心理情绪的特征是：总爱和人攀比，凡事唯恐别人抢先一步。看到别人超过自己，他不怪自己不努力、不进取，只怨别人有本事，只恨别人比自己强。常见的现象有：如果你的脚步比他快，他就设法拖住你的腿；如果他跑得慢，就变着法儿挡住你的道；如果他在工作中有失误，就盼着你工作也出差错；如果你获得了成就和荣誉，他就否定、诽谤和抹黑。嫉妒者气量小，容不得人和事。世界文学巨匠巴尔扎克曾说：“嫉妒者的痛苦比任何人的痛苦都大。”可谓一针见血。嫉妒是一把“双刃剑”，既能害人，也能害己。说它害人，是因为它破坏了人与人之间的正常关系和友谊，即使一向要好的朋友，因嫉妒也会反目成仇；说它害己，是因为古往今来，好嫉妒的人大都没有好结局。英国诗人约翰·德莱顿称嫉妒是“心灵的黄疸病”，很形象地概括出嫉妒的危害性。他暗示人们嫉妒心理犹如黄疸病一样，影响你的身体，妨碍你的生活，使你陷入某种非理性状态，把你推向难以自拔的陷阱。

摆脱嫉妒的心理，关键是使自己的胸怀宽阔起来。有位哲人曾说过这样一段话：“天空收容每一片白云，不论其美丑，故天空广阔无比；高山收容每一块岩石，不论其大小，故高山雄伟壮观；大海收容每一朵浪花，不论其清浊，故大海浩瀚无涯。”学天空、学高山、学大海吧，当雅量恢弘、心胸宽广之时，何愁嫉妒心理不能排除。

二、要舍弃不必要的物欲

物质富裕、精神富有，应该是人生一以贯之的目标追求。但是对物质的欲望是没有止境的，盲目的攀比只能伤害自己。有一首歌这样唱道："人家骑马我骑驴，走路遇到挑担的，比上不足比下有余。"这种心理，如能伴随一生，你的一生都是幸福的。

过分自满，不如适可而止；锋芒太露，势必难保长久；金玉满堂，往往无法永远拥有；富贵而骄奢，必定自取灭亡。

清朝开国初期，摄政王多尔衮为人非常贪婪，他一生为了追名逐利，争权夺势而不能自拔。多尔衮对于皇权之争真可谓煞费苦心，六亲不认。他的哥哥皇太极去世后，虽然已拥立其子福临（即顺治）为帝，但多尔衮欲篡夺皇位的野心丝毫没有消减。孝庄文太后为了稳住与抚慰多尔衮的贪婪之心，让其儿子顺治帝封多尔衮为皇叔摄政王。但是，这并没有使多尔衮对孝庄文太后母子的这一恩赐买账。他一面在暗地里制作龙冠、龙袍，以备伺机谋篡夺位；另一面指使苏克萨哈、穆济伦等近侍策划"加封皇叔父摄政王为皇父摄政王，凡进呈本章旨意，俱书皇父摄政王"。在清朝众多的摄政、辅政王中，仅此一人称"皇父摄政王"的尊号与殊荣。对此，不只是当朝文武诸臣大惑不解，就连友邦也深感费解，引起一些议论与猜测，乃至朝鲜国王说："实际上就是两个皇帝了。"

多尔衮随着权力的剧增，贪婪的胃口也日益增大。极尽追名逐利之能事，把福临之所以能登上大宝的功劳持为己有，把各王公在入主中原前后的战功也尽归于己。结果是天怒人怨，终于招致杀身之祸，所有财产悉数入官。

托尔斯泰曾说过："欲望越小，人生就越幸福。"古往今来，不知有多少人因物欲贪婪而身败名裂，甚至招致杀身之祸，驱使他们作出种种抉择的动力就是不可控制的物欲贪婪，也因此他们缺少了一种放松生活、开朗热情的良好品质。

“知足之人永不穷，不知足之人永不富。”在这个世界上，大多是那些懂得知足常乐的人生活得更为幸福。这是因为，一个具有开朗性格的人，通常在生活中懂得知足常乐、平淡是福，能够笑看输赢得失，当放则放。

有了一颗知足的心，人才会有真正的宁静、真正的喜悦、真正的幸福。知足常乐，是一种与世无争而又安于平凡的心境，也是一种不经意间的幸福。

知足可以理解为：别人的钱比自己多，我不嫉妒，钱少可以俭朴点、量入为出；别人有花园洋房、名牌时装，我不羡慕，房子小可以安排得紧凑点，照样收拾得窗明几净，衣服穿不起名牌，青衣布衫也舒适；别人吃山珍海味，我不眼馋，粗茶淡饭也照样吃得健康结实，并且同样香甜。

常乐可以理解为：有一位爱自己的配偶，也许是一个最普通的人，没有权钱与容貌，但有一份真挚的爱情比什么都珍贵。有一份糊口的工作，虽然薪水不高，但能维持日常的生活，想想也欣慰。还有孩子，也许学习成绩平平，但身体健康，活泼可爱……这些难道说不是乐事吗？实际上，如果你仔细想想，就会发现身边的乐事数也数不清。这是多数人的一种最实际的生活。

真正的喜悦不是每天都追求到了什么，而是每天都怀有一颗满足的心愉快地生活。满足的秘诀，在于知道如何享受自己所有的，并能驱除自己能力之外的物欲。既然注定目前只能“一部分人先富起来”，既然“遍地黄金”的日子还没有到来，既然我们都是普通人，那么，其他就显得无足轻重，还是脚踏实地、安心地过平民百姓的生活。知足者常乐！

如果能闭上眼睛想想自己的生活，我们就会觉得自己拥有得太多了。但假如我们不懂得珍惜已经拥有的东西，得到的再多又有什么意义。

有的人总是过多地考虑自己的利害得失，结果总是跟在成功者的后面跑来跑去，两手空空地走完了自己的一生。知足者能够认识到无止境的痛苦和欲望。由于人太贪婪了，欲望太强了，而其自身的能力又有限，这样必然会导致自己应有的下场。

你越是拒绝在你现状中寻求可以令你满意的事物，你的不满就会持续得越久。你愈不满，就愈沮丧，愈乞求于期望、憧憬。与其埋怨你目前的处境，倒不如珍惜目前所拥有的一切，愉快地过平常人的生活。

“知足者常乐”，这是人们通常说服自己求得心理平衡的道理，也是糊涂修身的原则之一。老子也说：“知足之足，常足矣。”

世界著名小说家玛格丽特·米契尔说过：“直到你失去了名誉以后，你才会知道这玩意儿有多累赘，才会知道真正的自由是什么。”名誉之下，是一颗活得很累的心，因为它只是在为别人而活着。我们常常羡慕那些名人的风光，但我们是否了解他们的苦衷？其实每个人都一样，希望能活出自我，能活出自我的人生才更有意义。

桂冠、金钱，人世间许许多多的诱惑，那不过只是身外之物，只有生命最美，快乐最贵。我们要想活得潇洒自在，要想过得幸福快乐，就必须做到：淡泊名利享受，割断权与利的联系，无官不去争，有官不去斗；位低不自卑，位高不自傲，欣然享受清心自在的美好时光，这样就会感受到生活的快乐和惬意。否则，过于看重权力和地位，让一生的快乐都毁在争权夺利中，那就太愚蠢，也太不值得了。

懂得以淡泊之心看待权力和地位，乃是免遭厄运和痛苦的良方，也是得到人生快乐和幸福的智慧所在。

各行各业的人努力工作，我们才有一切衣食器具与避风寒的屋宇；天下各种植物、动物、矿物的存在，给我们提供了维持生命和赏心悦目的资源。

同样是花草，有的几日无人料理就会枯萎，可仙人掌却不是这样，即使无人照顾，它也能顽强地生存。与其说仙人掌生命力顽强，倒不如说是仙人掌所求不多。人也是这样，如果我们能像仙人掌那样所求不多，何愁不能活得天高海阔大道坦然呢？可是现代大多数人更多地还是过分贪婪，不知满足。

汤玛斯·富勒说：“满足不在于多加燃料，而在于减少火苗；不在于积累财富，而在于减少欲念。”

任何事物都不是多多益善，当欲望产生时，即使再大的胃口也无法填满，贪婪的结果只会给人带来无穷尽的烦恼。

贪婪是一种顽疾，人们极容易成为它的奴隶。一个贪得无厌、毫不知足的人，等于是在愚弄自己，希望得到一切，可是到头来却两手空空，得不偿失。

12

人生最难忍耐的是——寂寞

要成为强者，便不可避免寂寞，而唯有那些够坚强、能面对寂寞的人，才有力量使他的天赋才华不被寂寞孤独所吞噬，反而因磨炼而生光发热。但是，人生最难忍耐的是寂寞，它就像一座山峰耸立在那里，需要我们努力去攀登。只要脚步不停，就能登上极顶。

什么是寂寞？寂寞是一种灵魂上的苦闷孤独之感。

寂寞本是一件坏事情，但如果在喧嚣的世界里，能够甘于寂寞，那情况就大不一样了。

许多有名的诗句也得力于作者当时心情上的寂寞。例如，常被引用的“枯藤老树昏鸦，小桥流水人家，古道西风瘦马，夕阳西下，断肠人在天涯”，诗人当时如没有深切的寂寞孤独之感，绝写不出这样的佳句。

又如，张若虚《春江花月夜》中的“江天一色无纤尘，皎皎空中孤月轮，江畔何人初见月，江月何年初照人”，深深地刻画出作者当时那前不见古人、后不见来者的寂寞之情。

又如，“千山鸟飞绝，万径人踪灭，孤舟蓑笠翁，独钓寒江雪”一诗，在隐逸中，又是何等的悲凉寂寞！

再如，陆游的《卜算子·咏梅》“驿外断桥边，寂寞开无主。已是黄昏独自愁，更著风和雨。无意苦争春，一任群芳妒。零落成泥碾作尘，只有香如故。”这种境界，可以说是超凡入圣。

西方的哲学家说："世界上最强的人，也就是最孤独的人。"又说："只有最伟大的人，才能在孤独寂寞中完成他的使命。"

如要成为强者，即不可避免寂寞，而唯有那些够坚强、能面对寂寞的人，才有力量使他的天赋才华不被寂寞孤独所吞噬，反而因磨炼而生光发热。

一、耐得住寂寞，是一种修行和升华

古往今来，凡成就大业者，无不是一门心思，殚精竭虑。孟子曰："天将降大任于斯人也，必先苦其心志，劳其筋骨，饿其体肤，空乏其身。"不在寂寞中奋斗，不在奋斗中积累，何来一鸣惊人？人的一生不可能不受挫折，在受挫时，更要平心静气地享受寂寞，养精蓄锐，蓄势而发。

寂寞通常能产生巨大的创造力。古今中外，许许多多的科学家、文学家、哲学家、艺术家和政治家就是在寂寞中发奋钻研创造，埋头于自己的事业，在心灵的世界体会到无穷的乐趣。

乐圣贝多芬一生寂寞孤独，可是他却说："当我最孤独的时候，也就是我最不孤独的时候。"因为他在寂寞孤独之中，才更不得不去把情怀寄托在领略大自然的美妙上，才更有机会去整理他那不平凡的思想和灵感，他的音乐绝不是繁华热闹场中的产物。

门捷列夫的化学元素周期表的诞生、居里夫人的镭元素的发现、陈景润在哥德巴赫猜想中摘取的桂冠等，都是他们在寂寞、单调中扎扎实实做学问、在反反复复的冷静思索和数次实践中获得的成就。每个人一生中的际遇不同，然而只要你耐得住寂寞，不断充实、完善自己，当际遇向你招手时，你就能很好地把握，获得成功。

从以上事例可以看出，耐得住寂寞，是所有成就事业者共同遵循的一个原则。它以踏实、厚重、沉思的姿态作为特征，以一种严谨、严肃、严峻的表象，追求着一种人生的目标。当这种目标价值得以实现时，仍不喜形于色，而是以更寂寞的人生态度去探求实现另一奋斗目标的途径。而浮躁的人生是与之相悖的，它以历来不甘寂寞和一味追赶时髦为特征，有着强烈的功利主义驱使。浮躁的向往，浮躁的追逐，只能产出浮躁的果实。这果实的表面或许是绚丽多彩的，却并不具有实用价值和交换价值。

因为，在生命旅程中，任何生命个体都不可能摆脱寂寞。寂寞使空虚的人孤苦，寂寞使浅薄的人浮躁，寂寞使睿智的人深刻。上苍恰恰是通过生命个体能耐得住寂寞来激发其创造潜能的。虽然现代社会物欲横流，诱惑多多，对耐得住寂寞提出了前所未有的挑战，但在节奏加快、竞争加剧、生存压力空前的当今社会，要想安身立命，必须耐得住寂寞，因为只有耐得住寂寞方能不寂寞。

耐得住寂寞，对每个人来说都至关重要。耐得住寂寞，方能内心平静、宠辱不惊、有所作为。

二、耐得住寂寞，是一种境界和品位

耐得住寂寞，才能不为外物所诱，抛开私心杂念，不浮躁，不盲从，保持正确的人生态度和价值取向；才能对真正所爱好的事情专情凝注，心无旁骛，不怨天尤人，不妄自菲薄，不见异思迁，向着既定的目标坚持不懈地走下去，最终总会有所收获。

耐得住寂寞，是一种情愫、一种享受。寂寞的时候，面对真实的自我，寂寞中有恬静，悲凉中有温馨，便有无穷的意味。即使人声喧嚣，也可以关上自己的心窗，给自己营造一片空间，独自感受生命的鲜活。寂寞的分分秒秒更可以和自己做倾心的交谈，细细内省一下自己，静静地抚慰自己、解脱自己。

耐得住寂寞，是一种困境的体验，是人生走向成熟的里程。“求人不如求己”，人生在世，路靠自己走，在命运的行程中，无疑每个人都是独行者，有的一帆风顺，有的坎坎坷坷。坎坷多舛者，如攀山行栈，一息尚存，壮志不已，一路芳卉异草，奇险风景，自有难得的人生体验，这是磨砺，是财富。

耐得住寂寞，是人生旅程的驿站，是吟唤理性的天籁。只有真正体验了寂寞的人，才会更加珍视生活的温馨。因为只有耐得住寂寞，才会拥有一份平淡如水的心境，将纷乱的生活作一番调整，更好地面对每一天，人生便具有了超凡脱俗、至善至真的内蕴。正如鲁迅先生所说的那样："当我沉默的时候，我感到充实。"

耐得住寂寞，要有淡泊之心。必须保持心底的那一份纯净，守静如一，安之若素；必须保持对诱惑的一种警觉，闹处不闹，躁处不躁。

耐得住寂寞，要有清静之心。寂寞和浮躁往往是孪生兄弟。浮躁的人最容易感到寂寞，也最难以耐得住寂寞。克服浮躁，耐得住寂寞，不是要甘于寂寞，沉沦于颓废，而是要远离心浮气躁、急功近利，静下心来，扑下身子多干事，厚积而薄发。俗话说："十年磨一剑"，海洋江河都是长流不息的循环，才可以保持自己的充足；阳光星亮都是长洒不歇的轮回，才可以保持自己的能量；花草树木都是常青不停的蓬勃，才可以保持自己的生机。

耐得住寂寞，要有坚守之心。"坚持就是胜利"，只有百折不挠地坚定走下去，把坎坷的生活变得舒心自信，把苦难的时光变得轻松自在，才能度过黑暗而迎来光明，才能转变痛苦而享受喜悦，才能有"柳暗花明又一村"的收获，寂寞也就迎刃而解了。

坚守下去，有三个选择：选你所爱——不必太在意别人或社会是否看重，用但丁的名言说，就是"走自己的路，让别人去说吧"。爱你所选——当你没有选择或不容易改变现状时，爱你所选的尝试加上积极乐观的态度，会帮你找到光明之路。忠于兴趣——一旦培养了自己的兴趣，就一定要珍惜并全力以赴，勇敢执著地坚持下去，一定会有所收获。

耐得住寂寞，要有内省之心。人在社会上，无论是为官还是为民，要和各种各样的人和事打交道，不可能事事周到、人人满意，特别是同事之间、家庭之间、邻里之间免不了会发生矛盾、摩擦，最好的办法是采取谦让为上的态度，从而化干戈为玉帛，化斗争为和谐，化烦恼为快乐。法国大作家雨果说得好："世界上最宽阔的东西是海洋，比海洋更宽阔的是天空，比天空更宽阔的是人的胸怀。"做人谦和一点，大度一点，少一点抱怨，多一点宽容，不为磕绊所羁，才能多一点微笑。

三、耐得住寂寞，是一种定力和忍耐

"定力"是佛家语，佛语有云，"定"为佛法之中枢。唐代诗人钱起在《题延州圣僧穴》中说："定力无涯不可称，未知何代坐禅僧。"苦修清除烦恼与妄想的定力，是僧侣得道必由之路和人生境界。面对人生路上种种磨难、诱惑、抉择，要想获得成功，离不开过硬的定力修为，需要在纷繁复杂的现象及变化中把握自己的意志力。有定力的人，意志坚定，如净水无波，不随物流，不为境转；心地清净，不惑于假象，不动于声色名利；做人稳如泰山，做事有条不紊。

定力首在定心。虽说"条条大路通罗马"，然而适合自己的道路可能只有一条。一些人站在人生选择的岔路口，左顾右盼、踯躅不前，缺的就是心定。心不定则方向乱，方向乱则杂念生，今天觉得当作家有名声，明天认为从政有地位，过两天又认为做生意有前途……人生是条单行线，容不得我们将宝贵的年华浪费在摇摆不定的选择上。唯有正视自己的实力，认真选择一条最适合自己的正确道路，历艰险而不动摇，有所成而不自满，一鼓作气、矢志不渝，才是有定力的人，才会有大作为。

定力重在定性。俗世斑斓，名利诱惑无时不有、无处不在，往往会蒙蔽我们的双眼、迷乱我们的心性。宋代赵善璙在《自警篇·善处事》中说："必其胸中器局不凡，素有定力。不然，胸中先乱，何以临事？"一些人根不稳、性不定，抵挡不了一时的浮华侵扰，妄念肆生，贪欲沟壑愈填愈空，最终必然堕入深渊，葬送大好前程。有定力的人一如青竹，沿着生长的方向节节攀高、岁岁增值，源于其“咬定青山不放松”的心定，更离不开“千磨万击还坚劲，任尔东西南北风”的性定。戒欲望，抗诱惑，是我们一生的必修课。

定力贵在定行。“水滴石穿”是成功的法宝。存乎中，形于外，定力修行最终要落实到行动中。临危不惧、处变不惊，即使身处百丈悬崖、面对彻骨寒风，也要做到“花枝”俏丽不衰。定行必须把手头的活儿做精。一位青年画家前去拜访法国著名画家门采尔，并向其提出一个问题：“我常一天能做出一幅画，可卖出去却总要一年的时间。”门采尔笑了：“为什么不反过来试一下呢?”年轻人豁然开朗，从此每次画画，他必耐心构思、反复揣摩，力求力道遒劲、笔笔传神，终有所成。这正应了一句俗语：只要工夫深，铁杵磨成针。当今社会浮躁得很，能够静心做事、做学问的人才是有定力的人，将手头的活做细做精、将坚守的正确道路一步一个脚印走扎实，才是我们的应有之为。

定力难在忍耐。古今中外，为了生命的自由、潇洒，不少智者都懂得与名利保持距离。一天，庄子正在垂钓。楚王委派的二位大夫前来聘请他：“吾王久闻先生贤名，欲以国事相累。”庄子持竿不顾，淡然说道：“我听说楚国有只神龟，被杀死时已三千岁了。楚王以竹箱珍藏之，覆之以锦缎，供奉在庙堂之上。请问二位大夫，此龟是宁愿死后留骨而贵，还是宁愿生时在泥水中潜行摇尾呢?”二位大夫道：“自然愿活着在泥水中摇尾而行啦。”庄子说：“二位大夫请回去吧！我也愿在泥水中摇尾而行哩。”庄子不慕名利，不恋权势，为自由而活，可谓洞悉幸福真谛的达人。

定力乐在无忧。有一名离婚的中年男子每逢假日便泡在舞厅或保龄球馆。他并不喜欢跳舞或打保龄球，他要的是热闹，是人群，误以为这样就不会寂寞。殊不知，如此更加深了他内心的寂寞。所以，每次疯狂过后回到家，就更寂寞难耐。殊不知，寂寞是非常珍贵的。因此面对寂寞时不用逃避，而要去拥抱它、享受它。难得寂寞与我相伴，伴随我无忧无虑，不用面对同事之间尔虞我诈的争斗，不用担心上司变化无常的脸孔。在家打开电脑散散心，再为自己泡杯香茶，听听悠扬的乐曲，让自己尽情享受这份恬静的寂寞，什么与世无争、宠辱皆忘、尘世间争名夺利的是是非非、大喜大悲的恩恩怨怨，都像云烟一样灰飞烟灭。几十年的劳累而得到今天的寂寞，会使你有说不出的轻松与舒畅，真正体验到寂寞的享受。

因此，寂寞并不可怕，只要你学会积极地利用它、享受它，所有的烦恼就会从寂寞中消失掉。

13

人生最难秉持的是——本色

本色是不加修饰的质朴自然。本色是立身做人的根，本色是充满激情的海，本色是百折不弯的钢，本色是原汁原味的歌。但是，人生最难秉持的是本色，它就像一座山峰耸立在那里，需要我们努力去攀登。只要脚步不停，就能登上极顶。

什么是本色？古时以青黄赤白黑为本色，后引申为质朴自然，不加修饰。

对于本色，古代曾有过这样的解释，“凡五星有色，大小不同，各依其行而顺时应节……不失本色而应其四时者，吉”。

《菜根谭》说：“文章做到极处，无有他奇，只是恰好；人品做到奇处，无有他异，只是本然。”意思是说，一个人写文章写到登峰造极的地步时，并没有什么特别的地方，只是将自己的思想表达得恰到好处；一个人的品德修养达到炉火纯青的地步时，并没有什么特别的地方，只是回归到朴实纯真的本色而已。

第一个获得诺贝尔和平奖的中国作家莫言说：“最好的风度就是本色。”作家莫言获得 2012 年度诺贝尔文学奖，其在 10 月 11 日晚接受中新社记者采访时说：“听到获奖的消息，我很高兴。但是我觉得获奖不能代表什么，我认为中国有很多优秀的作家，他们的优秀作品也可以被世界所认可。”莫言获奖后的淡定，应该说是他的本色所在。他的语言无不散发着泥土的芬芳：

韭菜炉包肥肉丁，白面烙饼卷大葱。再加一碟豆瓣酱，想不快乐都不中。——《故乡忆旧》

二十九省数我狂，栽罢萝卜种高粱。下笔千言倚马待，离题万里又何妨？——《无题》

曲调很古老。节拍很缓慢。歌声悲壮苍凉。坦荡荡的旷野上缓慢地爬行着爷爷的歌声，空气因歌声而起伏，没散尽的雾也在动。——《大风》

这些最能体现莫言风格的文字都在告诉我们：做人贵在本色。

本色，指的是本来的面目，就是做人的底色、根本。

在世界上以创业成功学者，而成为家喻户晓名人的卡耐基曾说过这样一句话："'秉持本色'这句话像一道闪光，照亮了我。我终于明白困境的来源，因为我勉强自己去适应一个不可能适应的模式。从那以后，无论发生什么事，我都秉持本色，努力保持自己的本来面目。"这就是历史名人对"秉持本色"最本质、最深刻、最广义的诠释。

一、本色是立身做人的根

根扎沃土，才能营养充足，根深而至叶茂。其实，古人早就说过："英雄不问出处。"很多仁人志士，有杰出成就的人物，并非都是高学历和名门望族。毛泽东就是农民的儿子，邓小平说自己是船工的后代，著名国画大师齐白石曾是木匠。他们并没有因为出身平凡而觉得不可成就大事。就是在学历问题上，也有许多低学历者干成大事情，大科学家爱因斯坦大学没有毕业，软件大王比尔·盖茨也并未获大学文凭。对此，被誉为"金牌工人"的劳模许振超说得好："要成就一番事业，必须坚持不懈地学习。文凭只是一张证明，真正的'文凭'是对实际工作能力的检验"。同样，身世、家庭也不能说明任何问题，名门的后嗣未必就是豪杰，平民的子女未必就是懦夫。最使人信服的，就是自己有什么知识、有什么能力，为国家和人民能做什么、做了什么。本色做人、做事、做官，就能保持正义、公平、公正、公德的气节、骨气以及浩然正气。所以说，秉持本色，永不变色，永不变质，这是人生大气、志气、正气之高举、之美德、之品洁。

二、本色是充满激情的海

大海的本色是激情，大海在激情中博大，在激情中自洁，在激情中延续。我们不仅要有大海般的胸襟，更应具备大海般的性格。不沽名钓誉，不虚情假意，不欺上瞒下。生活中有这样的同志，明明自己坐的领导位置相对冷门，却偏要冷官热做，用尽各种手段炒作自己，让人在乎自己；明明自己写不好文章，却常要在报上发表文章；明明心里对一个人不看好，却装得非常尊重，见面都是热心窝儿的话。其实这样的人，也只能糊弄人一时，时间一长，大家还是看出了本质，就会保持距离。所以不如本色做好人，是什么样就是什么样，让人觉得实在。军中将领许世友可谓是个“本色将军”，相传他患肝癌晚期，有关领导劝他到北京治疗，他拒绝说：“北京路窄人多，吵起架来我吵不过他们。”多么本色的话语，多么真诚的为人，这要比说“还是为党为人民节约一些开支吧”这样的套话让人觉得可爱、可信得多。

三、本色是百折不弯的钢

本色一旦由理想信念、科学理论与个人修养熔铸而成，就如钢似铁，百折不弯。面对困难，劲头十足，敢于攻坚；面对考验，坚如磐石，砥柱中流，不可移易；面对同事，如同磁场，真诚相待，团结一心；面对诱惑，正气浩然，不为所动，无私无畏。特别是不要做一个虚伪的人，一个造假的人。“路遥知马力，日久见人心”，那些总是戴着“面具”生活、言行与内心不符的人终会在时间面前“原形毕露”。说穿了，这在很大程度上是一厢情愿，谁的眼睛不是雪亮的，谁的心中不是明如镜，这正如鲁迅先生说的："捣鬼有术，也有效，然而有限，所以以此成大事者，古来无有。"相反，如果待人以真诚，即使并无过人之处，甚至有时会犯些小错，都不会妨碍你拥有真正的朋友。

四、本色是遮风挡雨的墙

在当今市场经济条件下，没有一个绝对安全的岗位、没有一个绝对安全的人员，无论是为官还是为人，要确保形象无损、人生完美，本色就是挡住权力、金钱、利益诱惑的"墙"。

本色是挡住权力的"墙"，保证正确的人生方向。权力观，是人们对权力的来源、性质和如何使用等问题的看法和态度。掌权要如履薄冰，用权要如临深渊，时刻保持权力来自于人民、用之于人民的本质不变。

本色是挡住金钱的"墙"，保证完美的人生结局。英国首任大法官培根说过："在你获得金钱的过程中，如果感到紧张和屈辱，那么，获得金钱之后就不要指望生活得怡然自得，用这些钱你会感到恐惧和不安，这就是金钱本身固有的阴谋。"20世纪80年代初，有一副非常有名的对联："图金钱，老山铺满金砖，谁人肯来；为祖国，战场刀山火海，我们敢上。"它震撼了十亿人。这就是正确金钱观的真实反映和写照。我们仍然需要这样的金钱观。

本色是挡住利益的"墙"，保证高尚的人生追求。每个人都应该扪心自问，我们今天所享有的物质利益是从哪里来的？我们又创造了哪些利益？多问几遍，想深一层，从个人狭隘的利益小圈子内跳出来，选准衡量利益得失的参照系，走出"小我"，冲出"自我"，塑造"大我"，真正把个人的欲望降到最低点，把无私奉献意识升华到最高点，做一个去贪欲之念、弃非分之想、戒阴暗心理，品行端正、光明磊落、无私奉献的人。

五、本色是为人做事的底线

底线，意为最低的条件和限度。现实中我们不难发现，底线的突破是最致命的突破。

坚守底线要戒贪。“贪如水，不遏则滔天”。一些人滑向罪恶的深渊，无不从“贪”字开始。“山树不能给野火，江海不能实漏卮”。贪心是无止境的，人都有“得一望十”的心理，要守住“一”，不为“十”所诱，诱惑再多，灵魂不能浮躁。

坚守底线要慎微。“祸患常积于忽微”。一个人失去底线，往往都是量变到质变的过程，有了第一次，就一而再再而三，对一些不良行为视而不见，习以为常，甚至是习非成是，逐渐发展到违法乱纪，最终“悔不当初”。现代社会生活丰富多元，面临的诱惑让人眼花缭乱，如果纪律约束不严格、生活作风不检点，就很难把握住自己。小节见风骨，小节中更有政治、有形象、有人格。管好小节，一定要多交诤友，和普通群众打成一片。

坚守底线要防麻痹。“翻船”常在“平流”处。心理学告诉我们，人在逆境时，往往谨慎小心，因而也会平安无恙；而在顺境中，则容易麻痹、骄傲、出问题。因此，我们以忧患之心对待自己的一思一念，以“如履薄冰、如临深渊”的谨慎之心对待自己的一言一行，以“夙夜在公、寝食不安”的公仆之心对待自己的一职一责，真正守住自己心灵、道德和法纪的底线。

那么，我们应怎样保持本色，永不变质呢？

（一）自我守护

本色需要守护，严守。古人讲：“求木之长者，必固其根，欲流之远者，必浚其泉源，根不固则木不长，源不深则流不远。”什么能让我们经得起漫长时间的诱惑、侵蚀、腐蚀？唯一的就是艰苦奋斗。如何做到呢？一是知可为、知不可为。加强自我约束，做到令行禁止。二是知足、知不足。正确认识和处理得与失的关系，在待遇和生活上知足，在工作和学习上知不足，永葆本色不变心。三是有所敬畏、不无所忌惮。深刻认识权力是一把“双刃剑”，始终保持敬畏之心，在权力面前如临深渊、如履薄冰。四是追求名节、不追逐名利。摆脱名缰利锁的束缚，培养高尚的生活情趣，做到任何时候任何情况下都能守得住清贫、经得起诱惑、管得住自己。

（二）自我砥砺

艰苦奋斗的精神，指的是人的精神状态、道德情操、工作作风、革命志向以及工作毅力和干劲，它折射的是一种奋发向上的人生态度、一种愈战愈勇的革命斗志、一种锐意进取的精神状态、一种强烈的忧患意识、一种神圣的使命感。在日益富裕的今天，仍然需要艰苦奋斗，而且要让艰苦奋斗精神在其不断完成新的任务、新的使命中发挥独特作用，体现特殊价值，展现独有魅力。

艰苦奋斗精神是我们立身之本、创业之魂、成事之基、做人之道。艰苦奋斗能使人进步，造就出生活的强者。人的杂念和私心能在艰苦奋斗中滤尽；人的痼癖和惰性能在艰苦奋斗中消遁；人的智慧和情感能在艰苦奋斗中萌发；人的理想和追求能在艰苦奋斗中升腾。只有经历艰苦奋斗，灵魂才能得到净化，才能做人、做事、做官、成业。

（三）自我秉持

学习别人，不迷失自己。古代燕国寿陵地方的人，走路摇摆蹒跚，很难看。当地有个年轻人，听说赵国邯郸人走路的姿态相当优美，就下决心去学习邯郸人走路的方法。这个年轻人到了邯郸，看到这里的人走路姿势果然都很美，于是立即就跟着学起来。谁知道，学了几天，年轻人对邯郸人的走路姿势仍然没有学好。他想，很可能是没有掌握邯郸人走路的要领。因此，他就仔细推敲，认真研究起邯郸人的步法，连每一步的动作，甚至一摆手、一扭腰都要认真计算尺寸。真可以说是亦步亦趋了。但是，经过一段时间的学习，还是没有学会邯郸人走路的姿势。严重的问题还在于，这个年轻人不但没有学会邯郸人走路的姿势，反而把自己是怎么走路的也忘掉了！后来，当他要回燕国的时候，手足无措，只好在地上爬着回去了。

为何如此呢？主要是由于这个年轻人只是消极地去适应邯郸人的走路姿势，生硬地去模仿人家的模式，后来，虽然熟悉了邯郸人走路的样子，但是，并没有把学到的知识变成自己的东西。结果，不但没有学到邯郸人走路的优美姿势，而且连自己原来的走路姿势也忘记了！可见，在生活和工作中，如果不把自己作为一个积极、能动的主体，也就是说，忘记了自我，将会徒劳无功，甚至还会失去一切。

14

人生最难改变的是——习惯

习惯的力量是巨大的，有幸养成一些好习惯，则会终生受益；而一旦沉溺坏习惯之中，就会不知不觉地把自己毁掉。好习惯人人喜欢，坏习惯人人讨厌。但是，人生最难改变的是习惯，它就像一座山峰耸立在那里，需要我们努力去攀登。只要脚步不停，就能登上极顶。

习惯，是一种定型的行为，是经过反复实践和锤炼而养成的思维、语言和行为方式。习惯人人都有，但却有高下之分、文野之别、优劣之异。勤勉与懒惰，整洁与邋遢，深思慎断与轻信盲从，默默务实与好大喜功……都会在不同人身上形成不同的习惯。

良好的习惯，其永远受益，可以成就一个人；不良的习惯，其祸害无穷，甚至可以葬送人生。

人是一种习惯性的动物。无论我们是否愿意，习惯总是无孔不入，渗入我们生活的方方面面。很少有人能够意识到，习惯的影响力竟然如此巨大。

有调查表明，人们日常活动的90%源自习惯和惯性。想想看，我们大多数的日常活动都只是习惯而已！我们几点起床，怎么洗澡、刷牙、穿衣、读报、吃早餐、驾车上班等，一天之内上演着几百种习惯。然而，习惯并不仅是日常惯例那么简单，它的影响十分深远。如果不加控制，习惯将影响到我们生活的方方面面。

叶圣陶先生说："好习惯养成了，一辈子受用，坏习惯养成了，一辈子吃它的亏，想改也不容易。"

毛泽东更尖锐地指出："不看实际情形，死守着呆板的旧形式、旧习惯，这种现象，不是也应该加以改革吗?"对照现实，一些地方和部门工作打不开局面、上不了水平，很大程度上就是因为受缚于老习惯、拘泥于老套路，面对新情况、新问题，总是陷入惯性泥潭，还煞有介事地拿"习惯了"作挡箭牌。

习惯一旦养成，就会成为一种根深蒂固的东西，影响人的行为和人生走向。习惯、性格、命运成为一个链条，正是这种奇特的链条使得一些人或出类拔萃，卓越超群；或平平庸庸，碌碌无为。

习惯的作用是如此之大，想改变它不是件容易的事情。

一天，一位睿智的教师与他年轻的学生一起在树林里散步。教师突然停了下来，并仔细看着身边的四棵植物：第一棵植物是一棵刚刚冒出土的幼苗；第二棵植物已经算得上挺拔的小树苗了，它的根牢牢地盘踞到了肥沃的土壤中；第三棵植物已然枝叶茂盛，差不多与年轻学生一样高大了；第四棵植物是一棵巨大的橡树，年轻学生几乎看不到它的树冠。

老师指着第一棵植物对他的年轻学生说："把它拔起来。"年轻学生用手轻松地拔出了幼苗。

"现在，拔出第二棵植物。"

学生听从老师的吩咐，费尽力量，将树苗连根拔起。

"好的，"老师接着说道，"去试一试那棵橡树吧。"

年轻学生抬头看了看眼前巨大的橡树，想到自己刚才拔那棵小得多的树木时已然筋疲力尽，便拒绝了教师的提议，甚至没有去做任何尝试。

"我的孩子，"老师叹了一口气说道，"你的举动恰恰告诉你，习惯对生活的影响是多么巨大啊!"

故事中的树就好像我们的习惯一样，根基越深，就越难以根除。的确，故事中的橡树是如此巨大，就像根深蒂固的习惯那样令人生畏，让人忌惮尝试去改变它。实际上，坏习惯不易改变，好习惯也不易改变。好习惯一旦养成，也会向故事中的橡树一样，牢固而忠诚。在习惯由幼苗长成大树的过程中，习惯被重复的次数越来越多，存在的时间也越来越长，它们也就越来越像一个自动装置，越来越难以改变。

我们培养良好的生活习惯，应该从三个方面做起。

第一，要加强学习，不断提高修养。学习可以陶冶一个人的情操，提高一个人的修养，帮助形成良好的生活习惯。一个拥有较高文化修养的人，必然注重自己的各种生活细节。一个具有较高文化修养的人，必然懂得如何加强自我约束，懂得如何从点滴做起，因此，他就懂得如何去培养自己的生活习惯，为自己创造出一个适合自己发展的自然及人文环境。

第二，要从点滴做起，注意防微杜渐。习惯是一种定型的行为，是经过反复实践和锤炼而养成的思维、语言和行为方式。养成一种好的习惯不容易，但很重要；改掉一个坏习惯更不容易，却很可贵，如同逆水行舟，顶风远征，需要毅力和超越自我的能力。改变不良生活习惯，必须从点滴做起，注意生活中的任何一个细节，自觉做到见微知著，并时刻提醒自己，己所不欲，勿施于人。

第三，要加强相互监督，注意相互提醒。同事间的相互关心帮助，除生活上的体贴照顾外，相互间指出存在的问题缺点，并相互帮助克服也是重要的方面。当身边的同事存有这样或那样的坏习惯时，我们除了理解宽容外，更重要的是主动地帮助改正。有的人身上的坏习惯，他个人并没注意到，这就需要别人给予指出和善意的提醒。

那么，克服哪些和如何克服我们业已存在的不良习惯呢？在此提出以下建议：

一、改变学习上的三种不良习惯

（一）改变“人云亦云”的思维习惯，善于提出和思考问题，注重从理论与实际的结合上把握事物的本质特征

有的人学习时，满足于别人给出的现成答案，很少联系实际作进一步的思考；有的人对书本知识囫囵吞枣，生搬硬套，不能结合思想实际和工作实际提出新思路、新见解；有的人满足于学了听过辅导了，不再思考怎样在工作中贯彻，只是充当“收发室”、“传声筒”。这样学习的结果，只能是走过场，收效甚微。克服“人云亦云”的思维习惯，要善于“求疑”，从教材中找出自己不理解、有疑惑的东西，然后下工夫进行研究。善于“发问”，接受外来信息时，不能过于盲从，而应当联系思想实际、工作实际作思考：为什么有这样的解释，和自己原来的理解有什么不同？怎样更好地联系实际，用来武装思想、指导工作？等等。孔子曰：“学而不思则罔，思而不学则殆。”学习时，不能满足于理解现成的结论，而应当开动脑筋，联系实际进行深入的分析、综合、比较和判断，从而达到对所学知识的真正理解和掌握。

（二）改变“一曝十寒”的不良习惯，持之以恒，注重在量的积累和发展中实现质的跃升

渊博的知识是长期勤奋学习、不断积累的结果，这中间很重要的是一个“恒”字。有的人学习仅凭一时的热情，上级有布置时积极性高些，也肯下工夫，但热劲儿减退后就不再努力；有的人忙于四面八方的应酬，或被事务性工作缠身，抓学习停留在口头上；有的人静不下心，稳不住身，总想“快种树、早成材”，结果欲速则不达。掌握科学理论和专业技术知识，都需要多读书、勤思考，在工作中联系实际运用。只有勤奋学习，持之以恒，才能积少成多，集腋成裘，不断丰富自己。在学习过程中，不仅要勤动脑，还要注意勤动手，克服心浮气躁的情绪，集中精力，专心致志。

（三）改变“贪多求全”的不良习惯，善于取舍，注重在有所为有所不为中寻求突破

常言道：贪多嚼不烂。这是求知的经验之谈。一个人的精力和时间是有限的，不可能成为无所不知、无所不能的超人。有的人什么都想学，什么书都想看，抓不住重点；有的人不顾自己的基础和客观条件，社会上“热”什么就学什么，结果难免顾此失彼。要想真正学到一点东西，在工作中有所作为，就要善于“选择”，根据自己的目标和自身情况，有所侧重、有所控制地读书学习，从而建立起合理的知识结构，成为一个方面或几个方面的行家里手。

二、剔除工作中的四种坏习惯

现在的年轻人，总体来说，具有头脑灵活、创新意识强等群体优势和政治敏锐、作风严谨等个体特征，但时下也有不少年轻人养成了一些坏习惯，必须改变。

一是娇气。生在和平建设期，长在改革开放时，没有经受过硝烟战火，没有体验过风餐露宿，进入党政机关又常令熟人朋友欣羡不已，养尊处优、居高临下，香草名花、众星捧月，常常娇气滋生，难以承受工作之重，难以担负党和人民所托之责。

二是霸气。本来阅历浅薄、修养不够，再加上不少同志或出于敬畏或为一己私利对其毕恭毕敬，便感觉飘飘然，骄傲自大，盛气凌人，特别是下基层，更以钦差大臣自居，颇有位高杖重之感，往往趾高气扬、颐指气使。

三是躁气。一方面，年轻气盛，经受挫折少，容易自以为是、自视过高，对工作急于求成，稍有不顺就烦躁不安。另一方面，个别优秀者得到提拔重用，于是，不少同龄人无视自己经验贫乏、能力拙劣等个人实际，片面强调公平，牢骚满腹，心烦气滞，急于晋升。

四是惰气。以阅历浅、经验少等为理由推卸责任、自甘平庸、自堕庸俗；在思想上消极被动，满足于日常工作的勉强应付；在言行上察言观色，生怕给领导和同事留下不好印象；在工作上畏缩不前，拘泥于前人的既有经验；在为人处世上明哲保身，缺少年轻人特有的朝气和热情。

上述“四气”的存在严重影响了年轻人的健康成长、能力提升和积极作用的发挥，一定要努力克服、全力弥补。

一是提升自我素养。不断加强政治思想和人品修养，高调做事、低调做人，立志干事创业，淡泊权力名位，以有为赢得有位，以德才赢得进步，以蓬勃朝气、昂扬锐气、横溢才气拼搏进取。

二是接受群众监督。在每日三省自身的同时，自觉深入群众，以群众为镜来知得失，以群众的监督和评价来规范自己的言行，使自己真正成为群众满意、能为群众干实事和谋利益的优秀人才。

三是组织和领导多关心。要注重对年轻人的教育引导，通过集中培训、警示教育、谈心交流等多种方式，加强年轻人的理想、信念和宗旨教育，提升素质能力，引导其树立正确的权力观、地位观、人生观、利益观和职业观，去娇弱存厚重，去骄横存谦逊，去焦躁存稳厚，去利欲存淡泊，去平庸显有为。

三、用好习惯赶跑坏习惯

有位教育家说过：“良好的习惯，是人们存在于神经系统中的一种道德资本。这种资本是不断增长的，所以它的利息是人们终身取用不尽的。”

记得小时候，母亲说饭前要洗手，我们嫌麻烦，总是借口托词，甚至想出歪招来对付。后来，养成了讲卫生的习惯，饭前不洗下手，就感到心里别扭。当兵的时候，每天早晨一到6点，生物钟就条件反射似的准时敲响，偶尔赖在床上也难睡着。看来，凡事成了习惯也就变得自然了。

习惯是一种深入骨髓的自觉。科学研究表明，人每天高达90%的行为源自习惯的支配。古罗马诗人奥维德也说：“习惯是一个人思想与行为的真正领导者。”

（一）让善于动笔成为一种习惯

动笔，不单单是写作，还包括记读书笔记，写学习心得，撰写调研报告，列讲话提纲，等等。动笔有什么好处呢？一是有益于知识的积累。学习是个渐进的过程，只有聚沙成塔、集腋成裘，才能底蕴深厚、学识丰富。二是有益于思考能力的增强。“学而不思则罔，思而不学则殆。”学习要善于提出问题，而提出问题，必须独立思索，不能人云亦云。思想的火花常常稍纵即逝，要及时记录、善于捕捉。三是有益于掌握实际情况。调查研究是成事之基、谋事之道。下基层掌握的第一手资料，基层同志的意见和建议，要载入笔记、熟记于心。领导干部经常亲自动笔，有助于把平时知识和经验的积累充分调动起来，把对一些重大问题思考的成果充分利用起来，创造性地提出工作思路和要求。

（二）让做好事成为一种习惯

“一个人做点好事并不难，难的是一辈子做好事。”习惯带来的持续自觉，也许只是凡人小事、举手之劳，但存储的是正能量，传递的是真善美。

雪花飘飞中，一位老太太光着脚颤巍巍地上了一辆公交车，车上的乘客有坐立不安的，有大发议论的。议论中，有的指责政府没有用税款救济穷人；有的贬斥老人的孩子不孝；有的掏钱给老太太，让她买一双鞋穿；有的祈祷上苍，保佑老太太穿上鞋子。公交车到了一个站点，上来了一位头顶毡帽、手戴羊绒手套、围着厚厚围脖、身戴随身听的小伙子。当他的目光落在老太太脚上的时候，他立即把目光转移到自己的脚上。他脚上穿的是一双保暖的运动鞋，名牌的，很贵，是他利用业余时间打工挣钱买的。小伙子弯腰脱下自己的鞋和袜子，蹲在老太太面前。“老人家，”他说，“我看到您没穿鞋。瞧，我有鞋子。”他轻轻地捧起老人冻僵了的脚，给她穿上了袜子和鞋子。这时，公交车到了一个站点停下来，小伙子下了车，光着脚走在雪地里。乘客不约而同地隔着车窗目送他光脚行走的背影。有人问：“他是谁?”一个人说：“一个圣人。”有人惊呼道：“瞧，他头顶上还有光环呢!”一个女基督徒说：“莫非是耶稣转世?”可是，一个童言无忌的小男孩指着小伙子说：“你们说的都不对，我看得清清楚楚……他就是一个和我们一样的普通人。”

应该说，助人为乐，让平凡人变得伟大。如果做好事也能成为我们每个人的一种习惯，“好事”岂不天天在身边?

（三）让廉洁成为一种习惯

如果你是一名领导干部，能否养成廉洁的习惯，至关重要。一旦廉洁成为习惯，就不会为权利、金钱所惑，就能筑牢防腐之堤，筑起思想上的“防火墙”，从而做到“心不动于微利之诱，目不眩于五色之惑”。

实践证明，领导干部将廉洁作为一种常态和习惯，不仅是必要的，而且是可能的。有些人之所以觉得廉洁一时易、廉洁一世难，廉洁一事易、廉洁事事难，廉洁大事易、廉洁小事难，就是因为廉洁没有成为他们的习惯。

廉洁的习惯不是与生俱来的，而是一点一滴养成的。仅有对廉洁重要意义的深刻认识，而缺乏与自身懈怠、放任、颓丧进行不懈抗争的精神，廉洁的习惯是很难养成的。有些人喜欢以“下不为例”开脱、原谅自己，但事实上有了第一次就会有第二次，慢慢地积少成多、积小成大，从而陷入不可自拔的泥潭。有些人抱着侥幸心理安慰自己，认为神不知鬼不觉不可能被发现和查处。他们显然忘了陈毅元帅《手莫伸》里的名句：“手莫伸，伸手必被捉。党和人民在监督，万目睽睽难逃脱。”领导干部要持之以恒，视“第一次”为“高压线”，千万不能半途而废、前功尽弃。

这样的改变往往在一个月内就可完成。办法如下：立即行动，毫不迟疑；自愿改变，而非强制；精力转移，寻找替代；化整为零，循序渐进；坚持不懈，切勿气馁。成功值得奖励，但失败也不必惩罚。在改变习惯的时间内如果偶有失误，不要引咎自责或放弃。一次失误不见得是故态复萌。

比尔·盖茨指出，人们往往认为，重拾坏习惯的强烈愿望如果不能达到，终会成为破坏力量。然而只要转移注意力，即使是几分钟，那种愿望也会消散，而自制力则会因此加强。

避免重染旧习比最初戒掉时更困难。但是，如果你能够把新形象维持得越久，就越有把握不重蹈覆辙。

15

人生最难战胜的是——自己

人生最大的敌人不是别人，就是自己。当今世界日新月异，人人可做发光体。美好的品质历久弥新，它萌生于我们的心中最柔软的部分，崛起成为我们灵魂最闪亮的高地。好人，就是你自己；胜利，也是你自己。但是，人生最难战胜的是自己，它就像一座山峰耸立在那里，需要我们努力去攀登。只要脚步不停，就能登上极顶。

高尔基说："最伟大的胜利——战胜自己。"是啊！一个人总是在不断战胜自己的过程中成长的。但是，想要战胜自己并不容易。

我们有时候其实是可以成功的，但只是自己不相信自己。

有时需要战胜恐惧，有时需要战胜懒惰，有时需要战胜平庸，有时需要战胜挫折，有时需要战胜骄躁，有时需要战胜困惑。

人的一生，总是在与自然环境、社会环境、家庭环境做着适应及克服的努力。因此，有人形容人生如战场，勇者胜而懦者败；从生到死的生命过程中，所遭遇的许多人、事、物，都是战斗的对象。其实，自己的心念，往往不受自己的指挥，那才是最顽强的敌人。

一位在作战时能够万夫莫敌、屡战屡胜的常胜将军，功勋彪炳，使得敌军望尘披靡，但他内心是否时时恐惧、担忧、害怕？

例如，拿破仑在全盛时期几乎让整个地球震颤，战败后被囚禁在一座小岛上，相当烦闷痛苦，难以排遣，因而说："我可以战胜无数的敌人，却无法战胜自己的心。"可见，能够战胜自己的心，才是最懂得战争的上等战将。

要战胜自己很不简单。一般人得意时忘形，失意时自暴自弃；人家看得起时觉得自己很成功，落魄时觉得没有人比他更倒霉。唯有不受成败得失的左右、不受生死存亡等有形无形的情况所影响，纵然身不自在，却能心得自在，才算战胜自己。

一、不抱怨——生气不如争气，抱怨不如改变

抱怨命运多舛的人，境遇往往不会太好，因为他们把心思都放在了抱怨上。被抱怨声围绕的人生，会有多少知心朋友，会有多好的未来呢？抱怨的人，总能有抱怨的理由，他们认为，全世界的人都在为难自己，却不知，他们经历的挫折与磨难，许多人也正在经历着。

每个人的人生都不是完美无瑕的，也不是一帆风顺的。人无完人，所以偶尔地抱怨一下，释放一下不满情绪也是人之常情，但过多的抱怨则会使自己"习惯成自然"，导致不必要的悲剧发生。就像鞋子里的一颗小沙砾，如果懒得倒掉，就会磨破脚掌，行走就会越来越困难。如果鞋里每进一颗小沙砾都及时清除的话，走起路来就会通畅无阻。抱怨要及时控制，否则，最后很有可能影响自己的发展。

精彩的生活、缤纷的世界，有时候在我们的眼里却是暗无光彩、枯燥乏味的。人生，为什么总是这样一明一暗地变换着节奏？为什么不能一直五彩缤纷呢？其实，答案很简单——过于苛刻地要求自己，忽略内心的真实感受，逃避现实真相。如果怀抱一颗像面向太阳的向日葵那样的向上心，即使再艰难，你也会直线出击，也会微笑而归。生活就是这样，酸甜苦辣咸，要不要"美味"，就看你怎么调和它们了。

约翰·库缇斯——澳大利亚的“世界最有名的残疾人演讲大师”，他一出生就没有下肢，却用双手“走”遍了世界上近两百个国家和地区，他不但是大洋洲残疾人网球赛的冠军，还能游泳、开汽车。

2004年5月的一个晚上在青岛天泰体育场演讲时，他突然举起他的手来，手里是一双一次性拖鞋，“我非常感谢青岛朋友们对我的热情款待，我的住宿条件也非常好，不过……”会场刹那间安静了下来。

“拖鞋，不是每个人都能够有机会穿的！如果你能穿上拖鞋，你就是幸运的！别让抱怨的话语从一个幸运者的口中吐出！大家说好吗？”台下响起震耳欲聋的喝彩声，紧接着是雷鸣般的掌声！

人生，不会因为你的抱怨而重演，那为何不笑着迎接下一个路口？

微笑的人生，是快乐的；抱怨的人生，是悲苦的。不要期待别人会同情抱怨人生的人，因为这样的人一点都不可怜，只是可悲。

工作中的你，若时常抱怨，升职的机会会不会在你絮絮叨叨的抱怨中悄然流失？生活中的你，若时常抱怨，朋友的聚会会不会因为你的怨天尤人而不欢而散？群居社会里，你却生活在名叫“抱怨”的孤岛上，隔海相望那热闹的一片大海。

请对自己好点，不要抱怨；请对他人好点，不要抱怨。

做一个心胸宽广的开心人。

二、不悲观——悲观不如乐观，乐观事半功倍

乐观者，总能胸有成竹，并且事半功倍，即使深陷荆棘，也会摘到鲜艳的花朵。他们从不退缩，从不放弃，用挑战来磨砺自己的人生，使其价值最大化。悲观者，即使有心成才，也是心有余而力不足，因为他们过不了自己心里的那一道浅沟。

悲观者的隔壁就是乐观者，你要拜访哪一位，选择权掌握在自己手中。

爱迪生之所以伟大，不仅仅是因为他发明出来的东西，还因为他拥有乐观的心态。为了使大家用灯方便，爱迪生开始寻找做灯丝的材料，在实验室里，大大小小做了1200次试验，可是全都失败了。这时别人对爱迪生坚持不懈、不肯放弃的举动感到不解，就问："你已经失败了1200次了，还要试验下去吗？"爱迪生坚定地回答说："不，我并没有失败，我已经发现有1200种材料不适合做灯丝。说不定第1201次，我就能找到适合做灯丝的材料。"正是这样积极乐观的心态促成了他的成功。

其实，乐观、悲观都不是与生俱来的，我们每个人都可以成为乐观者。只要凡事往积极的一面努力，你就是一个乐观者。如果凡事往消极的一面行进，你就是一个悲观者。

因此，当我们濒临悬崖无奈时，当我们深陷泥沼时，当我们身负荆棘疼痛时，请不要悲观，也不要失望与绝望。何不保持乐观的心态，挺起腰板，继续前进，把苦难与挫折当成上天赠给我们的最好礼物呢？

有位小女孩每天都步行上学。

一天早上，天阴沉沉的，并伴有小风，云层渐渐变厚。到了下午，风开始变得急了。不一会儿，便开始电闪雷鸣，下起了大雨。

见天气如此恶劣，妈妈在家坐不住了，担心小女孩会出什么意外。雨越下越大，又是打雷又是闪电的，实在危险。

于是，妈妈连忙驱车沿着上学的路线去找小女孩。途中，她看到女儿一个人走在街上，奇怪的是，每一次闪电时，女儿都停下脚步，抬头往天上看，并露出微笑。看了许久，妈妈开车到女儿的跟前，叫住她，问道："宝贝，你在做什么啊？下这么大的雨，赶紧进来，都淋湿了。"

只见小女孩笑着说："上帝在帮我拍照，所以我要笑啊！"

很多时候，生活中的苦乐全在于我们的感觉，悲观的心态会让人对一切都觉得沮丧；而乐观者对于闪电也能微笑着面对。凡是能够摒弃悲观、保持乐观心态的人，他们的生活一定很美好。

两个犯人从牢中的铁窗望出去，一个看到了泥土，一个却看到了星星。这是心境在起作用。

做一个乐观的人吧，正确认识世界，用乐观的态度对人对事，培养海一样的胸怀，才能收获人生的幸福。

三、不逃避——自我折磨，无法改变现实

逆境，也就是不顺利的环境。不论事业还是生活，自然人人都盼望能够一帆风顺。然而，这是不现实的。逆境是磨难，磨难可以磨炼我们的意志，使我们更坚强。然而有的人，遇到逆境往往选择逃避，特别是有的人在一个单位没干好，就提出调离，结果到了另一个单位还是干不好。其实，怨人不如怨自己。成功者总是将挫折当成人生最好的教材，在挫折中，他们不断成长，而绝不会被逆境战胜或者压倒。

生活很不容易，除了要有坚忍不拔的精神外，最重要的是满怀信心不逃避。相信自己的天赋和才能，无论付出多少时间和精力，也要把事情完成。只有对自己充满信心，才能不断激发内在的潜能。信心对一个人的发展具有无法预估的力量。不论在智力、体力或处理事情的能力上，自信心都有着非比寻常的重要性。

一位其貌不扬的女孩，极其缺乏自信。她整日懒得打扮自己，懒得打理生活，做事也不求上进。

为了改变她的状态，心理专家要求大家每天对这个女孩真诚地说“你真漂亮”、“你真能干”、“今天表现不错”等夸赞的话。数日过后，人们觉得女孩竟然真的变漂亮了。人们对此很是吃惊。

诚然，她的长相不会有什么大的改变，发生变化的是她的心

理状态。心理专家解释说，别人的夸赞给了她自信，有了自信之后，她会注重自己的形象，注重表现自己，然后做什么事都变得积极了。因而在他人看来，她肯定比自卑的时候要漂亮。

有一种美，只有我们相信自己，并且周围人也肯定我们的时候，才会被充分地展现出来。此正所谓：相由心生。

怎样让他人相信自己？首先自己要相信自己。怎样让他人肯定自己？首先自己要肯定自己。怎样让自己在人际交往中受到大家的欢迎？首先要拥有自信。自信是实现自我价值的王牌。一个拥有高度自信的人，必定是一个魅力十足的人。

四、不放弃——比别人更努力，才能比别人更神气

一天，女儿找父亲诉苦，抱怨生命的痛苦与无助，说她遇到的环境太恶劣，找不到方向。她疲倦于抗拒与挣扎，接二连三的困难早已让她招架不住了。绝望之极，想要放弃。

当厨师的父亲没说什么，只是拉着女儿进了厨房。

灶台上，两锅水已经在沸腾了。父亲切了块萝卜丢进了第一个锅里，又拿了颗鸡蛋丢进了第二个锅里。女儿不知道父亲的用意，欲张口问，但父亲握着她的手，示意她不要说话，静静地观察锅里的萝卜和鸡蛋。

七八分钟后，父亲拎着勺子将萝卜和鸡蛋分别捞进了碗里，然后问道："孩子，你看到了什么？"女儿说："熟萝卜和熟鸡蛋啊。"

父亲把女儿拉近，说："你伸手摸摸这萝卜跟鸡蛋。很明显，经过沸水的烧煮，萝卜已经软烂，而去壳后的鸡蛋，已经变硬成固体了。"

女儿似乎还不是特别明白父亲的意思。这时，父亲解释道："这两样东西遭遇相同的逆境，反应却不相同：原本坚硬的萝卜，在沸水中却变软了；而原本脆弱的鸡蛋，在沸水中却变硬了。那么，你呢？孩子，你是什么呢？"

女儿终于领悟了父亲的用意。自己虽已长大成人，面对逆境却一时失去勇气。女儿抬头笑着对父亲说：“爸爸，从今以后，我不要再做看似坚强的萝卜了。我要做一颗鸡蛋，让自己的心和灵魂在经历困境之后变得坚强起来!”

当逆境到来，一切都不如意时，一些缺乏勇气的人就像被开水煮烂的萝卜一样，被逆境摧残。但是，如果有着能够随意屈伸并可以抵抗强大压力的内心，勇于面对逆境，你就会变得更加坚强。

五、不气馁——“自信人生二百年，会当水击三千里”

“胜败乃兵家常事”，生活中不可能一帆风顺，总会遇到一些挫折和失败。美国通用电气公司创始人沃特所说：“通向成功的路即把你失败的次数增加一倍。”

作为一个现代人，应做好迎接失败的心理准备。世界充满了成功的机遇，也充满了失败的可能。要不断提高应对挫折与干扰的能力，调整自己，增强社会适应力，坚信失败乃成功之母。若每次失败之后都能有所“领悟”，把每一次失败当做成功的前奏，就能化消极为积极，变自卑为自信，甚至反败为胜。

公元14世纪，蒙古皇帝莫沃尔在一次与强大敌军交战中被打败，溃不成军，皇帝本人躺在一个废弃的马厩中。他垂头丧气，心灰意冷。这时，他看见一只蚂蚁正努力扛着一粒玉米，爬上一堵笔直的墙。这粒玉米比蚂蚁的身体大许多倍，蚂蚁尝试了69次，每次都掉下来。当它尝试第70次时，终于把那粒玉米推过墙头。莫沃尔大叫一声跳了起来：“我也能获得最后胜利!”他重整军队，终于把敌军打得落花流水。

在一个夏季，一夜骤风和暴雨掀翻了一些农舍的茅屋顶，有的人哭了，有的人默默地流泪。突然，天空中传来一阵鸟儿欢快的叫声，人们抬头望去，发现树上鸟的老巢不知被刮到什么地方去了，那只孤独无助的鸟儿已经开始衔草筑巢了。鸟儿是在歌声中建设新的家园的。“我们还不如一只鸟吗？”村里的一位老人大声地说。于是人们纷纷抹掉眼泪，向被飓风破坏的茅屋走去。

可见，一个人想干成任何大事，都要能够像蚂蚁那样坚持下去，多数是跌倒爬起才取得了成功。《简·爱》的作者夏洛蒂·勃朗特曾意味深长地说：人活着就是为了含辛茹苦。说起来，一个人克服一点困难也许并不难，但能够持之以恒地做下去，直到最后成功，却不是人人都可以做得到的。

有一位哲人曾经说过：谁也不喜欢磨难，但磨难恰恰是人生最好的老师。当失败来临的时候，痛苦与崩溃无济于事，从失败中爬起来才是真正的强者。

正确地面对失败，从失望中奋起，就会创造奇迹。

雷·克洛克，美国人，出生于西部淘金热已冷却的年代。因此，他与一个本来可以发大财的时代擦肩而过。读完中学之后，他就梦想着上大学的那天。可是，1931 年的美国发生了经济危机，经济萧条无望，于是囊中羞涩的他，大学梦成了泡影。后来他看好房地产，决定在这个行业干出些什么。好不容易才打开局面，不料第二次世界大战爆发，房价一泻千里，结果他的房地产投资“打了水漂”。迫于生计，他四处求职，急救车司机、钢琴演奏员、搅拌器推销员等，他都尝试过。就这样，他在事业低谷期一待就是几十年，但他从未抱怨过一句，也从未想过放弃。

雷·克洛克虽然屡遭挫败，但是他屡败屡战，热情不减，执著追求。1955 年，他回到家乡，为了投资做生意，他卖掉家里少得可怜的一份产业。正在他考虑做什么生意时，他注意到了迪克·麦当劳和迈克·麦当劳开办的汽车餐厅，生意十分红火。经过一段时间的观察与分析后，他看到了这种行业的发展前途，于是决定在这里从零做起。当时雷·克洛克已经 52 岁了，基本上已经是准备退休的年龄了，可这位门外汉毅然决然地进了这家餐厅打工，学做汉堡包。后来，麦氏兄弟的餐厅打算转让，他一举借债270万美元将其买下，并为其制定了黄金准则，即“顾客至上，顾客永远第一”的经营理念和服务标准。

雷·克洛克几十年的苦心经营，终于有了回报。现在，麦当劳已经成为全球最大的以汉堡包为主食的速食公司，连锁店遍及国内外的大街小巷。据统计，全世界每天光顾麦当劳的人至少有1800万，企业年收入高达4.3亿美元。雷·克洛克也因此被冠以“汉堡包王”的称号。

成功离不开经验的积累，创业的过程就是在挫折和失败中“摸爬滚打”。只有在挫败中不断地总结经验教训，坚持前行，才有可能到达成功的彼岸。

没有人愿意面对失败，可是所有的成功者在享受成功之前都要历经无数次的失败。这不是上天故意捉弄人，而是因为，如果没有经过失败的考验，人们就不会获得实现成功所必须具备的智慧、勇气以及经验教训。

如果因为害怕失败而逃避现实，成功将永远与你无缘。能够正确对待失败的人，才是生活中真正的强者。

六、不迟疑——立即行动，持之以恒

笃行是一种很高的人生境界。根据一项调查结果显示，有高达72%的老人后悔年轻时努力不够以至于事业无成。为什么会有这么多人后悔年轻时努力不够？一个很重要的原因，就是因为他们没有尽全力活过，以致最后一事无成，遗憾终生。

而一个实践笃行的人，对一件事情乃至对人生有过完全的努力，他真正地活过了，才能做到完全地放下，觉得自己问心无愧了，没有虚度此生。而一个人没有尽心尽力地在人生拼搏过，内心深处一定会留下遗憾。不论我们做任何一件事，只有忘我地钻进去，把它真正搞懂了，才能超越它，把它放下来，这样它才不会成为自己的牵累。

做每一件事都要尽心去做，全身心去体验它，以这件事为心，这样才能与它融为一体，进而达到得心应手、无往而不适的最佳境界。这也是使自己变得更加强大的一个方法。

李白年幼时，天资聪颖，活泼好动，是远近闻名的“小才子”。由于他很聪明，看什么书一看就能记得，于是就有点骄傲自满，一味贪恋玩耍，读书时只是敷衍了事，不愿下苦功学习了。

父亲看到这种情况，心里很担忧，害怕儿子这样下去，会毁了他自己，于是便送他到山中去读书，让他能在那里专下心来学习。来到风景秀丽的山中后，李白还是贪玩，对读书没有兴趣深入钻研，只求能记住就行了。

一次父亲考他，问他对一首诗的理解，李白凭着自己对此诗的“理解”，解说得乱七八糟的。父亲很生气，斥责他：“如此读书，何时成才?”李白却不以为然，认为自己已经记住了那首诗，不明白父亲为什么会生那么大的气。他找个借口，说去练书法，就溜出去了。面对顽劣的儿子，父亲摇头叹息不已。

正当李白在写字时，面前飞过一只蝴蝶，这一下把他的兴趣吸引过去了，他忙放下笔，蹦蹦跳跳地去追蝴蝶。

一路追逐着蝴蝶，李白不知不觉就来到了山脚下的一条小涧，他看到一位老婆婆正在那里磨一根铁棒。

李白好奇地问：“老婆婆，你在这里做什么呢?”

老婆婆抬起头来，答道：“我在磨这根铁棒呀。”

李白感到更奇怪了：“你磨铁棒干什么用呀?”

老婆婆说：“我呀，我想把这根铁棒磨做一枚绣花针。”

李白简直惊呆了：“那么粗的一根铁棒，什么时候才能磨成一枚绣花针啊?”

老婆婆回答道：“这你就不懂了。常言说得好，世间无难事，只怕有心人。不论做什么事，没有成不了的。这根铁棒虽然粗，但只要坚持，总有一天会磨成绣花针的。”

看到这一切，李白的心灵受到了极大的震撼，他深深地感到自己以往不论做什么事都浅尝辄止的做法，与老婆婆要将铁棒磨成绣花针的精神相比，真是太惭愧了！

从此，李白痛改前非，无论射箭、练书法、读书都非常用心，力求精益求精。经过持久不懈的努力，他终于成了唐代最伟大的诗人之一。

李白天资聪颖，尚且要如此笃行才能成功，我们作为普通人，要想取得一点成就，就更要下苦功去克服浅尝辄止的毛病。

我们在日常生活中，不知放弃了多少本来有可能获得成功的事，其中一个原因，就是因为我们没有从中找到成就感。我们总以为自己默默地付出，没有得到别人的鼓励和赞美，看不到希望和目标，久之就失去动力了。

所以，有时候我们花点时间给自己鼓鼓劲，享受一下从所做事情中获得的成就感，这是很有必要的。我们可以暂时停下来，欣赏一下自己的工作成果，想象一下它给旁边的人能带来哪些好处，这都是对自己努力的正面肯定。通过这样一些简单的自我肯定，我们的心灵能获得极大的满足，而只有当心灵得到满足时，我们才更有力量去从事工作或其他的事。

写文章是件苦差事，写好了投出去音信皆无最让人失落了。但是，一旦投出去的文稿变成了铅字、见诸报纸杂志，那种成就感、满足感、荣誉感马上就可以转化为再写下去的信心和行动的强大动力。这种经常的、不断的小成就，日积月累，必有大成。

做一件事，之所以不能坚持下去，除了没有获得一种成就感外，还往往是由于我们不能看到背后的希望和实现目标的可能，到了关键时候，看不到目标时，信心就动摇了，我这样做值不值得？会不会成功？结果最后往往是失败的念头占了上风，我们在关键的时刻退却了。

其实当下的每一次努力，都会产生你看不见的效果，量变到一定程度一定会产生质变。

在做学问或其他事时，有时候会觉得心浮气躁，杂念纷纭，感到很累、很难受，难以坚持下去。这时要注意“涵养性情”，把做事的过程当做是磨炼自己心性的机会，这样就会获得一种克服困难的成就感，自然就能深入地做下去。

七、不懈怠——战胜自己，天下无敌

人的一生，就是自然属性和社会属性不断调和、不断斗争的过程。

要举这方面的例子，可谓车载斗量，谁都能够举出一大串。就拿小学生来说吧，他们的日记或作文中，常举的例子是，在大街上突然捡到十元钱，或者一个钱包，是交给警察叔叔好呢，还是装进自己的腰包？经过思想斗争，他决定交给警察叔叔。这说明，他的社会属性战胜了他的自然属性，即人性中光彩的一面，战胜了人性中阴暗的一面。这个小学生胜利了，他战胜了自己。

《明史》中有个故事，这个故事的主人公叫曹鼐。曹鼐年轻时曾经做过司法工作。有一次，他抓获了一个年轻貌美的女贼。当时天色已晚，来不及赶回衙门，只好夜宿破庙。这时，女贼便使出浑身解数，想让曹鼐上钩。当曹鼐感到控制不住自己欲火之时，便写下四个字“曹鼐不可”，以自律。这四个字写了烧，烧了再写，一直写到天亮。曹鼐终于战胜了自己，成为青史留名的人物。

现在，我们再回过头来看一下湖南郴州巨贪曾锦春。他的人生悲剧是他自己造成的，原因就是自己没有战胜自己。反过来说，就是他自己打败了自己。他人性中美好的一面，应该战胜他人性中丑恶的一面，结果相反，却是丑恶的一面打败了美好的一面。他说，上大学时，写文章写的是为人民服务；参加工作后，嘴上说的也是为人民服务，可他心里想的却总是升官发财。于是，便大搞权钱交易，大搞权色交易。那些老板们送钱时，一个个信誓旦旦，“刀架在脖子上也不会讲”。靠不住啊，没有一个兑现的，“他们把刀都插在我的两肋上”；那些“妹”力四射的美眉秀腿，做你的情妇，对你哪有什么爱情，她们爱的不是你这个人，而是你的权力和金钱。

“不义之财不可取，侥幸之心不可有”。只有“战胜自己”，才能“天下无敌”。

16

人生最难得到的是——人心

人心齐，泰山移。得人心者，得天下。一个人只有得到大多数人的支持，才能发挥出巨大能量，克服任何困难，赢得胜利，获得赞誉。但是，人生最难得到的是人心，它就像一座山峰耸立在那里，需要我们努力去攀登。只要脚步不停，就能登上极顶。

真正能够有所作为的人，通常都能够得到人心。当我们想要驾驭自己的关系场，用人际关系来为自己的成功添砖加瓦时，就要熟悉人性，遵循人心定律，最终，我们才能获得我们想要的成功。

古言道：得民心者，得天下。纵观中国几千年历史，无一朝代例外，得民心，得天下，失民心，失天下。新中国成立前，中国被西方国家称作“东亚病夫”，任人宰割。毛泽东立志救国救民，他领导共产党，率领人民，赶走日本侵略者，打败国民党反动派，推翻三座大山，使“中国人民从此站起来”。新中国成立后，中国由弱变强，发生了翻天覆地的变化，犹如巨龙屹立在世界东方。美国著名作家海伦·斯诺曾说：“对于毛泽东来讲，成功就是赢得人心、凝聚人心。”

如何得到人心？是历代政治家思考并达至成功的关键。

一、靠信仰得到人心

哲人说，未经思考的人生，不值得一过。而人的终极思考，就是信仰。

生活实践一再证明高尔基说过的一条真理："信仰是伟大的感情，一种创造力量。"90年前，我们的革命先辈为什么不惜抛弃殷实、毁家纾难，甚至不惜抛头颅洒热血，率领万千民众赤手托起即将沉沦的中华大地？因为他们坚信，党的事业是正义的事业，必有胜利的一天，也许他们自己看不到那一天，但他们都怀着必胜的信念为那一天而奋斗。有了如此坚定的信仰，他们在那艰难困苦的岁月中才充满了智慧、充满了勇气，才会绝处逢生、创造奇迹。诞生在那艘红船上的中国共产党，今天已经发展到拥有近8000万名党员，她的光辉历程反复证明：坚定的马克思主义信仰，是战胜一切艰难困苦，取得革命、建设和改革胜利的根本保证。

今天，时代变了，观念变了，但共产党人的信仰没有变、也不能变。对于每一位共产党员来说，坚定信仰是最重要的党性修养，只有坚定信仰，才能实践全心全意为人民服务的根本宗旨，才能在喧嚣中坐稳冷板凳、在纷杂中不迷失方向，始终保持共产党人的本色。

信仰的坚定源于理论上的清醒。科学的信仰不可能来自朴素感情或自发意识，而是建立在对社会发展客观规律深刻认识的基础之上。有了理论上的清醒，才能拥有正确的世界观和方法论；信仰的坚定决定着实践的自觉性。今天，我们已经不缺乏发展生产力的自觉性，缺乏的是对信仰的坚定性，缺乏的是高度的政治自觉性。

因此，信仰之灯需常擦拭，信仰问题当常自省。只有这样，才能使党性更纯洁、心灵更明净、拥护者更众多。

二、靠表率得到人心

带队伍，有许多共性的东西，古今中外是相通的，谙熟其道是每个带队者的基本功。带队者适应时代特点，坚持以人为本，把握科学的带队之道，对于充分激发人的动力、挖掘人的潜力、凝聚人的意志、提升执行力至关重要。

（一）爱心要“真”

常言道：爱出者爱返。只要付出真情，定能获得实意。“爱同事”不难，做到“真”字却难，因为这种爱不同于爱子女，爱子女来自本能，出于天性，而爱同事基于感性，出自理性。只有读懂战友之情，才能付出关爱真情；只有真情关心，才能赢得真心。

1. 爱到骨子里

处非常感情，当用非常之心。且不说战争年代，战友同仇敌忾，生死相连，存亡与共，凝结着纯洁感情；即使在和平年代，人生为了一个共同理想，走到一起，住同一屋檐下，吃同一锅饭，这种缘分亦来之不易，情结值得珍重。从某种意义上说，爱同事就是爱自己，这种爱必须发自内心。对其生活，要像父母那样牵肠挂肚；对其成长，要像良师那样教诲引导；对其困难，要像兄长那样关心帮助；对其弱点，要像知己那样宽容理解。

2. 爱到点子上

大爱无边，至爱无形。当前，受社会不良风气影响，有人把小恩小惠看做是爱，把姑息迁就看做是爱，甚至把以损害执行力为代价的消极放纵看做是爱。恰恰相反，机关因工作而存在，小恩小惠只能把风气带坏，姑息迁就只能把缺点放大，消极放纵则是把平时的散漫推向紧要时刻。此乃带队伍之大忌！作为带队者，必须着眼于执行力的提升，着手于干部的素质培养。对其长处，要适时激励；对其不足，要合理鞭策；对其成长，要善于引导，力求使下属达到业务精通、技术精湛、素质过硬的标准，在未来作战中保胜利、求生存。

3. 爱到情理中

做人要讲感情，做事要讲道理。凡事合情合理，方能像春风化雨，润物无声；像高山流水，行于自然。语言粗俗，方法粗暴，于情理不通，后果只能是处处碰壁。带队者讲感情、明事理，体现在坚持原则上，原则是底线，也是约束，对人一视同仁，做事公平公正，给部属一个公道，他们就会多一点信心、少一点失落，多一点舒心、少一点郁闷，从而增强思想的稳定性、工作的积极性、整体的和谐性。讲情理还体现在诚心助人上，对下属入党、考学、深造、提职等要求，要正确加以引导，热心支持帮助，既有利于个人成长，也有利于单位发展。这是一种责任，也是一种境界。

（二）知人要“深”

知人有深度，带队伍才会有高度。有些带队者往往懒于动嘴、动腿、动脑，知人不深，满足于一知半解，浮于表面，似是而非，以至于“做事拍脑门，出事拍大腿”。

1. 知其长短

尺有所短，寸有所长；长处隐藏着短板，短处孕育着优长。如办事果断者有时刚愎自用，耿直爽快者有时简单粗暴，素质过硬者有时自由散漫，扎实肯干者有时缺乏创新……如果先入为主，就谈不上准确把握其长短了。知其长短是为了扬长补短，用长避短，必须深入细致，用心考察。例如，建立必要的考察制度，使考察经常化，不凭一时一事下结论；又如，采用合理的考察方法，将考察内容逐项细化，力求全面准确；再如，坚持辩证的考察思想，做到立足当前与着眼长远、主观意愿与客观实际、必然因素与偶然因素相结合。

2. 知其冷暖

冷暖连着人心，务求用心上心。随着以人为本思想深入人心，带队伍更强调提高群众生活水平，改善群众福利待遇，满足群众合理需求。即使在过去看来是小事，只要关乎士人利益，也不可草率处之。作为带队者，要眼往下看，体察“人”情。“只顾领导不顾群众，对上重视对下轻”、“不怕群众不满意，就怕领导不中意”的做法，当在摒弃之列。

3. 知其悲喜与好恶

家家都有难念经，人人都有悲喜事。今天，各种信息充斥耳际，了解社会的途径更广，与亲友沟通的机会更多，对自己的前途期望更高。无论社会上的大事还是小事，无论亲友们的好事还是坏事，都关联着他们的心情。至于个人的喜事、愁事，更影响着他们的心理变化。干部来自五湖四海，阅历各不相同，个性爱好千差万别，谁对下属的个性爱好看得准、摸得透，谁就能思路清晰，工作主动；反之，就会心中无数，事与愿违。要善于从平时言谈、文体活动、日常生活中，准确了解其个性特点，对其良好的兴趣，要给予鼓励，创造条件加以引导；对其不良的嗜好，要讲清弊端，耐心说服教育，及时纠偏。

（三）管理要“严”

严格是一种思想，也是一种行为方式。实践证明，严是爱，松是害。管理是严谨的工作，必须求实务实；管理是细致的工作，必须精心细致；管理是艰苦的工作，必须常讲常抓。常言道：“日日行，不怕千万里；常常做，不怕千万事。”只要做到持之以恒，严之一贯，就会少出事故，多出事迹；少酿苦果，多结硕果。

1. 严之有据

没有规矩，不成方圆，严而无据，行之不远。国有国法，家有家规，单位有规章制度，这是从严管理的依据。作为管理者，必须树立法规意识，依法从严管理。否则，管理便无章可循，部属会无所适从，松散现象就会有市场。作为被管理者，要主动服从管理，因为这种管理也是一种爱护和保障。

2. 严之有度

在管理中，“宽”和“严”是辩证统一的。没有“严”的刚性，就没有管理的原则性、制度性和稳定性，一切管理活动就失去了依据、准绳和章法；没有适度的“宽”，就失去了管理的可塑性、机动性和灵活性。因此，在维护铁律的前提下，宽严有度，达到以理服人、以情感人的效果，这也是以人为本在管理工作中的重要体现。管理中，作为管理者要善于审时度势，做到该严的地方严，该宽的地方宽，从而使“严”和“宽”有机地统一起来，只有这样才能符合辩证法，才是解开管理之“锁”的“金钥匙”。

3. 严之有术

方法得当，万事顺畅；路数不清，劳而无功。严格管理必须讲究方法，一视同仁，避免重差轻好。如果眼睛只盯住表现差的，对表现好的不管不问，就无法做到“一把尺子人人量，发现短处都补长”。管人应疏堵并举，避免重堵轻疏。既要坚持制度至上，强调令行禁止，又要坚持思想先行，注重教育疏导，做到“制度管人教育辅，一边疏导一边堵”。管理应标本兼治，避免重标轻本。摒弃“盯住人说长论短，看问题就事论事”等简单做法，既要从高处着眼，把道德信念、组织纪律融入思想，也要从低处着手，从一人一事逐个细节抓起，力求横向到边、纵向到底，外见其效、内见其理。管理应内外联手，避免重内轻外。既要发挥自身优势，抓好内部管理，又要加强外部联系，发挥家庭、社会的作用，做到内抓外合、齐抓共管。

4. 严之有情

“感人心者，莫先乎情。”管理的主体是人，管理者与被管理者之间的情感相通，“理”则通达；否则，“理”就会阻塞，甚至引发二者之间的矛盾，产生负面效果，致使被管理者对管理者的排斥和抵制。实践证明，内部管理中少些“厉度”，多些“人情味”，不仅十分必要，而且势在必行。“亲其师，信其道”，严之以情，还要掌握分寸，管理者不能不顾政策规定，放弃原则来换取被管理者的“情感”，这样做，不仅不能赢得被管理者的信任和尊重，还会使管理者的威信和名誉受到损害。

三、靠用心得到人心

常言道：人心是肉长的。要赢得人心，首先要了解人心，认识人性。美国心理学家马斯洛研究发现，人的需求分五个层次：一是生理需求，二是安全需求，三是社交需求，四是尊重需求，五是自我实现需求。需求满足由低到高，最低层次是满足人最基本的生理需求，解决温饱，最高层次是实现个人的人生价值。由此可见，人的需求因人、因时而异，每个人心都不相同，既有特殊性，又有统一性。因此，具体问题要具体分析、具体处理。要赢得人心，请牢记以下26法则：

①给口德——得饶人处且饶人；②给掌声——以掌声表达心声；③给面子——你不给人家面子，人家就不给你面子；④给信任——生性多疑就没有真朋友；⑤给方便——与人方便，自己方便；⑥给礼节——有“礼”走遍天下，无“礼”寸步难行；⑦给谦让——锋芒毕露者处处树敌；⑧给理解——拉近距离的“金钥匙”；⑨给尊重——把别人的自尊放在第一位；⑩给帮助——关键时刻，谁都希望有人拉一把；⑪给诚信——人无信不立；⑫给实惠——空头支票，越多越空；⑬给虚心——让人显得高人一等；⑭给欣赏——使人拥有优越感；⑮给感激——不感恩，没下次；⑯给援助——雪中送炭真感情；⑰给激情——激励别人等于激励自己；⑱给形象——发挥品牌效应；⑲给爱心——爱像春天的阳光使大地苏醒；⑳给笑脸——没有人会拒绝迷人的微笑；㉑给宽容——容不下别人，是自己太狭隘；㉒给合作——资源共享，利益均沾；㉓给善良——没有人不想与善者为伍为邻为友；㉔给倾听——多看多听，少开口；㉕给宽恕——感谢所有折磨你的人；㉖给说法——说得他人心服口服。

四、靠作为得到人心

作为，是业绩的直接体现，也是一个成功人士的目标追求。一个人有无作为、作为大小从哪里来？不是自己吹出来的，而是从群众“口碑”中来。正所谓：“金奖银奖，不如老百姓的夸奖。金杯银杯，不如老百姓的口碑。”

（一）“口碑”是把尺

“口碑”源于群众，我们的思想和行为、能力和政绩，群众看得透彻，听得清楚，评得具体，他们最有发言权。从小的方面说，“口碑”，形成于共识，褒奖者不是一个人、几个人，而是众人；被褒奖者好的表现不是一时一事，而是一以贯之。大伙的看法、众人的夸奖，透过时空，逐渐形成了一种共识，就像一把尺子，直接检验着我们的业绩和贡献。

（二）“口碑”是杆秤

电视剧《宰相刘罗锅》里唱道，“天地之间有杆秤，那秤砣是老百姓”，深刻道出了百姓“口碑”在对执政者评价中的分量。第一，“口碑”能够称出品德的优劣；第二，“口碑”能够称出作风的好坏；第三，“口碑”能够称出政绩的真假。

（三）“口碑”是面镜

在这面镜子里，我们能清楚地看到自己的形象、政绩和品行。如何面对“口碑”之镜，既是思想方法，更显思想境界。延安时期，一次雷电击死了一头毛驴，驴的主人说：“老天无眼，咋不击死毛泽东。”有人要逮捕这个农民，消息传到毛泽东那里，他说老百姓骂必有因。经了解，是因为群众公粮负担太重。于是他与中央其他领导同志商议后决定，边区的公粮每年由20万担减到16万担，又听从李鼎铭的建议精兵简政。毛泽东从微小之事中洞察大局、把握大局、推动大局，充分体现了一代伟人敏锐的洞察力、高超的领导艺术和热爱人民、服务人民的高尚情怀。可见，“口碑”这面镜子里有政治、有政策、有民意，也有作风、有方法、有感情，照出的不仅是个人形象，而且反映出功过是非、民心向背、党风优劣，是我们难得的“宝镜”。我们每个人都应该经常照一照“口碑”这面镜子。

“雁过留声，人过留名。”在工作中，要赢得好的“口碑”，首先是要解决好政绩观的问题：一要解决好“政绩为谁创”的问题，做到执政为民创佳绩。不是为了出风头、争彩头、风光体面，更不为作秀，而是为了要干出一番可知可感、可圈可点的政绩。二要解决好“创什么样政绩”的问题，做到科学发展求真绩，不单纯追求一招鲜，不单纯追求局部利益，不单纯追求眼前发展，始终坚持以人为本，用全面协调可持续发展的基本要求来创造政绩。三要解决好“靠什么创政绩”的问题，做到转变作风务实绩。不急功近利，不投机取巧，不浮夸攀比，多深入实际，真正思考和研究带有全局性、战略性、前瞻性的问题，深入分析矛盾、解决问题。四要解决好“如何看政绩”的问题，做到科学全面看政绩。既要看任内做了些什么，又要看走后留了些什么；既重视“硬件”，又重视“软件”；既看“显绩”，又看“潜绩”，尽量把一些潜性成效转化为显性指标，充分重视那些不能用数字反映的成绩。组织上应该注重群众公论，用好“口碑”这把尺子选拔任用干部，真正使那些有德、有才、有政绩、“口碑”好的干部得到优先使用，让那些能力差、政绩差、“口碑”差的干部没有市场。

有形之碑，固然可以广而告之，昭示天下；而弥足珍贵、真正能够流芳百世的，还是百姓的口碑。

17

人生最难处理的是——关系

关系是纽带，关系是桥梁；关系是凝聚力，关系是战斗力。只有建立良好的人际关系，才能营造良好的工作环境、融洽的工作氛围，才能更有效地开展工作。但是，人生最难处理的是关系，它就像一座山峰耸立在那里，需要我们努力去攀登。只要脚步不停，就能登上极顶。

身处社会，不管你有意识或无意识，不管你主动或被动，不管你喜欢或厌恶，你都被挟裹在纷繁复杂的各种“关系”之中。处理这些“关系”充满了智慧和技巧。

一、在单位工作，要遵守“四条原则”

（一）对上讲服从

对上讲服从的前提是负责，正确把握上级的意图，而不是盲从，不能明知不对，还抱着“少说为佳”的态度。在服从上级的过程中，要努力做到“三加两减”，即加长上级领导的手，加大上级领导的脑，加亮上级领导的眼；减少上级领导的工作量，减少上级领导的工作误差。只有这样，才能创造性地开展工作。

（二）对下讲服务

“服务”不是喊口号，应该有扎扎实实的举措和行动。对下讲服务，就是多为下属排忧解难。宁肯自己辛苦些，也要为下属多送方便、少添麻烦，多雪中送炭、少雪上加霜。经常给下属献计献策，出主意、出点子，提供政策咨询，就会赢得下属的信赖。因此，服务下属我们提倡“三到”，即该说的话要说到，该尽的力要尽到，该办的事要办到。

（三）对内讲协作

在工作上要强调团结协作，形成一条心、一盘棋、一股劲以及工作争着做、功劳不去争的良好氛围。记着别人的好处，忘掉别人的错处，原谅别人的缺点，不去故意挑剔别人。只有这样，才能在沟通前无担心，在沟通中无障碍，达到预期的目的。

（四）对外讲协调

协调的目的，在于使本部门与其他部门之间、与其他人员之间建立相互理解、支持、协作、配合的关系，确保各项任务的圆满完成。对外讲协调，克服各种各样的不协调因素，建立起相互理解、支持、协作、配合的关系。

二渡赤水的遵义战役完全超过了原来设想的规模。红军5天之内取桐梓、夺娄山关、占遵义城，尤其是消灭中央军吴奇伟部九十三师大部、五十九师一部，击溃黔军8个团，毙伤敌2400多人，俘敌约3000人，缴枪2000支以上，的确是中央红军长征以来的最大一次胜利。《彭德怀自述》中说：“打吴奇伟军的反攻，一、三军团完全是自动配合把敌打败的。”我们许多重要工作都需要在协商中统一，在协调中展开，在合作中推进，必须主动做好协调工作，提高协调的本领。

协调工作，要注意把握原则：一是领导者勇唱主角不推诿；二是中心工作积极参与不旁观；三是专项工作紧密配合不拆台；四是边缘工作主动承担不扯皮。

协调工作，要注意方式方法：一是大事统中有合，不能跳“独脚舞”、唱“独台戏”。必须形成“个个张满弓，根根纤绳紧”的局面，确保整体行动的高效、一致与和谐。二是急事稳中求快，不能火烧火燎、动粗使硬。首先要因事而异；其次要尽力而为；再次要稳妥处置，讲究方法，以免留下后患。三是难事方中求圆，不能只顾自己，不管他人。要区分认识问题、方法问题或个人恩怨问题，有针对性地进行处理，要多从对方的角度考虑，不能只顾自己而不顾别人的感受。四是小事处中有礼，不能忽视分寸和场合，不可忽视小节。

二、在事业上，要摆正“四个关系”

（一）个人能力与机遇的关系

一个人走上什么岗位、担任什么职务的决定因素主要有两个：一是个人的能力素质，二是机遇。能力是主观因素，机遇是客观因素。只要出类拔萃，就能获得更多发挥才干的机遇。

（二）个人努力与组织需要的关系

当个人利益与集体利益发生矛盾时，个人必须服从集体，必要时能够牺牲个人利益。这种“牺牲”不仅体现在生死考验面前能够挺身而出，更多的时候是体现在平时对待名利、地位和个人进退去留的正确态度上。

（三）贡献与岗位条件的关系

在自己胜任的范围内，职位越高作为可能越大；而超出了自己才能所能胜任的范围，职位越高就越可能无所作为。“树木择地而繁荣，名花适土而独秀”。每个人都要寻找最适合自己的岗位。只有在最适合自己的岗位上，才能充分运用自己的聪明才智为社会作出最大的贡献。与岗位相比，更重要的是要有进取的精神和相应的能力条件。只有自身能力强，有了机遇才可能担当重任，即使没有机遇的光顾，也能很好地发挥才干，实现自己的人生价值。

（四）职位与责任的关系

职务是承担责任的保证，履行职责是承担职务的条件。职位越高，权力越大，如果能够履行好自己的责任，作为也就越大。反过来，职位越高，权力越大，不能履行好自己的责任，造成的损失和危害也就越大。因此，我们必须把不断提高自身能力素质作为履行职责的第一需要和第一位的责任，不断适应新的形势任务对岗位变化的要求，不负重托，做一等一的业绩。只有这样，才能使自己的人生风景线上风光无限，而不只是一道亮光。

三、在人际关系上，要做到“九不”

作为一名社会人、单位人，应从自身做起，从一点一滴做起，自觉营造和谐的人际关系。美国著名的人际关系学鼻祖戴尔·卡耐基曾说：专业知识在一个人成功中的作用只占15%，而其余的85%则取决于人际关系。海尔集团CEO张瑞敏说，人的成功要有三点：人际关系；人际关系；人际关系！实践也证明，不懂“人情世故”，就会举步维艰；懂得“人情世故”，就会游刃有余。营造良好的人际关系，也有一些规则需要遵守。以下“九不”或许能带来一些启示。

（一）做人不要太滑，奸猾者无法赢得信任

人生，最美的还是适宜，做人不能太愚、太庸，也不能太奸、太滑。做人太奸、太滑无法赢得别人的信任。想当领导首先要做好下属，让领导可以信任你，给你机会。获得领导信任的方法有千百种，至少有四种是必需的：第一，做一个聪明听话、忠心耿耿的人。没有一个领导者会喜欢一个整天和自己对着干；或是表面上对领导做的指示言听计从，而背地里却怪话连篇；以及说话做事随心所欲，对领导和单位的抱怨不断，缺乏忠诚的人。第二，做一个时刻维护领导权威的人。领导权威的树立，需要下属的拥戴。因此，那些正确维护领导权威的人，自然会得到领导的重视和信任。第三，做一个想办事、能办事、会办事、不出事的人。想办事是“忠心”，能办事是“能力”，会办事是“技

巧”，不出事是“安全”。第四，做一个严格保密的人。最重要的是“管住嘴巴”，不该知道的事情不要过问，不该说的事情不要说。

（二）为人不要太精，精到极限就是傻

人不怕聪明，就怕搞“小聪明”。“小聪明”让人盲目自信，目中无人，忘乎所以，不知天高地厚。这样的人看似聪明，其实很傻。

西方有这样一种说法：“法兰西人的聪明藏于内，西班牙人的聪明露于外。”前者是“真聪明”，后者是“假聪明”。要学会“真聪明”，切忌只知伸不知屈，只知进不知退，只知自我表现，不知韬光养晦。否则，即使才高八斗，也照样两手空空，甚至“聪明反被聪明误”。

在三国时代，有个绝顶聪明的人，他叫杨修，在曹操手下为官。他处处透出与众不同的聪明才智，相比之下，曹操对杨修是既羡慕又妒恶。曹操与刘备在汉水作战，两军对峙，久战不胜，曹操是进是退心中犹豫，适逢厨子送进鸡汤，见碗中有鸡肋，因而有感于怀。恰在此时，夏侯惇入军帐问夜间口令。曹操随口说道：“鸡肋！”杨修一听夜间口令为“鸡肋”，便立即让士兵收拾行装，准备归程。夏侯惇忙问其故。杨修答：“鸡肋者，食之无肉，弃之可惜。丞相的意思是如今进不能胜，退恐人笑，在此无益，不如早归。来日魏王必班师矣。”本来曹操在进退两难之际，真有班师北归之意，但见杨修又说破他的心思，非常气恼，便大声呵斥道：“汝怎敢造言，乱我军心。”喝令刀斧手推出斩之。

（三）锋芒不要太露，炫耀容易遭人妒忌

为人处世，聪明的最高境界是“外拙而内巧”。凡是立志成就一番事业的人，都应该修炼好“藏锋”之功，当智则智，当愚则愚。多一些深思熟虑，少一些锋芒毕露，学会低调与内敛，做到不炫耀、不显露，才能成就大事业。往往那些喜好表现、锋芒太露的人，不是受到别人的排挤和打压，就是遭到别人的陷害和污蔑。而那些看似普普通通、对别人构不成威胁的人，常常能在激烈的竞争中胜出，受到领导的青睐、同事的信任、下属的拥戴。低调和谦恭反而成了制胜的法宝、生存的武器。

雄鹰站立着的样子好像睡着了，老虎行走时懒散无力仿佛生了大病，实际上这正是它们高明的手段。所以，真正聪明的人一定要掌握这种隐忍低调的做人之道，绝不可过于炫耀自己的才华。

过于炫耀自己的才华，就会压制他人的表现空间，使之失去表现的机会，损害他人的利益，必然招致嫉恨和打压。

一个美丽的女人炫耀自己的美丽时，就开始变得丑陋了；一个聪明的人炫耀自己的聪明时，就开始变得愚蠢了；一个有才华的人炫耀自己的才华时，就开始变得一文不值了。

“真人不露相，露相不真人”这句话的意思是：真正的聪明人身怀绝技而深藏不露，绝不到处炫耀显摆，而是等待时机一鸣惊人。而那些到处炫耀的人，并没有多少真正的才华。在这个世界上，才华出众、引人嫉妒的随处可见，锋芒毕露、遭人陷害的大有人在。

（四）做事不要太满，太满容易溢出

一个著名企业家在作报告，一位听众问：“你在事业上取得了巨大的成功，请问，对你来说，最重要的是什么？”企业家没有直接回答，他拿起粉笔在黑板上画了一个圈，只是并没有画圆满，留下一个缺口。他反问道：“这是什么？”“零”、“圈”、“未完成的事业”、“成功”。台下的听众七嘴八舌地答道。他对这些回答未置可否：“其实，这只是一个未画完整的圆圈。你们都问我为什么会取得辉煌的业绩，道理很简单：我不会把事情做得很圆满，就像这圈，一定要留个缺口，让我的下属去填补它。”

留个缺口给他人，并不说明自己的能力不强。实际上，这是一种管理的智慧，更是一种高层次的圆满。

《尚书·大禹谟》曰：“满招损，谦受益，时乃天道。”其告诉我们，自满会招致损失，谦虚可以得到益处。

（五）小人不能不防，当好君子也要提防小人

领导的周围，既有谦谦君子，也有虚伪小人。在某种程度上，小人在领导身上下的工夫更多，因为他们要利用领导的力量去排斥别人，以达到自己的目的。他们往往表现得异常乖张，上蹿下跳，看着比谁都心诚，比谁都热心，其实是居心叵测。诸葛亮在《出师表》中曾劝诫后主刘禅云：“亲贤臣，远小人，此先汉所以兴隆也；亲小人，远贤臣，此后汉所以倾颓也。”那么如何提防小人呢？

第一，不要得罪小人。“安史之乱”平定后，功高权重的郭子仪并不居功自傲，为防小人嫉妒，他非常小心谨慎。在一次生病期间，听说有个叫卢杞的官员前来探望，郭子仪立即让家人回避。家人不解，他告诉说：“这个人相貌极为丑陋而内心又十分阴险。你们看到他万一忍不住失声发笑，那么他一定会心存忌恨。如果此人将来掌权，我们的家族就要遭殃了。”后来，卢杞当了宰相，把所有以前得罪过他的人统统除掉，唯独对郭子仪还比较尊重。不得罪小人，能够使自己避免许多不必要的纠纷和麻烦。

第二，不要与小人相斗。一个狡猾的小人与别人打赌，到了约定日期，他手里拿着一只小麻雀并藏在外衣下。他走进庙里，在神的前面，让神说出他手中拿的东西是死是活。小人想，如果神说他手里的东西是死的，他就把活着的麻雀拿出来给神看；如果神说是活的，他就悄悄捏死麻雀，再拿出来给神看。神识破了他卑鄙无耻的诡计，对他说：“小子，不要自作聪明了！东西在你手里，是死是活还不是你说了算！”小人无德无信，从不按游戏规则出牌。君子和小人不是按照同一个游戏规则斗法，所以君子是很难斗得过小人的。

第三，远离小人。这样既可以避免被小人利用，又可以避免成为小人伤害的目标；最重要的是不要让自己流于低俗。近朱者赤，近墨者黑。和小人靠得太近，会耳濡目染地受到影响，同时也有损自己的人格形象。

第四，以君子之道对待小人。必须和小人正面交锋时，应当坚守君子之道。对付伤害自己的小人，切不可以其人之道，还治其人之身，用小人的手法对付小人。

（六）自恃不要太高，自负自大容易招致祸端

楚汉争霸，韩信战功赫赫，在军中威望极高，以至当时军中兵器均刻上“不杀韩信”四字。韩信也自恃功高，以为刘邦不敢杀他。但刘邦得天下后，恐韩信造反，无人能敌，又见韩信十分狂傲，终于动了杀机。最后韩信被好友萧何诱至宫中，死于吕后的菜刀之下。

反观早于韩信辅佐汉王的谋略家张良，却深懂明哲保身之道。虽然反秦扶汉，张良功不可没；但他一开始就看出刘邦只能共患难不能共富贵，因此远离军权和财权，他无兵无将无旧部，一不管钱二不管人，让刘邦感觉危险最小。刘邦当了皇帝后，张良不与刘邦争利、不与百官争封，托病不上朝、不结交、闭门谢客，每天在家里研究黄老之学，为人谦恭、低调，刘邦挺放心他。张良最终逃避了刘邦的猎杀，达到了道家所谓“长生保命”的目的。

（七）做事不要太绝，兔子急了也咬人

穷寇不要追，落水狗不能打。兔子急了也咬人，把人逼到绝路上去他就会豁出去，破釜沉舟，拼个鱼死网破，让你先胜后败，付出惨痛的代价。

做人做事不要太绝，要把握分寸，适可而止，得饶人处且饶人。有些人喜欢落井下石，斩尽杀绝，这样往往会使自己的生存环境越来越险恶，最终反被逼得走投无路。

道路狭窄时要留一步让别人走。人与人相处，很多时候并不是“有你无我”，而是可以“双赢”的。有些人不明白这个道理，为争名夺利打得头破血流，搞得势不两立，甚至同归于尽，其实，必要时让一步，反而能给自己带来更多、更大的好处。

请记住：把事情做绝了，也等于把自己的生路堵死了。

（八）欲望不要太强，过分奢求会走火入魔

有这样一个经典的公式：欲望－实力＝痛苦程度。当欲望远远超过实力，无论如何不能实现时，就是一个人最痛苦的时候，就容易走火入魔。做人就像种田，最后的收成才是评价的标准。人心不贪，才能吃得下饭，睡得着觉，笑得出来。有人将任贤齐《心太软》的歌词，改成了“心太贪”，有两句歌词把贪心描绘得很到位：“你总是心太贪，心太贪，把所有权利都自己掌；在位多捞油水不捞手痒，不是你的就别在张狂。”

控制欲望要从戒奢开始。“奢”是恶俗，是败兆，用以理家则家败，用以做事则事砸，用以治国则国衰。古人说“奢靡之始，危亡之渐”，“始作骄奢本，终为祸乱根”，堪称至理名言。

蒋家王朝的败亡，也与军队上下弥漫浸淫的奢靡风气有关，在淮海战役中被俘的国民党将领黄维，仗打败了，心犹不服，要求见刘伯承、邓小平。当他看到穿着和战士一样的布军服与战士们在一口锅里吃饭的两位首长时，又惊又愧，心悦诚服地说：“我终于明白了，为什么全套美式装备的国民党打不过装备落后的共产党，在下不光败在战场上，更败在作风和精神上。”

历史经验也告诉我们，“由俭入奢易，由奢入俭难”。在物欲横流、奢风日盛的现代社会，戒奢是实现人生目标需要跨过的第一道坎。

控制欲望，要学会利益共享。享受美餐时，要分一些给别人吃，这是立身处世取得成功的最好方法。懂得这个道理，就悟透了人性的本质和社会的真相。

（九）为人不要太计较，计较多了朋友少

中国有句古话，叫做"做人留一线，日后好想见！"为了我们自己，也不要太计较。在与人相处的过程中，最怕的就是凡事斤斤计较。相反，如果能够做到宽容别人，那么就没有处理不好的人际关系，也没有化解不了的恩怨。

有位老头牵着家里唯一值钱的马去赶集了，他先用马跟人换了一头母牛，又用母牛换了一只羊，再用羊换来一只肥鹅，又把鹅换了母鸡，最后用母鸡换了一袋烂苹果。

老头扛着这袋烂苹果来到一家小酒店休息时，遇到了两个英国人，两人听老头讲赶集的经历后，哈哈大笑，说他回去准会挨老婆子一顿揍。老头则说绝对不会，英国人就用一袋金币打赌，于是三人一起回到了老头家中。

老太婆见老头回来了，非常高兴，她兴奋地听着老头讲赶集的经过。每当老头说用一种东西换了另一种东西时，她都对老头充满了钦佩。

老太婆一会儿说："哦，我们有牛奶了！"一会儿又说："羊奶也同样好喝。"当听说老头最后只换回一袋不太好的苹果时，她仍然高兴地说："太好了，我们今晚就可以吃到苹果馅饼了！"

结果，英国人输掉了一袋金币。

这个故事让我们明白：斤斤计较不仅让自己生气，还会让身边的人不高兴，这样做是最不值得的。

职场中有这样的一些人——与同事相处，吃不得半点亏，受不得半点气，别人对其稍有冒犯，就会大发雷霆。其实，同事之间完全没有必要斤斤计较。

对人多一分宽容，少一些计较，有时候甚至还可以适当地吃点小亏，这样做不仅不会让人瞧不起你，相反，还会让更多的人不喜欢你。过于计较自己的得失，甚至到了什么都计较的地步，时间久了难免会引起同事们的反感。而这些东西未必能带来多少好处，有时候反而会弄得自己身心疲惫，到头来得不偿失。

为人处世要处理好圆通和刚毅的关系。对待任何人和事，都不要过分计较，也不要不留半点人情，“山不转水转”，也就是这个道理。

当然，我们讲不要太计较，也不是无原则的凡事都糊里糊涂、没有原则和立场。

四、在为人处世上，要学百家之长

在这里我想和大家分享几个小故事，也希望通过故事获得处理人际关系的启示。

（一）助人与回馈

有一个男孩和妈妈吵架后，跑到山腰上对着山谷大喊：“我恨你！我恨你！我恨你！”山谷传来回声：“我恨你！我恨你！我恨你！”男孩吃了一惊，跑回家去告诉妈妈说，在山谷里有个可恶的男孩对他说恨他。于是妈妈就把他带回山腰并让他喊“我爱你！我爱你！”男孩照妈妈说的做了，发现有个可爱的“小男孩”在山谷里对他喊：“我爱你！我爱你！”

生活就像山谷回声，你付出什么，就得到什么；你耕种什么，就收获什么。每一个人都不是孤独地活在地球上，需要相互关爱，共渡难关，共享快乐。我们并不一定要等到自己有足够的能力后才去帮助别人，许多时候别人需要的可能仅仅是我们的举手之劳。帮助别人，什么时候都不早，什么事都不小。赠人玫瑰，手有余香。助人者，天助也。帮助了别人，就是善待了自己。

（二）尊重与换位

有个小和尚化缘时与一个农妇发生争吵，最后互相撕扯起来，结果两人脸都被抓破了。后来其他和尚赶来，把他们劝开，并把受伤的小和尚送回寺院。老法师了解情况后，没有责备小和尚，只是带着小和尚去给农妇赔礼道歉。那个农妇接受了小和尚的道歉，在老法师面前说，都怪自己不该和小和尚争吵甚至动手。相互尊重化解了一场矛盾。

学会体谅他人并不困难，只要你愿意认真地站在对方的角度和立场看问题。

妻子正在厨房炒菜。丈夫在她旁边一直唠叨不停："慢些。小心！火太大了。赶快把鱼翻过来。快铲起来，油放太多了！把豆腐整平一下。哎哟，锅歪了！"

"请你住口！"妻子脱口而出，"我懂得怎样炒菜。"

"你当然懂，太太，"丈夫平静地答道："我只是要让你知道，我在开车时，你在旁边喋喋不休，我的感觉如何。"

不体谅和尊重别人，就没有和谐融洽的人际环境，干事就会因为缺乏他人的真诚帮衬而举步维艰。对同事尊重，有利于团队合作，提高工作效率；对家人尊重，有利于和睦相处，形成融洽的家庭氛围；对朋友尊重，有利于广交朋友，促使友谊更长久。体谅和尊重的力量是无穷的，它能够奠定顺利开展工作的基础，拉近人的距离，产生彼此的信任，融化彼此的矛盾，营造良好的人际环境。

（三）救人与救己

在一场激烈的战斗中，上尉忽然发现，一架敌机向阵地俯冲下来。照常理，发现敌机俯冲时要毫不犹豫地卧倒。可是上尉并没有立刻卧倒，因为他发现离他四五米远处一个小战士还站在那儿。他顾不得多想，一个鱼跃飞身将小战士紧紧地压在他身下。此时一声巨响，飞溅起来的泥土纷纷落在他们的身上。上尉拍拍身上的尘土，回头一看，顿时惊呆了，刚才自己所处的那个位置被炸成了一个大坑洞。

在我们人生的大道上，一定会遇到许许多多的困难。但我们是不是知道，在前进的道路上，搬开别人脚下的绊脚石，有时恰恰是在为自己铺路。

（四）简单与复杂

一个农民从洪水中救起了他的妻子，孩子却淹死了，事后人们议论纷纷。有的说他做得对，因为孩子可以再生一个，妻子却不能死而复生。有的说他做错了，因为妻子可以另娶一个，孩子却不能死而复生。一位记者听了人们的议论，也感到疑惑不解：如果只能救活一人，究竟应该救妻子呢？还是救孩子？于是记者去拜访那个农民，问他当时是怎么想的？农民答道："我什么也没想。洪水袭来，妻子在我身边，我抓住她就往附近的山坡游。当我返回时，孩子已经被洪水冲走了。"

人与人之间其实很简单，只是人心很复杂。一个人，有了至纯的灵魂，原本就是一种撼人心魄的单纯。这样的简单，让人敬仰。有的人云山雾罩，看起来很复杂、很有深度，其实，这种深度是城府的深度，而不是灵魂的深度。这种复杂，是险恶人性的交错，而不是曼妙智慧的叠加。

（五）渔夫与渔术

有个拥有一流捕鱼技术的渔王年老时很苦恼，因他三个儿子的渔术很平庸，故经常向人诉说心中的苦恼："真不明白，我捕鱼的技术这么好，我的儿子们为什么这样差？我从他们懂事起就向他们传授捕鱼技术，从最基本的东西教起，怎样织网最容易捕捉到鱼，怎样划船最不会惊动鱼，怎样下网最容易请鱼入瓮。他们长大了，教他们怎样识潮汐、辨渔汛。凡是我长年辛苦总结出来的经验，都毫无保留地传授给了他们，但他们的捕鱼技术竟然赶不上技术比我差的渔民的儿子。"

一位路人听了他的诉说后问："你一直手把手地教他们吗？""是的，为了让他们得到一流的捕鱼技术，我教得很仔细、很耐心。""他们一直跟着你吗？""是的，为了让他们少走弯路，我一直让他们跟着我学。"

渔王只传授了技术，却剥夺了三个孩子在实践中积累经验的主动性。事实上，只有通过自我主动的学习钻研，在挫折中锤炼，才能真正拥有自己的技术。

（六）马车与噪音

父亲与儿子一同在林间漫步。父亲问儿子："除了小鸟的歌唱之外，你还听到了什么声音？"儿子仔细地听了几秒钟之后回答父亲："我听到了马车的声音。"父亲说："对，那是一辆空马车。"儿子惊奇地问："我们又没看见，您怎么知道那是一辆空马车？"父亲答道："从声音就能分辨出是不是空马车。马车越空，噪音就越大。"

后来儿子长大成人，每当他看到粗暴地打断别人的谈话、自以为是、目空一切、口若悬河、贬低他人的人，他都会想起父亲说的话："马车越空，噪音就越大。"

有渡河经验的人，在涉水之前，总会把一块石头投入水中来判断水深。水花溅得越高，河水也就越浅。静水流深，深水无声。以平心静气的口吻与别人的谈话，可以避免争吵以及学会更多地倾听别人的声音，而不是一味地强调自己的主张。

（七）主观与客观

有位太太多年来不断抱怨对面的太太很懒惰："那个女人的衣服永远洗不干净，看，她晾在院子里的衣服，总是有斑点，我真不知道，她怎么连衣服都洗成那样子？"

直到有一天，有个细心的朋友听了她的话后，拿起一块抹布擦去这位太太窗户上的灰渍，说："看，这不就干净了吗？"

原来，是自己家的窗户脏了。

抱怨与批评别人是一件很容易的事，但有的人很少检讨自己的不对，却很容易感情用事，主观猜测，不顾客观事实，带着情绪说话，结果可想而知。

（八）钉子与脾气

有一个男孩脾气很坏，于是他的父亲就给了他一袋钉子，并且告诉他，每当他发脾气的时候就钉一根钉子在后院的围篱上。第一天，这个男孩钉下了 37 根钉子。慢慢地，每天钉下的数量减少了。他发现控制自己的脾气要比钉下那些钉子来得容易些。终于有一天这个男孩再也不会失去耐性乱发脾气，他告诉他的父亲这件事，父亲告诉他，现在开始每当他能控制自己的脾气的时候，就拔出一根钉子。一天天地过去了，最后男孩告诉他的父亲，他终于把所有钉子都拔出来了。父亲握着他的手来到后院说：你做得很好，我的好孩子，但是看看那些围篱上的洞，这些围篱将永远不能回复成从前的样子。你生气的时候说的话就像这些钉子一样留下疤痕。如果你拿刀子捅别人一刀，不管你说了多少次对不起，那个伤口将永远存在。

人在感情冲动的时候说出的那些不理智的话，就像钉子一样会在对方的内心留下无法抹平的伤痕。如果是因为误会而用语言或者行动伤害了别人，即使误会消除了，可是已经发生的对双方人际关系的伤害却很难消除。

（九）良莠与时间

有一个人买了带着大院的房子，他一搬进去，就将那院子全面整顿，杂草树木一律清除，改种自己新买的花卉。待原先的屋主来访，大吃一惊地问：那些名贵的牡丹哪里去了？新房主才发现，他竟然把牡丹当草给铲了。后来，他又买了一栋房子，虽然院子满处是干草杂木，他却是按兵不动，果然冬天以为是杂树的，春天里开了繁花；春天以为是野草的，夏天里成了锦簇；半年没有动静的小树，秋天居然红了叶。直到暮秋，主人才真正认清哪些是无用的植物，而大力铲除，并使所有珍贵的草木得以保存。

如果单位是个花园，同事就是其间的珍木，珍木不可能一年到头开花结果，只有经过长期的观察才认得出。

（十）人才与人品

德国工程技术人员思坦因·曼思因为失业和国内经济不景

气，到美国求发展。一家小工厂老板聘用他担任生产机器马达的技术人员。

1923年，美国福特公司有一台电机坏了，一直未能修好。有人推荐了思坦因·曼思帮助解决技术难题。福特公司派人请他来。他来之后，什么也没做，只是要了一张垫子铺在电机旁，聚精会神地听了三天，然后又要了梯子，爬上爬下忙了许久。最后，他在电机的一个部位用粉笔画了一道线，写上“这儿的线圈多绕了16圈”几个字。

福特公司的技术人员拆开电机把多余的16圈线拆走，再开机，电机正常运转了。福特公司总裁亨利·福特先生得知后，十分钦佩他的技术，支付了一万美元的酬金后，邀请他加盟福特公司。不料却遭到思坦因·曼思的一口回绝，原因是那家小工厂的老板在他最困难的时候帮助了他。

不久，亨利·福特做出一个决定，收购了那家小工厂。董事会的成员都觉得不可思议。福特先生说：“人才难得，人品更难得，因为那里有思坦因·曼思。”超人的技术和知恩图报的品行，所产生的价值远远大于一个工厂的资产。

以往我们缺资源、缺技术、缺资金、缺市场，最缺的还是人才，而当今社会最缺的不再是人才，而是“人品”。“人品”成了社会最稀缺的资源，也是人际交往中最看重的方面。当今的中国，只有高品质的人越来越多，才能实现国家强盛和繁荣的“中国梦”！

18

人生最难满足的是——利益

追求利益源于人的本性，成为推动人们活动的动力。正确的利益观可以升华人生追求，催人奋发进取；错误的利益观容易使人步入邪路，甚至陷入毁灭的泥潭。每个人都是利益的追求者。但是，人生最难满足的是利益，它就像一座山峰耸立在那里，需要我们努力去攀登。只要脚步不停，就能登上极顶。

在社会主义市场经济环境中，面对纷繁复杂的利益关系和五彩缤纷的诱惑，面对社会上存在的各种腐朽落后观念的影响，有一些党员干部不能正确对待个人利益，爱打个人“小算盘”，为个人的升迁进退而苦恼，为个人的名利得失而盘算，甚至个人主义恶性膨胀、以权谋私、腐化堕落，最终陷入了犯罪的深渊，令人痛心和惋惜。

事实上，我们并不讳言社会成员的个人利益、个人抱负、个人追求，也有制度和政策规定范围内的正当利益。对于合理的、正当的利益，组织上应当考虑、照顾、维护，但自己却绝不能把获取个人利益看成是人生的唯一追求，甚至把它置于党和人民的利益之上。如果一味追逐个人利益，不仅损害党和人民的利益，最终自己也得不偿失。恩格斯说过，当一个人专为自己打算的时候，他追求幸福的欲望只有在非常罕见的情况下才能得到满足，而且绝不是对己对人都有利。有些人错误地认为，论辛苦、论贡献，自己不比社会上一些富起来的人差，总觉得自己吃亏、不合算，心理失衡。如果这样去想问题，没有不犯错误，没有不走到邪路上去的。

一、让中显威望，贡献是本分

人最高层次的利益是精神的富有。追求精神的富有，就要把服务当天职，把贡献当本分，把让利当家常便饭。在我党的历史上，见利就让的事例不胜枚举。

（一）毛泽东让车

抗战时期，在延安的中共中央领导没有小汽车，到哪里去都是骑马或步行。一位爱国华侨送来了两辆小汽车。管车的同志首先分给毛泽东一辆。毛泽东则提出："分车一要考虑军事工作的需要，二要照顾年纪较大的同志。"按照这个原则，他坚持一辆让管军事的朱德总司令用，一辆给延安的"五老"（徐特立、董必武、谢觉哉、林伯渠、吴玉章）。

有一次，毛泽东骑马去枣园开会，返回时，因马受惊，他从马上摔下，左手被摔伤，朱老总和"五老"都要把车让给他坐，车开来了，他仍坚持骑马回去。伤还未愈，他又要去中央礼堂作报告。机灵的警卫悄悄把车叫来了，对毛泽东说："主席胳膊摔伤了，不方便，就坐这一回吧。"可是，毛泽东却风趣地说："胳膊摔伤不耽误两条腿走路嘛！走！"说完，就大步向中央礼堂走去。

以毛泽东的身份、地位、威望和工作需要，他都当之无愧应分一辆小汽车，可是他却偏偏坚持不要，让给朱总司令和"五老"。这一让，不仅让出了先人后己的伟人风范，也让出了团结，让出了精神，让出了患难与共的凝聚力。

（二）陈毅让房

1949年9月，陈毅去北平开政协会，他被安排在老北京饭店的一套陈设华丽的大客房。警卫员刚收拾好房子，陈毅就要带他另换一间外边的平房住。原来，因为客房紧张，国民党起义将领傅作义没住进北京饭店。陈毅知道后，就主动把房让给傅作义。警卫员想不通，陈毅给他做工作说："人家在国民党里住惯了高楼洋房，现在叫他睡平房，他会觉得共产党对不起他，心里不舒坦嘛！我陈毅就不同了，不住大饭店住平房，不睡弹簧床睡板床，就是拿捆稻草睡地下，我也是一样打呼噜，一样工作，一样干革命嘛！要不算啥子共产党员嘛！"

（三）粟裕让职让衔

粟裕是无产阶级革命家、杰出的军事家和战略家。他人生中"三让"的故事，就被人们传为美谈。

1945 年 10 月，中央任命粟裕为华中军区司令员，张鼎丞为副司令员，粟裕认为张鼎丞在很多方面都优于自己，若张鼎丞任司令员，自己任副职，协助张鼎丞工作，会更有利于党的事业，为此，他再三恳请中央改任，最后中央接受了他的请求，重新作了任命。

1948 年 5 月，陈毅调中原工作，中央决定华东野战军由粟裕领导，粟裕坚持认为陈毅是华野众望所归的统帅，陈毅继续担任华野领导更为合适。经他一再恳请，中央决定陈毅仍任华野司令员兼政治委员，陈毅不在位期间，其职务由粟裕代理。

1955 年，我军实行军衔制。在讨论粟裕军衔问题时，毛泽东考虑到粟裕的资历、威望和战功，给予了粟裕极高的评价，说"论功、论历、论才、论德，粟裕可以领元帅衔"，要给粟裕授元帅衔。由于粟裕事前已上书请求坚决辞去元帅衔，周恩来说："粟裕二让司令一让元帅，人才难得，大将还是要当的。"毛泽东补充说："而且是第一大将。"于是粟裕便被授予了共和国的大将军衔。

"生死沉浮寻常事，乐将宏愿付青山。"为什么在那么困难的条件下，却有那么多志士仁人团结在中共中央周围，艰苦奋战，坚持不懈，毫无怨言，其中就与遇难就上、见利就“让”有关。中央领导不仅与大家有盐同咸、无盐同淡，而且还处处体现出吃苦在前、享受在后的高风亮节。领袖们以他们的卓越才能，更以他们的人格魅力，吸引了无数的追随者，共同创造了一个又一个历史奇迹。

反之，在用车、住房还有其他物质待遇面前，如果领导人带头去争，去心安理得地享用，特别是当这些东西还很紧缺的时候，也许确实符合有关“规定”，但却容易争出矛盾，争出怨气，争出钩心斗角，争出离心离德，甚至争垮事业。李自成进北京后，各位将领忙着争功劳、争官位、争房子、争银子、争女子，争得不亦乐乎，甚至把吴三桂的宠妾陈圆圆也争回自己家中当老婆，结果没几天，就被“冲冠一怒为红颜”的吴三桂带领的清兵赶出北京，很快土崩瓦解。抗战胜利后，国民党的接收大员也是争票子、争女子、争房子、争位子、争车子，人称“五子登科”，争得乌烟瘴气，彻底失去民心，老百姓说“想中央，盼中央，中央来了更遭殃”，不出几年工夫，就被赶到小岛上去了。

当前，在体制转轨、社会转型、思想多元、利益多样的环境下，我们必须高标准要求自己、检点自己、修正自己，保持健康的从政心态，自觉“修剪”欲望，茁壮心灵，提升定力，抵制诱惑。

二、大贪源于小利，大腐源于小蚀

无数事实证明，大贪源于小利，大腐源于小蚀。通俗地说，贪污就是从贪占一分一文的小便宜开始的，腐败就是因抵不住一寸一寸的侵蚀造成的。因此，我们一定要警钟长鸣，防微杜渐，经常清理思想上的尘垢、抑制身体中的欲望、约束蠢蠢欲动的手脚，自觉地把贪占的念头消灭在萌芽状态，把腐败的行为扼杀在襁褓之中，莫存一分非分之想，莫占一文不义之财，莫拿一件非己之物，莫受一次不情之请，做一个走在河边不湿鞋的人，做一个夜半敲门心不惊的人，做一个一身正气两袖清风的人。

三、“修剪”欲望，抵制诱惑，是人生正道

在每个人一生中，都会经常面临一些使自己脱离正确人生轨道和理想目标的诱惑。第一，对一般人来说，诱惑主要是来自外界环境的被动刺激。而在市场经济条件下，作为公共资源和公共权力的掌管者，不论是领导还是一般干部必然成为私人老板等市场主体的重点“公关”对象。第二，对一般人而言，很多诱惑还只是一张“画饼”，而对掌握重要权力的领导或一般干部来说，只要动了念头，金钱滚滚而来，美女投怀送抱，都不是很难的事。第三，领导或一般干部禁不住诱惑，受损的是自己，同时又会给整个国家和人民的利益带来损失。因此，我们必须随时“修剪”欲望，抵制诱惑。

“修剪”欲望，抵制诱惑，也是一种智慧。一要敬畏权力。权力是一把“双刃剑”。要牢记掌握权力是有风险的，腐败常常发生在权力集中的地方。对待权力，应做到如临深渊、如履薄冰，做到心有所畏、行有所止。二要学会淡定。现在，一些心怀叵测的人以“投资的战略眼光”专门腐蚀有发展前途的干部，“温水煮青蛙”，搞“期货交易”。要特别警醒自己，要时刻保持清醒头脑，做到清心自守、淡定人生。三要茁壮心灵。经验表明，培养健康情趣，培育茁壮心灵，最有效的方法是好读书、读好书、善读书，以读书明理，以读书益智，以读书修德；最有效的途径是爱好高雅，积极参加健康文体活动，锻炼身心，陶冶情操；最关键的问题是择善交友，培育健康和谐的人际关系和生活气场。四要遵纪守法。要注重个人道德操守的修养，切实解决好以下几个问题：一是“家庭圈”问题，二是“工作圈”问题，三是“社交圈”问题。

四、做乐于吃亏的人，吃亏才能有作为

贪心的人，总是费尽心思去算计，试图获得最大的利益，但却经常处于痛苦之中；乐于吃亏的人，对利益不大在意，多少都不大计较，才会在一种平和自由的心境中有所作为。

一个青年非常羡慕一位富翁取得的成就，于是他跑到富翁那里询问他成功的诀窍。富翁什么也没有说，而是转身从厨房拿来了一个大西瓜。青年有些迷惑不解，不知道富翁要做什么，他只是睁大眼睛看着，只见富翁把西瓜切成了大小不等的三块。

“如果每块西瓜代表一定的利益，你会如何选择呢?”富翁一边说一边把西瓜放在青年面前。

“当然选择最大的那块!”青年毫不犹豫地回答。富翁笑了笑说：“那好，请用吧！于是富翁把最大的那块西瓜递给了青年，自己却吃起了最小的那块。当青年还在津津有味地享用最大的那一块的时候，富翁已经吃完了最小的那一块。接着，富翁很得意地拿起了剩下的一块，并在青年眼前晃了晃，然后又大口吃了起来。其实，那块最小的和最后那一块加起来要比最大一块分量大得多。

越是不愿意吃亏的人，吃亏的可能性就越大。只有那些乐于吃亏的人，才会是最后真正有福气的人。古语有云，“吃亏是福”、“吃一堑，长一智”，但是对于这些自古就有的说法，能真正理解的人又有几个呢?或者只是流于表面，没有了解得很全面、透彻，在运用到实际生活中去的时候，与实际要表达的意思相差甚远。

乐于吃亏的一个关键点是对于小小的得失不去计较。日常生活中，只有那些懂得吃亏的人才称得上是真正的智者。生活中由于各种事端所吃的亏，最好是“大事化小，小事化了”。每个人生活在社会上，不顺心之事十有八九，但应在不顺心的时候尽可能选择忍让。眼前一时的让步，可能是长远的进步。

“塞翁失马，焉知非福?”有时看上去是吃亏的事情，一旦我们做了，结果并不一定吃亏。而有些看起来是占便宜的事情，做了，很有可能会吃亏。

一个人要想成功，就要不断地在吃亏过程中完善自己，要乐于做一个吃亏的人。

乐于吃亏源于乐于分享。正如孟子所说：“独乐乐不如众乐乐。”分享是幸福的，当我们把自己的东西拿来与人分享时，我们的胸怀因而变得更加宽广，生活也更加多姿多彩。

学会与别人分享，能够最大化地实现自己的利益；反之，则很可能一败涂地。

在蚂蚁家族，它们把分享当成是一种义务来履行，为的是整个族群能够不断地繁衍生息。它们从来不把分享看做是负担，因为那是它们赖以生存的屏障。

在蚂蚁家族中，如果有一只蚂蚁不懂得分享的话，整个族群就有可能遭遇弥天大祸，后果将难以想象。在人类社会中，分享并非我们的义务，但是如果分享能带给我们一种愉快的生活、一份成功的事业、一帮贴心的朋友，我们为何不试着与别人分享呢?

有句俗话说得好：“设筵满屋，大家相争，不如有块干饼，大家相安。”它所揭示的道理就是人与人之间要懂得分享。

五、占小便宜者，早晚要吃大亏

能吃亏自然就少事非。有一些人不愿吃看得见的小亏，最后反而吃了看不见的大亏，正所谓“捡了芝麻，丢了西瓜”。其实，如果想顺利解决这些小事情，办法只有一个，那就是把“不占小便宜”当做自己的做人原则，凡事少算计一些。占小便宜吃大亏的事例俯拾即是。

一个主人赶了两匹马，一匹马偷懒，走走停停，主人只好把它拉的东西换到了另外一辆车上。

这匹马没有了重压，行走起来就轻快多了。它一边走一边嘲笑前面的那匹马说："就你能干是吧？越是能干，主人越是折磨你，给你加重负担。你就是活该辛苦的命。"

到了城里后，有人对主人说："既然你的货物用一匹马就能拉得动，为什么还要养两匹马呢？不如省下饲料将一匹马喂好，把另一匹马宰了，既能卖钱又能省下饲料。"

主人觉得那人说得有道理，就把那匹喜欢偷懒、爱占便宜的马送去了屠宰场。

当今条件下，各种利益关系错综复杂，人们的利益观也各有不同。我们何去何从？需要我们作出正确的抉择。

六、有付出，才有回报

春天将希望的种子撒播，秋天享受丰收的喜悦。只有播下种子，才能收获果实，这个道理人人都懂。投机取巧的行为或许能带来一时的成功，但如果一直存在这种侥幸心理便贻害无穷。世界上没有免费的午餐，想要得到什么，就要做好付出的准备。

有一个商人在经营过程中遇到了困难。他生产的产品市场占有率越来越低，货物积压造成资金周转困难，无奈之下，他去请教一位禅师。

禅师告诉他："后院里有一座压水机，你去打一桶水来吧，然后我会告诉你答案。"

过了一会儿，商人满头大汗地跑来说："压水机下面是一口枯井，根本压不出水来。"

禅师捋了捋胡子说："那你就去山下买一桶水来吧。"

商人下山去了，过了很久才拎回来半桶水。

禅师看了看说："我让你买一桶水，为什么只有半桶呢？"

商人忙解释说："实在不是我舍不得花钱，而是山路崎岖，我拎不动满桶水。"

"可是我需要一桶水才够用，那你再买半桶水回来。"禅师说。

待那半桶水买来后，禅师把商人带到压水机旁边，命令商人将那半桶水都倒进压水机里。商人不懂禅师的意思，犹豫地站在那里。禅师拎起那半桶水果断地倒了进去，然后命令商人压水。可是压了半天，只听见压水机的声音，倒进去的水也已经没有了。商人似有所悟，拎起另外半桶水又倒了进去，然后使劲儿压起来，清澈的井水果然出来了。

这个故事告诉人们，只有先舍得付出，然后才可能得到回报。吝惜付出的人，是难以获得成功的。

第二次世界大战结束后，各战胜国之间协商了很久，决定在美国纽约建立一个协调处理国际事务的联合国组织。待一切规章制度商量妥当之后，忽然发现，这个理想的全球权威的世界性组织竟然一分钱也没有，根本没有钱买地。而且机构刚刚成立，还没有发挥任何作用，也不好在各成员国之间集资。

当时第二次世界大战刚刚结束，各国都处在相对艰难时期，无从筹措资金。纽约的土地价格又十分昂贵，谁也不知道该如何是好。

正在各个国家感到为难的时候，美国著名的家族财团洛克菲勒家族突然表示，愿意出资 870 万美元在纽约买下一块地皮，无偿赠送给刚刚成立的联合国组织。

言出必行，洛克菲勒家族很快将地契交给了联合国组织。他们顺带还买下了这块地皮周围所有的地。

美国许多大财团知道了这个消息后都非常吃惊，都嘲笑洛克菲勒家族的无知，甚至还断言："照这样的经营方式，要不了十年，洛克菲勒家族便会退化为空壳集团。"

让人意想不到的是，联合国大楼刚刚竣工，它周围毗邻地段的地价突然飙升。洛克菲勒家族靠着周围的地皮迅速赢利，获得了 870 万美元的利益。

付出才能得到。付出力气劳动，花费时间学习，付出金钱去做生意，等等，这些不停地付出，是一定会带来回报的。

不吝啬付出，才能得到更多的回报。假如一个人整天想着不付出就能获得，那是期待天上掉馅饼。正确把握付出与回报之间的关系，是一种心灵高度，更是一种智慧的体现。

七、利益“和谐”，内心才能“和谐”

在“利益”这个细胞中，孕育着社会一切矛盾的胚芽。18世纪法国唯物主义学者爱尔维修曾有句名言：“河水不能倒流，人不能逆着利益的浪头走。”他认为，利益是社会不同等级、不同集团矛盾斗争的基础，是历史上一切大小事件发生的基础。马克思也曾指出：“这个世界之所以充满危险，是因为世界……是许许多多利益的天下。”当利益与“斗争”、“危险”这些字眼相联系时，尤其是当历史上的战争、动荡、暴乱等都是以利益冲突为肇因时，人们不禁会问：利益是能“和谐”的吗？其实，“真正的和谐，是人内心的和谐”。真正的利益和谐，也必须是人内心的利益诉求得到回应、利益需要得到满足，被剥夺感和心理失衡得到适当调节。而要达到利益和谐的目标，就必须坚持以人为本，实现“人人共享”与“普遍受益”。

19

人生最难控制的是——情绪

人吃五谷杂粮，情绪随风波动。要做情绪的主人，不当情绪的俘虏；要驾驭情绪，而不要让情绪驾驭你。但是，人生最难控制的是情绪，它就像一座山峰耸立在那里，需要我们努力去攀登。只要脚步不停，就能登上极顶。

最近，美国密歇根大学心理学家南迪·内森的一项研究发现，一般人的一生平均有十分之三的时间处于情绪不佳的状态，因此，人们常常需要与那些消极的情绪作斗争。

情绪变化往往会在我们的一些神经生理活动中表现出来。比如，当你听到自己失去了一次本该到手的晋升机会时，你的大脑神经就会立刻刺激身体产生大量起兴奋作用的“正肾上腺素”，其结果是使你怒气冲冲，坐卧不安，随时准备找人评评理，或者“讨个说法”。

当然，这并不意味着你应该压抑这些情绪反应。事实上，情绪有两种：消极的和积极的。我们的生活离不开情绪，它是我们对外面世界的正常的心理反应，我们所必需的只是不能让我们成为情绪的奴隶，不能让那些消极的心境左右我们的生活。

消极情绪对我们的健康十分有害，科学家们已经发现，经常发怒和充满敌意的人很可能患有心脏病，哈佛大学曾调查了1600 名心脏病患者，发现他们中经常焦虑、抑郁和脾气暴躁者比普通人高三倍。

有一位网球运动员，从小便有极高的体育天赋。从他9岁时第一次接触网球起，他便深深地迷上了这项运动。不久后，他在家乡便找不到对手了。12岁时，很多国家级选手都输给了他。但是，这位少年网球奇才的脾气却很坏。在赛场上稍不如意，他就会控制不住自己的情绪，暴跳如雷，大骂粗话，甚至当场摔球拍。

正因为他不善于控制自己的情绪，动不动就发怒，浮躁的心理影响了技术的发挥，很多本来能够胜出的比赛，结果他却打输了。

他的父亲对此甚为忧虑，认为儿子如果不能尽早改掉这个坏毛病，即使他再有天赋，也不可能取得卓越的成就。

于是，父亲果断地对儿子作出了禁赛6个月的“处分”，让他彻底反省自己。

对于少年来说，网球早已成了他生命中不可或缺的一部分，6个月不准他碰网球拍，实在是项十分难熬的惩罚。有时球瘾发作了，心里难受得跟猫抓似的。

度过了坐卧不安的两个月后，少年逐渐从狂躁的心理状态中走了出来，他开始检讨自己以前的言行。这时父亲不失时机地带他去观看一些顶级赛事，让他看看并学习那些优秀的网球名将的言谈举止。通过与别人的对比，少年逐渐认识到了自己以前动辄发怒的行为是多么幼稚和可笑，他决心用意志来克服自己的弱点。

然而俗话说得好：“江山易改，禀性难移。”虽然少年认识到了自己发脾气的坏处，他也很想改，但这种长久以来养成的坏脾气却不是说改就能改的。他对此一筹莫展，只好去请教父亲。父亲没说什么，起身去倒开水，不料失手将一只玻璃杯掉到地上摔碎了。

父亲问道：“看到那只摔碎了的玻璃杯吗？有什么感觉？”

少年不解地说：“没什么呀，只不过是一只玻璃杯摔碎了而已，下次小心点就行了。”父亲赞许地点点头：“这就对了，玻璃杯打碎了就是打碎了，即使你怎样发怒或懊恼，它也不会复原，还不如保持镇定去做其他事。”

少年若有所思地听着。

顿了一会儿，父亲又说：“你要细细体会此时如何平静应对玻璃杯打碎的心情，牢记在心中。如果以后再遇到自己想发脾气时，及时想一想这种经验，就能找回能使自己冷静看待这一切的力量，从而改掉乱发脾气的坏习惯。只要勤于练习，很快你就会掌握这个诀窍。要知道，我们每个人的内心都有一个‘真我’，它能让我们平静地面对一切问题。”

少年恍然大悟，但他还有一个疑问：“爸爸，既然你有这么好的方法，为什么不早说，以帮我更早地改掉缺点呢？”父亲笑了：“傻孩子，你没有主动地要求改变自己，我告诉你再好的方法又有什么用？”少年也笑了，他牢牢地记住了父亲的话，从此认真练习着这个可以改掉不良习气的诀窍。6 个月的时间很快就过去了，少年的言行不知不觉地发生了很大的变化。当他重新出现在赛场上的时候，人们惊奇地发现，他的脾气变好了。

无论是普通赛事的第一个球，还是顶级赛事决赛中的最后一个球，他的表情都泰然自若，保持着一种平常心。其他一些诸如裁判误判、偶然失误等小事，他根本就不放在心里，心灵已达到一种既兴奋又忘我的最佳状态。

奇怪的是，当他不把这些以前几乎能令他精神崩溃的事挂在心中后，他的动作变得几近完美，极少出现失误。

他的技术从此突飞猛进，15 岁时，终于称霸网坛。正如古人所说：“意气不从天地得，英雄岂藉四时推。”

要想成功，就要控制自己的情绪。可以毫不夸张地说，学会控制你的情绪是你生活中一件生死攸关的大事。以下是专家提供的几条最新劝告：

一、寻找原因

当你闷闷不乐或者忧心忡忡时，你所要做的第一步是找出原因。29 岁的弗兰西丝是一名广告公司职员，她一向心平气和，可有一阵子却像换了一个人似的，对同事和丈夫都没好脸色，后来她发现扰乱她心境的是担心自己会在一次最重要的公司人事安排中失去职位。“尽管我已被告知不会受到影响，”她说，“但我心里仍对此隐隐不安。”一旦弗兰西丝了解到自己真正害怕的是什么，她似乎就觉得轻松了许多。她说：“我将这些内心的焦虑用语言明确地表达出来，便发现事情并没有那么糟糕。”

找出问题症结后，弗兰西丝便集中精力对付它。“我开始充实自己，工作上也更加卖力。”结果，弗兰西丝不仅消除了内心的焦虑，还由于工作出色而被委以更重要的职务。

二、遵循规律

加州大学心理学教授罗伯特·塞伊说：“我们许多人都仅仅是将自己的情绪变化归之于外部发生的事，却忽视了它们很可能也与你身体内在的‘生物节奏’有关。我们吃的食物、健康水平及精力状况，甚至一天中的不同时段都能影响我们的情绪。”塞伊教授的一项研究发现，那些睡得很晚的人更可能情绪不佳。此外，我们的精力往往在一天之始处于高峰，而在午后则有所下降。“一件坏事并不一定在任何时候都能使你烦心，”塞伊说：“它往往是在你精力最差时影响你。”

塞伊教授还做过一个实验，他在一段时间里对 125 名实验者的情绪和体温变化进行了观察。他发现，当人们的体温在正常范围内处于上升期时，他们的心情更愉快些，而此时他们的精力也最充沛。根据塞伊教授的结论，人的情绪变化是有周期的。塞伊本人就严格遵循着这一“生物节奏”的规律，他往往很早就开始写作，“我写作的最佳时间是早上”，而在下午，他一般都用来会客和处理杂事，“因为那时我的精力往往不够集中，更适合与人交谈”。

三、睡眠充足

最近一项调查表明，美国的成年人平均每晚的睡眠时间不足7个小时。匹兹堡大学医学中心的罗拉德·达尔教授的一项研究发现，睡眠不足对我们的情绪影响极大，他说：“对睡眠不足者而言，那些令人烦心的事更能左右他们的情绪。”那么，一个成年人到底睡多长时间才足够呢？达尔教授做了一个实验，他在一个月的时间里，让14名被试者每晚在黑暗中待14个小时，第一晚，他们每人几乎睡了11个小时，仿佛是要补回以前没睡够的时间，此后，他们的睡觉时间满满地稳定在每晚8个小时左右。

在此期间，达尔教授还让被试者一天两次记录他们的心情状态，所有的人都说在他们睡眠充足后心情最舒畅，看待事物的方式也更乐观。

四、亲近自然

许多专家认为与自然亲近有助于你心情愉快开朗，著名歌手弗·拉卡斯特说：“每当我心情沮丧、抑郁时，我便去从事园林劳作，在与那些花草林木的接触中，我的不快之感也烟消云散了。”

四季，即春夏秋冬，对于生活在温带地区的人们来说，是每年都在经历的东西。它是世界的节奏，也是生活的节奏。每个季节因为其不同的特点而被人们关注着，并被赋予不同的意义，典型的说法如春生夏长、秋收冬藏。宋朝无门和尚的一首四季诗是非常著名的：“春有百花秋有月，夏有凉风冬有雪。若无闲事挂心头，便是人间好时节。”

风花雪月作为四季的象征，在心无挂碍的前提之下，便成为人间最美好的景色。

生活在一个四季分明的地方，春天给人们最大的感觉是温暖和生机。“春雨过春城，春城春草生。春闺动春思，春树鸣春莺”，大地复苏，万物萌动，《周易》“天地之大德曰生”的精神在春天有最好的体现，足以唤起人们内心的感动。宋儒周敦颐“绿满窗前草不除”，以为“与自家意思一般”，且可观天地生物气象。程颢《春日偶成》：“云淡风轻近午天，傍花随柳过前川。时人不识予心乐，将谓偷闲学少年。”在对天地生物之仁的体会中，内心之乐便是自然之事。

五、经常运动

另一个有效地驱除不良心境的自助手段是健身运动。哪怕你只是散步十分钟，对克服你的坏心境都能收到立竿见影之效。研究人员发现，健身运动能使你的身体产生一系列的生理变化，其功效与那些能提神醒脑的药物类似。但比药物更胜一筹的是，健身运动对你是有百利而无一害的。不过，要做到效果明显，你最好是从事有氧运动——跑步、体操、骑车、游泳和其他有一定强度的运动，运动之后再洗个热水澡则效果更佳。

六、合理饮食

大脑活动的所有能量都来自于我们所吃的食物，因此情绪波动也常常与我们吃的东西有关。《食物与情绪》一书的作者索姆认为，对于那些每天早晨只喝一杯咖啡的人来说，心情不佳是一点也不足为怪的。

索姆建议，要确保你心情愉快，你应养成一些好的饮食习惯：定时就餐（早餐尤其不能省），限制咖啡和糖的摄入（它们都可能使你过于激动），每天至少喝六至八杯水（脱水易使人疲劳)。

据最新研究表明，碳水化合物能使人心境平和、感觉舒畅。马萨诸塞州的营养生化学家詹狄斯·瓦特曼认为，碳水化合物能增加大脑血液中复合胺的含量，而该物质被认为是一种人体自然产生的镇静剂。各种水果、稻米、杂粮都是富含碳水化合物的食物。

七、积极乐观

心理学家兰迪·莱森讲了一个他自己的故事：“有一天，我的秘书告诉我，你看起来好像不高兴，他自然是从我那紧锁的双眉和僵硬的面部表情看出来的。我也意识到确实如此，于是，我便对着镜子改变我的表情，嘿，不一会儿，那些消极的想法便没有了。”是啊，生命短暂，我们何苦又要自寻烦恼呢!

只有内心力量的强大，才是走向成功的保证。积极乐观需要信心。什么叫信心？从字面上看，就是信任自己的心。如果我们能信任自己的心，一切就很简单了，它知道我们在此刻最需要的是什么，应该做什么事，为了达到成功我们又必须做哪些改变等。

为达到此目的，我们需要好好地把情绪整理一下，在一种清明的心境中，去聆听内心那种宁静的声音。每天晚上，抽出一点时间，什么也不做，抛开杂念，放松身心，悠闲自在地关注自己的呼吸，静观其心，与心灵做一个深层次的交流。

八、平抑怒气

在日常生活中，每一个人都会遇到烦心事，在各种外来事物的刺激下，我们并不能经常保持冷静平和的状态，有时遇到刺激，一时无明火起，就会造成情绪失控，哪怕只是一点鸡毛蒜皮的小事，也会惹得自己勃然大怒，疯狂地大吼大叫，或是乱砸东西，以此来发泄心中的怒气。

在网上、报纸或电视上，我们也时常可以看到这样的新闻：一个人由于与他人发生口角之争，恼羞成怒，一时控制不住自己，冲动起来铸成大错，事后平静下来，虽然感到后悔莫及，但却无法挽回自己的过错了。

相反，如果我们面对那些给自己带来烦恼的事，即使有不快的情绪反应，但能很快地将它们放下来，不让这些负面的东西过多地影响自己，使心情保持相对的宁静，这种宁静的心情，就能带给你更好的感受，让你拥有冷静的洞察力，从而从复杂的局面中看到改变现状的契机，发现在消极心态下无法发现的机会。

一位细菌学家进行细菌研究，在培养葡萄球菌时，一天突然发现培养皿里出现了一块绿色的霉菌，在这块绿色霉菌的周围，他精心培育已久的葡萄球菌死亡了。细菌培养失败，这本来是一件令人不愉快的事，以前也有好几位研究细菌的专家发生过这样的事，但他们对此无一例外地感到恼怒、懊悔，自怨自艾，谁也没有深究下去。

但是，这位细菌学家的心态很好，不仅坦然地接受了这个现实，而且保持着积极进取的心态。结果，在这个过程中，他以冷静的洞察力发现了一个疑点：自己培养的细菌为什么会死亡，难道那块绿色的霉菌有杀菌奇效？他循着这个思路锲而不舍地研究下去，终于发现了青霉素。

培养的细菌不小心染上杂菌而死亡，在常人看来，这算是一件失败的事了，大多数人的本能反应可能是觉得自己怎么这么倒霉，以前的所有努力都白费了。然而，如果换一个角度来看，即使我们愤怒、埋怨、唠叨，就能挽回这件失败了的事吗？显然不能，事情不会因为我们的不接受而有所改变，它永远按一个已经发生的事实呈现出来。

所以，善于提升自己的制怒功力，实在是人生中一项重要的功课。

遇到那些不愉快的事情，一个人难免会产生愤怒、埋怨的情绪，这是正常的。只不过你一定要注意摆正心态，那些负面的情绪一产生，可以立即向自己提问："我正在干什么?"让思想有一个停顿的机会，同时向内观察此刻的情绪是怎样的一种状态。觉察情绪的时候要保持客观性，千万不要把自己的各种主观想法加到它们的上面，跟着情绪去分析、批判它们，而是要完全接受它们，顺其自然，适应当下这一刻的状态。

这样一来，我们就会体验到一种虽然暂时表达出发怒的情绪，但内心却是非常平静的奇妙状态，而且这种情绪随发即过，不会长久地停留在心中干扰正常的思维。这时，我们的心灵自然会保持一种平和、不偏不倚、没有干扰的清醒状态，这样才能对所遇到的事物应对得当。

这是一个处理愤怒等不良情绪的妙方，所谓"退一步海阔天空"，从另一个积极、客观的角度来看待自己所遇到的一切负面情绪，而不是把自我的观念掺杂进去，以致越搅越乱，形成恶性循环。

当一个人从以往束缚住他的行为思考模式中解脱出来，用完全接受任何事物的眼光来看待一件事时，他便会发现，那些不良情绪不会再干扰自己了。

在生活中，哪怕面对十分困难的处境，只要你能下定决心，从心底改变自己的观念，坦然地面对世界，这时你的态度将会发生奇妙的改变，原来一切都没有什么大不了的。而且只要你愿意，你完全可以保持心灵的平静，并发现所有的一切都会变得顺利，没有什么不良情绪再能干扰你了，你也就更有能力去克服困难。因为只有在心情放松、积极乐观的时候，我们大脑的控制机能才不会受到任何阻碍，才会动员所有的资源来处理遇到的问题。

20

人生最难成真的是——梦想

人生因为有了愿望而丰富，愿望因为有了行动而精彩。海阔凭鱼跃，天高任鸟飞。每个人都怀揣着属于自己的梦想。但是，人生最难成真的是梦想，它就像一座山峰耸立在那里，需要我们努力去攀登。只要脚步不停，就能登上极顶。

我们心中，都有许多梦想。

也许，梦想遥不可及，但是，它点亮了我们的人生；也许，梦想是那么普通，但是，它让我们的人生凝重有色！

有梦想的人生才是完美的人生，没有梦想的人只是行尸走肉罢了。无梦，便无所谓追求，无追求，人活一世，便只是空来世界走一遭，占用我们日益拥挤的空间，抢夺我们日益紧缺的资源。活着，就要活得精彩，倘无梦想，何来精彩？如果我们只是一个无梦想的空壳，如果请我们来到人间只是为了消耗人类的资源，如果生命只是一个过场，那么，我们不可避免地走向了可悲！

梦想点亮人生，每个人都有自己的梦想，我们都是一个个追梦人，行走在梦想的路上，是梦想让我们一路走来，风雨兼程。没有梦想的人生是灰暗的，是一种难以想象的黑，一种没有色彩的黑，像一个囚犯，等待着死神的宣判。没有梦想，人生就进入倒计时，在不可名状的无聊中，走向末路……

也许，我们的梦想很小，小到让人觉得不算是梦想。有时，一顿可口的晚饭进入了我们的梦想之列。有时，一个饱饱的午睡、一声甜甜的呼唤成为我们心中的梦想。梦想很小，但它也会点亮我们的人生；梦想很小，但它也会给我们带来光芒；梦想很小，但是，我们的生命需要它！

也许，我们的梦想很大，修身、齐家、治国、平天下。也许，我们的梦想很遥远，同一个世界，同一个梦想。也许，我们的梦想很难实现，世界不再有硝烟，不再有杀戮。心有多大，舞台就有多大。也许，我们没什么济世之才，只能轻轻地走过一生。然而，梦想为我们的人生开了灯，给了我们前进的方向，有了目标，就不会踌躇不前，有了方向，就不会徘徊，就不会迷航，就不会在风雨中失去前行的路！

梦想就是坚持的动力。俞敏洪有梦想，三次高考，终于迈入北大，白手起家，只因对梦想的执著。八年抗战，只因我们心中有梦，我们梦想和平，梦想独立，梦想拥有温暖的家。所以，我们一往无前，所以，我们前赴后继，所以，我们甘洒热血，为民族而战，梦想的力量让中华民族爆发出强大的生命力，也点亮了无数先烈的人生。

行走在人生之路，有梦想做伴，心中便不再黑暗；有梦想点亮人生，我们就是自己的主宰！

一、行动让梦想成为现实

有位落魄不堪的年轻人，每隔两三天就到教堂祈祷。

他跪在圣坛前，虔诚地低语：“上帝啊，请念在我多年来那么尊敬您的分上，让我中一次彩票吧！”

三天后，他又垂头丧气地来到教堂，同样跪着祈祷……就这样，周而复始，不断地祈求着。

直到有一次，他有些不耐烦了，对上帝说：“我的上帝，为何您不聆听我的祷告呢？让我中彩票吧，只要一次，让我解决所有困难，我愿终身侍奉您……”

他话音刚落，圣坛上空就发出一阵庄严的声音："我一直在聆听你的祷告，可是……最起码，你也应该先去买张彩票吧!"

你有怎样的付出，你就会有怎样的收获。如果不付出艰辛的努力，就想获得成功，那简直就是痴心妄想。成功不在于你知道多少，而在于你做了多少。要想获得成功，就要在有限的时间里采取最快的行动。成功是由你的行动决定的。

比尔·盖茨说："想做的事情，立刻去做!"当"立刻去做"从我们的潜意识中浮现时，我们应毫不迟疑地立刻付诸行动。

21世纪是一个"快鱼吃慢鱼"的信息时代，资源共享，信息传递飞快，"不进则退，慢进也是退"，只有快速行动，才能使我们在激烈的竞争中获得更为有利的主动权，才能把握住一个个转瞬即逝的机会。

立刻行动不但是一种良好的习惯和态度，也是每一个成功者共有的特质。什么事情你一旦拖延，就会总是拖延。如果你一旦开始行动，通常就能坚持到底。凡事采取行动就已是成功的一半，第一步是最重要的一步，行动永远应该从第一秒开始，绝不是第二秒。

在生活和工作中，我们随处可以见到一些"行动的矮子"，虽然他们想法很多，但总是不见其行动，他们不是武断地认为某件事根本不可能有结果，就是说行动的时机还没有来临，总之，他们会为自己的拖延找到千百种借口。事实上，如果我们不行动，永远只能站在原地踏步。说一套，做一套，言与行背道而驰，不但不会取信于人，也不会靠近自己的梦想，最多只是个空想社会主义者罢了。

做什么事情，都要相信自己，要勇于参与实践，如果做事情只是去想，到最后只能是空想，在你面前只能是一纸空文的计划，所以，我们要勇于实践，要做到"心动不如行动"。

二、集中力量，从一而胜

一个下岗女工靠亲人集资开了一家杂货店，几个月过去，生意很不景气。她的丈夫喜欢读书，有一天，他对妻子说在图书馆看到一份杂志，上面有一个全球500强企业的专栏，丈夫发现所谓的“500强”不过也很寻常，都是“一根筋、一条路”。妻子不太明白。丈夫继续解释说：“打个比方，你卖纽扣，就只卖纽扣，卖所有品种的纽扣，店再大，也不卖别的。以后你再进货，头饰、胸花之类的东西不要再进了，全进纽扣，有多少品种进多少品种，看看会怎么样。”妻子半信半疑，抱着试一试的态度，集中所有资金做起了纽扣生意，谁知效果非常不错。几年以后，这家曾经的小杂货店变成了这座城市唯一的一家“航空母舰式的纽扣店”。

丈夫的发现虽然有些肤浅，却真的很有道理。《财富》世界500强，都有一个规律，只做一件事，做好一件事。物流运递类第一名是UPS公司，它发展到今天也只做了一件事——用最快的速度把包裹送到客户手中。只做了一件事，UPS公司就把业务做到了全世界。世界第一强、零售业的“老大”——沃尔玛自始至终只做零售；世界第二强——通用汽车公司，一百多年来，也是只做汽车与配件。很多著名的大企业、大集团公司，都是集中所有力量，取得一个行业的垄断和领先地位，再不断地做科研，使自己的技术无法被同行业的竞争者所超越，从而取得超额利润。从这个意义上讲，他们确实是“一根筋、一条路”。这些现实案例也告诉我们，只有集中精力做好最重要的事，才能获得成功。

只做好一件事，意味着集中精力发展，而不是多元化发展。很多人涉足很多领域，学习很多知识，其实内部很虚弱，每一项都没有很强的竞争力。目标定了很多，什么都想做，但什么都没有做到最好，实质是没有自己的核心竞争力。

“集中力量”这四个字看上去非常普通，却是由平凡变为不平凡的卓越法则。

要选择一个最容易实行的计划，集中几倍的力量去实现。这就需要精心选择计划，要保证初战必胜，这是开始。不能把有限的力量分散在许多问题上，每个问题都想解决，最终是一个问题都解决不了；或者吝啬地配置力量，希望以少胜多，以较小的代价去解决问题。在战略上这是可行的、是科学的，但是在战术上，这是错误的。

人的时间和精力都是有限的，但是人生发展的可能性却是无限的，所以要清醒地告诫自己：不要做消耗式的人生规划。不能每件事都只做一半，就畏难、畏繁而放弃；也不应该没有规划，看到什么条件有利，就去追逐，最终什么都做不好。

掌握这个原则，就能带领自己离开被困难深陷的泥沼，从一个局部的胜利到另一个局部的胜利，最终完成全面的胜利。

三、急于求成，欲速不达

中庸的智慧告诉我们，生活、办事要遵循大道规律。大道规律告诉我们，万事万物的发展变化总是循序渐进的，所以做事不可操之过急，否则就会“欲速则不达”，适得其反。

从前，传说有两兄弟在一次上山的途中，偶然与神仙邂逅，神仙传授他们酿酒之法，叫他们把在端午那天收割的米，用冰雪初融时高山流泉的水来调和，注入千年紫砂土铸成的陶瓮中，再用初夏第一个看见朝阳的新荷叶覆盖，密封七七四十九天，直到鸡叫三遍后方可启封。

他们历尽千辛万苦，跋涉千山万水，终于找齐了所有的材料，把梦想一起调和密封，然后潜心等待那注定的时刻。多么漫长的等待，终于等到了第四十九天。两人整夜都没有睡，等着鸡鸣的声音。

第一遍鸡鸣响起了。过了很久很久，才响起了第二遍。第三遍鸡鸣到底什么时候才会来呢？其中一个再也等不下去了，他迫不及待地打开陶瓮品尝，却惊呆了——里面的水，像醋一样酸，又像中药一般苦，他把所有的后悔加起来也不可挽回。他失望地把它洒在了地上。而另外一个，虽然欲望如同一把野火在他心里燃烧，让他按捺不住想要伸手，但他还是咬着牙，坚持到了第三遍鸡鸣响彻了晨空。

“多么甘甜清冽的酒啊!”他终于品尝到了自己亲自酿制的美酒。

兄弟两人一同酿酒，结果，一个人酿的酒像醋一样酸，又像中药一般苦，另外一个人的酒却是甘甜清冽。由此不难看出，急于求成只会导致最终的失败，所以我们不妨放远眼光，注重自身知识的积累，厚积薄发，自然会水到渠成，达到自己的目标。今时今日许多事业，都必须有一个痛苦挣扎、艰苦奋斗的过程，而这个过程本身就是将你锻炼得更坚强，使你成长、使你有力的过程。

急于求成、恨不能一日千里，只会“欲速则不达”，很多人都知道这个道理，却总是背道而驰。很多历史上的名人是在犯过此类错误之后才懂得成功的真谛。宋朝的朱夫子是个绝顶聪明之人，他十五六岁时就开始研究禅学，然而到了中年之时，才感觉到速成不是创作良方，之后经过下一番苦功，方有所成。他有一句十六字真言将“欲速则不达”做了一番精彩的诠释：“宁详毋略，宁近毋远，宁补毋高，宁拙毋巧。”

急于求成的人往往性格浮躁，做一件事情总想马上做好。想法原本没错，然而，一旦过分追求速度便会丧失做事的目的性，最终一无所成。因此，若想取得成功，首先应舍弃急功之心。

下编

在人生道路上长途跋涉，有许多山峰耸立在那里，需要我们用毅力驱动前行的脚步、用信念支撑升腾的姿态，心无旁骛、专心致志地去攀登。有些山峰并不高，但是陡峭险峻，荆棘密布，需要你大胆地移步换形，巧妙地闪转腾挪，果断地刀削斧劈，最终成功地征服它、跨越它，让灵魂得到净化、荡涤和提升。要知道：只要脚步不停，一切皆有可能。

21

人生最难把握的是——机遇

种子把握住肥沃土壤的滋养，才能生根发芽；水珠把握住雨后阳光的照耀，才能变成绚丽的彩虹。只有全面把握机遇、沉着应对挑战的人，才能赢得主动、赢得优势、赢得未来。但是，人生最难把握的是机遇，它就像一座山峰耸立在那里，需要我们努力去跨越。只要脚步不停，一切皆有可能。

机遇，就是契机、时机或机会，通常被理解为有利的条件和环境。可以按照字面意思理解为忽然遇到的好运气和机会。一般来说，机遇有一定的时间限制或有效期，时间过后，就再也得不到了。

机遇稍纵即逝，目光敏锐、勇敢果决者常常能获得它。机遇对任何人来说都是平等的，能不能抓住它，主动权在每个人手里。一群人等电梯，电梯到了，突然来了一名领导，谦让间电梯自动关上门走了。大家笑称“没抓住机遇”。面对机遇，能不能抓住，主要取决于一个人的人生态度和自我追求。一个人如果崇尚积极进取的人生，就会主动去抢抓机遇，并努力练就自己抢抓机遇的本领，从各方面增强素质、提升能力。有了这种素质、能力，就会主动地迎接机遇、创造机遇，而不仅仅是等待机遇。

机遇从来只偏爱有准备的人，机遇之门也只为肯努力、有准备的人敞开着。无论干什么工作，既要摒弃思想麻木、行动迟缓、优柔寡断，又要克服左顾右盼、分心走神、漫不经心的浮躁心理，以一种积极的心态时刻准备着，一旦生活给我们一个机会，便毫不迟疑地抓住它。

机遇，只青睐有准备的人。它不相信眼泪，它与懦弱、懈惰无缘。古今中外，抢抓机遇的实例不胜枚举。

诸葛亮待机而出

诸葛亮，字孔明，三国时蜀汉著名政治家、军事家。诸葛亮少有大志，常把自己比作春秋时大政治家管仲和军事家乐毅。因此，他隐居隆中时，边种地，边修学，静观天下，待机而出，人称“卧虎藏龙”。

汉末，军阀混战的形势已趋明朗。曹操基本上已统一中国北方，势力最大。孙权割据江东统治巩固势力次之。刘表、刘璋等军阀也各有地盘。刘备在参加镇压黄巾起义军中，组成了一个势力不大的军事集团，但屡被曹操击败，被迫辗转投靠，没有自己的固定地盘，为发展自己的势力，到处访寻人才。他“三顾茅庐”，请诸葛亮出山辅佐。

诸葛亮向刘备精辟地分析了当时的政治形势，并提出了对策，这就是有名的“隆中对”。诸葛亮登上政治舞台，成为刘备的主要谋士，掌握着军政大权。他联孙抗曹，取得了著名的赤壁之战的胜利，并乘机占领荆州，进军四川，取得益州，形成魏、蜀、吴三国鼎立的局面，为刘备建立和巩固蜀汉政权作出了巨大的贡献。

拿破仑捕捉机遇

拿破仑·波拿巴，法国18世纪政治家、军事家，法兰西第一帝国和百日王朝皇帝。可他原来只是一个小小的尉级炮兵军官。

1793年，他前往前线，参加进攻土伦的战役。正当革命军前线指挥官面对土伦坚固的防守犯难的时候，拿破仑立刻抓住这个机会，直接向特派员萨利切蒂提出了新的作战方案。在特派员苦无良策时，看到拿破仑的方案很有新意，就立即任命拿破仑为攻城炮兵副指挥，并提升为少校。拿破仑抓住这个机遇，在前线精心谋划，勇敢战斗，充分显示出他的胆识和才智，最后攻克了土伦。他因此荣立战功，并被破格提升为少将旅长，终于一举成名，为他后来叱咤风云、登上权力顶峰奠定了基础。

挥公抓住机遇

我们张姓的始祖叫挥公，为何姓张呢？全靠智勇超群的挥公抓住了机遇，发明了弓箭，打败了强敌，蒙轩辕黄帝所赐。

挥公，有说是黄帝的第五子，有说是黄帝之孙。据说其自幼聪颖，喜欢研究天象和自然规律。一次，在挥公夜观天象时，有一颗流星自弧矢九星间飞速划过，令挥公顿悟。他详细地研究了弧矢九星的排列，然后折枝仿形弯条成弓，削竹木为矢，制皮为弦，研制成了人类历史上的第一张弓箭。

弓箭的发明，使黄帝部落的食物有了充足的保证，从而大大提高了黄帝后裔征服自然和扩充地盘的能力。被尊为中华五帝之首的黄帝，正是靠着这种可以远射而制敌的神秘武器战炎帝，诛蚩尤，杀刑天，从而确立了天下诸部落联盟盟主的地位。

瓦浮基抓住机遇

19 世纪中期，一股淘金热潮在美国西部悄然兴起。成千上万的人涌向那里寻找金矿，幻想能一夜暴富。一个十来岁的穷孩子瓦浮基，也准备去碰碰运气。因为穷，买不起船票，就跟着大篷车，忍饥挨饿地奔向西部。不久，他到了一个叫奥丝丁的地方。这儿金矿确实多，但是气候干燥，水源奇缺。找金子的人最痛苦的是拼死苦干了一天，连能滋润嘴唇的一滴水也没有。抱怨缺水的声音到处弥漫，许多人愿意用一块金币换一壶凉水！

这些找矿人的满腹牢骚，使瓦浮基得到了一个十分有用的信息。他寻思着如果卖水给这些找金矿的人喝，或许比找金子更容易赚钱。他看看自己，身单力薄，干活儿比不过人家，来了这么些天，疲惫不堪，仍然一无所获，但自己挖渠找水，他还是能办得到的。

瓦浮基买来铁锹，挖了口井打水，他将凉水经过过滤，变成了清凉可口的饮用水，再卖给那些找金矿的人。在短短的时间里，就赚了一笔数目可观的钱。后来，他继续努力，成为美国小有名气的企业家。

把握机遇，是我们的必修课。“综观全局，21 世纪头 20 年，对我国来说，是一个必须紧紧抓住并且可以大有作为的重要战略机遇期。”2002 年，党的十六大作出了这一判断。

“综合判断国际国内形势，我国发展仍处于可以大有作为的重要战略机遇期。”2010 年，党的十七届五中全会得出了这一结论。

重要战略机遇期，深刻反映了新世纪新阶段我国的历史方位，为我们确立改革发展的目标任务、方略步骤提供了客观依据。抓住和用好重要战略机遇期，需要我们增强“机遇期意识”。

所谓“机遇期意识”，就是对机遇期的理解、认识和把握。具体地说，就是要弄清楚机遇期是怎么来的、意味着什么、应当如何把握，从而为抓住和用好机遇期奠定坚实的思想基础。

这是国家的机遇期，抓住了，国家发展了、强大了。对于个人来讲，更要把握机遇。事物发展的矛盾运动规律，决定了机遇与困难都是常有的，就像一枚硬币有正反两面一样。一个人在进步过程中总会遇到这样那样的机遇，但其数量、性质却可能很不一样，有时机遇会多一些，有时则会少一些；有的机遇是一般性的，有的机遇则是特殊性的。

发现并把握机遇，有规律可循、有要领可握。

一、善于发现

在非洲的一个小村里，有一个叫巴布鲁的农民，他有一个幸福的家庭——美丽贤惠的妻子和两个聪明的孩子，还有一个农场，整天过着无忧无虑的生活。有一天，村里来了一个美国人，他逢人便说巴布鲁所在的村子有一种神奇的石头，即钻石，可以让人发大财，并神秘兮兮地告诉巴布鲁："如果你拥有拇指大的一块钻石，你可以拥有属于你的城市。如果你拥有拳头大的一块钻石，整个非洲都将属于你……"第二天，巴布鲁贱卖了农场，告别了妻儿，去寻找神奇的石头，寻遍了整个非洲，仍一无所获。接着他又寻遍了整个欧洲，也一无所获。身无分文的他精疲力竭、心灰意冷。他没脸回家面对妻子和孩子，于是纵身跳进了一条大河，结果被人救了起来。

巴布鲁回到了家乡。在村口，他突然发现，小溪旁边，早晨的阳光照到一块石头上，闪闪夺目。它是如此美丽，巴布鲁捡起石头带回家，放在了客厅的桌子上。

过了些日子，那个美国人又来了，在巴布鲁的家中看到了这块闪闪发光的石头。他问："这是你从外地捡回来的吗?"巴布鲁说："不是，就是从村口的小溪边捡来的。"美国人惊讶地说："这就是钻石呀!"

于是他们来到小溪边捡了很多以作确认，结果发现，那些石头的确是钻石。而且巴布鲁以前的农场里遍地都是钻石。

这个故事告诉我们这样一个道理：你满世界寻找钻石，而你就走在铺满钻石的路上，就像机遇就在你身边，你需要做的就是去发现它。

二、倍加珍惜

机遇珍贵如金，不能等闲视之，更不能让大好机遇从你眼前溜走。能否抓住机遇，首先要能够认识机遇、发现机遇。而认识机遇、发现机遇的关键在于提高自身素质。只有不断积累知识，努力增强洞察力，当机遇来时，才能认识它、发现它、抓住它。否则的话，机遇碰到鼻子尖上也认识不到、发现不了。等意识到这是个机遇时，机遇早已溜走了，只能留下“黄鹤一去不复返”的遗憾。

从前有个非常信奉上帝的人，有一年他居住的地方突然山洪暴发，村里人纷纷逃避，并劝他也赶紧逃走。他却说：“慌什么，上帝会来救我的。”雨越下越大，水越涨越高，这时从远处漂来一根木桩，他只要伸手一抓就会得救，可是他放弃了。他说：“上帝会来救我的。”水越涨越高，已经淹到他的胸部，有人划着小船来救他。他说：“你们走吧，上帝会来救我的。”船上人无奈只好走了。水越发大了，周围的房屋纷纷倒塌，这时从远处飞来一架直升机。飞机上有人给他放下了一个软梯，让他抓住软梯爬上飞机。可是他仍然不肯上飞机，他还说：“你们走吧，上帝会来救我的。”飞机只好飞走了。最后一个大浪打来，把他冲走了。

这个人见到了上帝，他说：“我亲爱的上帝，我对您是那么的虔诚，可是您在我落难的时候怎么不来救我呢?”上帝说：“我怎么没有救你呢？第一次我给你送来了木头，可是你不肯抓住；第二次我给你送来了小船，你还是不肯上；第三次我给你送来了飞机，你却又再次拒绝了。这一次次的机遇摆在你面前，但是你都拒绝和放弃了。难道还说我没救你吗?”

在现实生活中，我们有许多人就像那个人一样，一边渴望着机遇的降临，一边却又把一个个来到身边的机遇给放走了。为什么会有这种情况呢？原因就是缺乏基本素质，洞察力不够，让机遇撞个大跟头还在埋怨机遇怎么还不来呢。

三、紧紧抓住

机遇稍纵即逝，不能轻慢对之，要抢抓、敢抓、善抓。这就需要不断提高抓机遇的能力。人们常说，机遇偏爱有准备的人。因此，应创造条件抓机遇，不能守株待兔；应雷厉风行抓机遇，不能犹豫不决。

生活中，一些人把机遇看得很神秘，认为机遇是偶然现象，可遇不可求；还有些人把机遇看成是“运气”，把自己的失败归之为“运气不好”。这种认识是错误的，许多人失败是由于思想上没有准备，让机遇从自己的鼻子底下溜走了。其实只要思想上做好准备，随时准备迎接机遇前来叩门，我们就不难成功。就拿科研来说，人们有时确实会遇到某种偶然现象，并由此取得重大突破，如青霉素、X 射线、苯环结构以及烈性炸药的发明。但是这种偶然性的背后蕴藏着必然性。比如 X 射线，伦琴是通过荧光屏发光发现它的，这带有偶然性。但是，之所以是伦琴而不是别人发现了 X 射线，就在于伦琴在这方面付出了超人的努力，有了超人的知识积累。在伦琴之前，就有一位叫史密斯的牧师，发现把包好的照相底片放在克鲁克斯管附近，底片出现了雾翳，但史密斯却没有意识到这是 X 射线所致。又如苯环结构，在凯库勒之前，人们不知道有机物之间碳原子是怎样结合的。凯库勒为了揭开这个谜，曾废寝忘食地工作，但还是什么也没有发现，不得已，他放下手头的工作，把座椅转向火炉边进入半睡眠状态。这时，原子在他眼前飞动，长长的队伍，变化多姿，彼此连接了起来，像蛇一样扭动着、旋转着，忽然，蛇咬住了自己的尾巴。凯库勒惊醒，由此成功地提出了苯环结构的假说。每一次新的科学发现，都是思想有准备的结果。

四、努力用好

机遇蕴含挑战，不能敷衍待之。机遇虽然是解决问题的关键、是成功的必要条件，但是，不是有了机遇就一定能够成功、问题就一定能够解决。机遇来了，还必须把它抓住并利用好。抓不住，或者抓住了利用不好，照样不能解决问题，照样不能成功。

有的人也能认识机遇，也能创造机遇，也有思想准备，但是机遇来了懒得去抓。因为抓机遇和利用机遇是要费心费力的，是要付出一定代价的。有的人不求进取，得过且过，即使你把机遇送到他手上，他也会把它扔掉。凡是能够抓住机遇并能充分利用机遇的人，都是事业心强、有拼搏精神的人。上帝不让这样的人成功，还能让谁成功呢？

机遇从来不是单独出现的，它总是与挑战结伴而行。挑战里面有机遇，机遇里面有挑战。有的时候，看似是个挑战，实际上是个很好的机遇。这就要看我们怎么认识和把握它了。

胡安不会读，也不会写，没有其他活儿可以干，只有在镇上给药房当看门人。即便是这么糟糕的工作，也遇到了挑战。有一天，药房来了新领导推行新政，胡安被辞退。他感到整个世界都要塌下来了。他从未想过自己会落到这种境地。怎么办？他想到自己会修理桌椅，却没有工具。于是，他决定用被辞退的补偿金买一个工具箱。由于镇上没有五金店，他必须骑两天骡子到另外一个镇上去买。还能怎么办？于是他出发了。

他回来时，带着一个漂亮的工具箱，里面有全套工具。很快就有人来借锤子，一来二去，邻居提出“为什么不把锤子卖给我？”“不行，我需要用它工作，而且去五金店需要骑两天骡子。”

“咱们做一个交易吧，”邻居说，“我付给你往返四天的费用，再加上锤子的价钱。怎么样？”“那好吧。”他又骑着骡子出发了。回来时，另外一个邻居也找上门来，说："我也需要一些工具，但没有时间去买。"邻居一下了买走了几件工具，并连同四天往返的费用一并给了看门人。

看门人从"我没有时间去买"看到了商机。于是他从一次多买几件工具，到每周进行一次采购，到租下一间房子存放工具。几周后，他给房子装上了玻璃窗，把它变成了镇上第一家五金店，所有人都愿意找他买东西。生产商也乐于给他发货，因为他是一个好客户。慢慢地，附近乡村的人也开始到胡安的五金店买东西了。

有一天，胡安突然想到他的车工朋友可以制造锤头。然后，他做出自己的钳子、镊子、凿子以及钉子。十年后，胡安成为拥有数百万资产的工具生产商。

他决定为镇上捐建一所学校。在新学校落成仪式上，镇长把城镇钥匙交给了他，对他说："胡安，我们很自豪地邀请您在学校纪念册的第一页签名。""我很荣幸，"胡安说，"但我不会读也不会写，我是文盲。""您是文盲？"镇长说，"您建立了一个工业帝国，竟然不会读也不会写，我很震惊。如果您会读会写，那会成为什么样子啊？"胡安平静地回答："如果我会读会写，我会是以前药房的看门人。"

变故通常被认为是坏事，但坏事也能变成好事。危机里总是蕴藏着机遇。最稳妥的办法永远是改变自己并适应变化。

五、积极创造

光想抓住机遇还是被动的，真正聪明的人必须学会创造机遇。

在解放战争中，毛泽东在运动战中消灭敌人的军事思想实际就是创造机遇的思想。通过运动战来调动敌人以达到创造消灭敌人的机会，实际上就是在寻找战机，创造机遇。正是因为在运动战中创造了大量的消灭敌人的战机，才使我军很快地发展壮大起来。

足球比赛也是不断创造进球机遇的过程。“边路传中”的打法，就是为中路跟进的队友创造进球的机遇。制造越位和制造角球，也是在创造机会。在双方实力差不多时，就看谁踢得更聪明和更智慧，看谁创造的进球机遇多。谁创造的机遇多，抓住的机遇多，谁就会赢。

我们干事业也是一样，也要学会创造机遇。只要我们细心观察，不断努力，相信机遇一定会创造出来的。

冈萨雷斯是墨西哥莫雷利亚市的一位市民，在一家工厂上班，其妻子在一家商店上班。他们有一个非常可爱的儿子，生活虽不富有，但日子过得很温馨。然而，儿子 7 岁那年，得了恶性脑瘤，花了很多钱，最终还是走了。

眼睁睁地看着儿子去了另一个世界，夫妻俩痛不欲生。妻子渐渐地有些精神恍惚了，经常在夜里起来往外跑，叫着去找儿子。后来，她的精神彻底崩溃了，整天哭笑无常，终于有一天，她又一次独自跑出去，冈萨雷斯到处找也找不到，第二天，才在一个水池子里发现了她，早已溺水身亡了。接二连三的打击，让冈萨雷斯万念俱灰，他觉得活下去已经没有什么意义了，便打算用自杀来结束生命，同时也结束自己的痛苦。于是，他准备了一些安眠药，准备服下去一死了之。

就在这时，他忽然想到，在妻儿患病期间，他曾向朋友借了一些钱，现在也没有还上，如果自己死了，朋友的这笔钱不就再也还不上了吗？想到这里，他改变了主意，准备先把钱还上，然后再自杀。第二天，他就回到工厂上班了，同时利用节假日到市场上做些小生意，所赚的钱除必要的生活支出外，全部存了起来。

一年半以后，他终于存够了这笔钱，把它还给了朋友，了却了一桩心愿。但此时，那种失去亲人的痛苦已经淡化了，而且从做生意中，他重新找到了生活的乐趣，便放弃了自杀的念头。他辞了职，专心做生意，由小到大，后来成了一个老板。

谈起当初的想法，他说："如果不是因为心里有着还债这个目标，我早就不在人世了，是这个目标支撑着我走到今天的。"

亚瑟尔是美国纽约的一名警察，在一次追捕行动中，他被一名罪犯开枪击中了左眼和右腿，变成了一个又瞎又瘸的残疾人，而罪犯却逃跑了。他在心里暗暗发誓：一定要将罪犯绳之以法，无论罪犯逃到哪里，都要将他缉拿归案，决不能让罪犯逃脱法律的制裁。从那以后，在长达九年的时间里，他跑遍了美国，还去了两趟欧洲，终于在一个小国家发现了罪犯的踪迹，将其抓捕归案，使罪犯受到了法律的惩罚，他也因此立了头等功，成了一个英雄人物。后来，他在日记中写道："这些年来，让我活下去的最大信念，就是抓到这个罪犯，因为有这个目标作为支撑，所以尽管身体残疾，但我从来不曾绝望过。"

生活如果没有了目标，就会迷失方向；生活有了方向感，生命才能精彩。目标是生命的一种支撑，只有为生活设立一个明确的目标，机遇才能抓住，生命才能充实，才能不断给自己增加信心，以坚定的信念走向未来，从而让自己的生命快乐幸福。

22

人生最难精通的是——方法

马克·吐温说过：“如果我们的工具箱里的唯一工具是锤子，那么很快，所有问题看起来都像是钉子。”马克思唯物主义哲学认为，具体问题具体分析，一把钥匙开一把锁；不找问题找办法，办法总比问题多。但是，人生最难精通的是方法，它就像一座山峰耸立在那里，需要我们努力去跨越。只要脚步不停，一切皆有可能。

方法，是处理问题的方式、手段、程序，它直接影响着问题处理的效率、水平，甚至成败。

在中国共产党历史上，毛泽东是创立和发展马克思主义领导艺术的第一人。在领导中国革命和建设的过程中，毛泽东非常重视领导方法和工作方法，并形成了科学的理论体系，其主要代表作有《关心群众生活，注意工作方法》、《关于领导方法的若干问题》、《关于健全党委制》、《党委会的工作方法》、《工作方法六十条》（草案）、《工作方法十六条》等。实事求是、群众路线、独立自主是最基本的思想方法和领导原则。此后，又进一步派生出许多重要的方法，如“从群众中来，到群众中去”；一般与个别相结合、领导与群众相结合、“点”和“面”相结合、理论和实践相结合、中心工作与一般工作相结合；胸中有“数”，波浪式前进，留有余地，等等。此外，毛泽东还提出了“集体领导”、“力戒骄傲”、“多谋善断”、“当机立断”等领导方法和工作方法。这对于我们今天的工作具有现实的意义。

我们说，若想影响一个人的行为，首先必须影响他的态度，影响态度的前提则是影响他的思维，而影响思维的前提就是了解他的所需，这就为人们揭示了我们工作和交往的若干方法。

现实工作是一本无字的书，事务繁杂，日理万机。怎样做到有条不紊、井井有条，这其中是有章可循、有规律可找、有经验可借鉴的。根据我的工作实践经验，认为做好机关工作应注意以下几点方法：

一、熟悉情况

这里所说的情况，主要是指“三情”，即上情、下情、外情。上情就是法律、法规、政策、红头文件、领导的指示和要求。下情就是服务对象的状况、需求。一定要了解他们的需求，搞雪中送炭。外情就是单位内外工作的先进经验、做法。要向同行多了解、多借鉴，这就是“拿来主义”。“拿来主义”很有用，在我们研究制定政策等问题时，智慧就会增多。有水平的人都善于借鉴外来的智慧，无一例外。人生一定要善于借鉴，把先进的经验、智慧嫁接到我们的大脑中，我们的智慧就会不断增长。

二、把握原则

1. 按政策办事

党的方针政策、国家的法律法令、单位的规章制度是我们办事的依据，不能有所偏离，偏离了就会不得要领，不仅办不成事，而且还会犯错误、栽跟头。

2. 按程序办事

按组织系统办事，按正常程序办事，这是我们应该熟知的，什么事情该不该办、怎么办？心中要有数，不能越俎代庖，超出职责范围，去处理本不该自己承办的事情。请记住：越什么不能越权，争什么不能争宠，跟什么不能跟风，斗什么不能斗气，踩什么不能踩雷，打什么不能打脸。

3. 按惯例办事

处理事务都有许多先例，这样办多了、办久了也就成了惯例。在处理一些拿不准或过去自己没有碰到过的事情时，要先询问别人以前是怎么办的，然后权衡自己是否也应该这样办。

4. 按可能办事

办事情要看条件和时机，时机成熟不成熟，条件具备不具备，要有个清醒的认识，一定要注意把握好。

5. 按意图办事

按照领导明确的意图好办事，按照不够明确或不明确的意图办事需要更高的素质。一个干部必须具备两个才能：第一，执行上级明确的命令；第二，理解命令中包括的不明确的任务，并坚决完成，你的职务越高，你接受的任务越是不太明确。

三、遵循规律

1. 己事己办

把自己要做的事做好，是天下第一重要的事。圣哲告诉我们，总是琢磨别人的事，不如首先把自己的事做好。一个人做不好自己的事，就说明没有把劲儿用在正道上。眼光高，手脚笨，是许多年轻人的通病。这样常会形成做人做事不踏实之弊。你要想改变这些弊病，一要确定自己人生的方向，慎选择，细策划，从内心修炼开始，让人生坚挺起来；二要给自己找到准确的定位，不可缓进，不可冒进，而要根据自己的能力，顺势而出；三要找到打开局面的突破点，尽职尽责努力去做每件事。只有这样，才能干成事，才能超人一步。

2. 急事急办

工作有其内在的规律性，一般都是按计划有序运转，不需要也不可能天天处于高度紧张的状态。而一旦遇到紧急事情，就要加快节奏，加班加点，不怕疲劳，连续作战，在规定的期限内圆满完成任务。当然，我们所说的“急事急办”，绝不是遇事急躁，处事毛糙，乱了章法，慌了手脚。应该是，越在紧急情况下，越要追求办事的一次成功率。清朝人王庭奎讲：“遇到急事，先不要急，要先慢慢想清楚。一旦考虑成熟，就一定不要拖延，而要迅速行动。”也就是说，遇事不慌，稳中求快，实现速度和效益的统一。

3. 特事特办

“特事”指的是特别的事情，或者是新出现的问题，过去没有遇见过；或是不解决不行的问题，但现行的法规条文没有明确规范；或是几个部门职能有交叉的问题，但领导批示让你牵头解决，你解决后可能在人力、物力、财力诸方面要“吃些亏”，等等。也就是说，特事都是超常规的事情，按常规的办法办不了、办不好。这就需要在办事时灵活处置，用特别的措施、特别的手段来办理。“特殊情况特殊处理”，是我们应把握的一条办事原则。不论有多少“特殊”的理由，也要先把事情办好再说，许多情况下都是“先办事后区分责任”、“先办事后完善制度”。“特事特办”的基本要求是原则性与灵活性高度统一。

4. 有事快办

很多事情一旦过了规定的时间期限，即使办得再好，也没有意义。因此，要努力培养雷厉风行的过硬作风，做到领会领导意图快、反应快、行动快，办事干净利索，坚决在规定时间内完成任务。遇到忙的时候，注意提醒自己，加班加点，尽量往前赶，做到“今日事今日毕”。注重“成功率”，不能忙而出错、忙而出乱，保证办一件事成一件事，不留尾巴。对确实有难度的工作，不要有虚荣心，对困难不要藏着、掖着，而要大胆讲情况、提建议，争取主动，保证不把事情耽误在自己手上。

5. 大事细办

“泰山不拒细壤，故能成其高；江海不择细流，故能就其深。”每一项工作，即使是惊天动地的大手笔，也都是由一系列细节、一件件具体事情构成的。没有细节上的质量，就没有整体上的成功；没有小事的积累，就没有大事的辉煌。因此，我们要想提高自身的能力和水平，要想成就一番事业，就必须以认真负责的态度、一丝不苟的精神和缜密周到的作风，从细节着手，从小事做起，把每件事情做实做好，努力做一个不但想做大事更能把大事做细的人。

6. 老事新办

不能只凭经验办事。在过去的经验里，很难找到和现在一模一样的细节。经验可以省事，也可能误事。因为事物每时每刻都在变化，过去某种方式方法能办妥的事，现在不一定能同样办成，单纯用老经验去套、去搬，可能会出事。

7. 秘事密办

有些事情特别是领导交办的私事，不能张扬；可能涉及领导之间关系和个人形象、威信的话语，不能乱讲，应当保守秘密，防止造成不良的消极影响。尤其是参与考察研究干部、保卫纪检部门查办案件以及跟随领导参加一些重要活动或一些重要会议等，接触的东西有许多是需要保密的，稍有泄露，轻则影响工作，重则造成严重后果，有时甚至构成犯罪，将被追究刑事责任。

四、把握关键

1. 高效

高效就是雷厉风行，干净利落，反应快，行动快，事不过夜，事不过时，急事急办，不拖拉，不推诿，不扯皮。高效，实质上就是战斗力的表现。

2. 优质

优质就是讲究质量，实事求是，领会意图准，掌握情况准，把握政策准，解决问题准。准是一个整体，只有在工作的各个环节上都做到准，工作才可能圆满完成。

3. 精细

精细就是严谨细致，一丝不苟，考虑问题全面周到，提出建议反复思考，起草文件字斟句酌，组织活动多方论证。只有做到细，才能获得丰硕的果实。

4. 务实

务实就是求真务实，作风扎实，工作落实。“不唯书，不唯上，只唯实”。说实话，想实招，办实事，求实效，把工夫下在实处。“一分耕耘，一分收获”，办事的高水平和高质量，大都来自于扎扎实实、老老实实的辛勤工作。

五、掌握方法

习近平主席多次强调：“只有精神不滑坡，办法总比问题多。”方法对了头，工作有劲头。现把我在《感悟机关之道》一书中的一些工作方法选列如下：

1. 学习理论的方法

一要原原本本学，努力做到融会贯通；二要联系实际学，努力做到学以致用；三要领导带头学，努力做好学习表率。

2. 办好会议的方法

一是会前准备要充分；二是会中服务要周到；三是会后收尾要及时。

3. 办理公文的方法

写前“四问”：一问写的是什么；二问给谁写的；三问写给谁看（讲给谁听）的；四问稿子起什么作用，达到什么目的。写中“四防”：一防就事论事；二防要点不明；三防角度不准；四防主旨不明。写后“四看”：一看到位不到位——层次、态度、思想、语言是否符合要求；二看得体不得体——是不是做到了符合讲话人的角色，维护发言者的形象，顾及各方面的影响，把握好火候分寸，照顾到相应关系；三看严谨不严谨——是否经得起检验、推敲，有没有立不住的说法和提法，有没有引用不实不当的数据、事例和情况；四看细致不细致——关键处有无文字错漏，有没有明显的病句，格式、排版、打印、装订、页码、报送范围等是否恰当。

4. 调查研究的方法

一要勤于走。就是深入群众，大量掌握第一手资料。二要勤于问。装懂比不懂更可怕。三要善于听。既要“直接听”，又要“间接听”；既“听一方”，又“听多方”；既听“顺言”，又听“逆言”；善于分析，巧听弦外之音。四要精于思。多思才能有好主意。五要专于研。研究要“求是”，拿出解决问题的思路和办法。

5. 协调各方的方法

在领导意见不统一时，一要吃透精神，搞好提前协调；二要把握原则，搞好双向协调；三要寻求对策，不急于一时。

在与其他部门打交道时，一要主管工作勇唱主角不推诿；二要中心工作积极参与不旁观；三要重大工作紧密配合不拆台；四要边缘工作主动承担不扯皮。

6. 汇报工作的方法

一要有充分准备；二要选准时机；三要逐级进行；四要语言精练；五要在汇报结束时有请示。

7. 有效进言的方法

一要端正思想认识，进言的动机要“纯”；二要积累广博知识，进言的点子要“高”；三要深入实际调查研究，进言的内容要“实”；四要掌握一定技巧，进言的方式方法要“活”。

8. 面试取胜的方法

一要简洁而全面客观地介绍自己；二要掌握面试的得分点，包括人事交往意识和技巧、综合分析能力、辩论说服能力、应变能力、自我情绪控制能力、举止仪表等；三要专注而精彩地应对面试，要克服紧张情绪，做到从容不迫；四要了解对手，认清自我；五要注意现场表现，善于随机应变。

9. 请示获批的方法

一要适领导所需——切实与其同思维，使之及时批“是”；二要分领导所忧——切实与其同解难，使之主动批“是”；三要量领导所能——切实与其权相宜，使其便于批“是”；四要尊领导所好——切实与其存共识，使之乐于批“是”。

10. 做好参与性工作的方法

一虽然不是主职主业，但要树立“一盘棋”思想；二虽然不用担责任，但要勇于负责任；三虽然无权做决策，但要积极当“高参”；四虽然不属分内活儿，但要做有心人。

11. 化被动为主动的方法

一要从最容易处入手，抓小、求快、宜稳；二要从最有把握处入手，对症下药，不至于“病急乱投医”，无端耗费时间和精力，影响工作；三要从意想不到处入手，“四两拨千斤”，将问题解决在“巧”处；四要从非办不可处入手，包括群众有强烈反映的，上级有具体要求的，时效性比较强的。

12. 建立威信的方法

一要不断树立自信；二要善于调节情绪；三要学会转化压力；四要提高沟通水平；五要有一定的政绩。

13. 防止冲突的方法

一为含糊处置法；二为责己转移法；三为侧击攻心法；四为幽默节制法；五为心理震慑法。

14. 增强团结的方法

一要多琢磨事，少琢磨人；二要多向前看，少往后看；三要多当面说，少在背后议；四要多换位思考，少本位至上；五要多补台，少拆台；六要多理解，少指责；七要多揽过，少争功。

15. 化解顶撞的方法

一要以静制动；二要以理服人；二要以屈求伸。

16. 开展批评的方法

一要弄准情况，真心坦诚；二要因人而异，因势利导；三要掌握分寸，注重场合；四要注意方法，回避禁忌。

17. 行使职能的方法

一是决策用权，行圆思方；二是用人用权，腹圆背方；三是用权处事，方圆兼顾；四是思想工作，形圆神方。

23

人生最难学会的是——讲话

讲话，是人际交往的润滑剂，是个人综合素质的一面镜子，也是评价个人能力高低的一把尺子。讲话既表现能力也表现学问，可以使人很快完成伟业，并获得世人认知。但是，人生最难学会的是讲话，它就像一座山峰耸立在那里，需要我们努力去跨越。只要脚步不停，一切皆有可能。

“良言一句三冬暖，恶语伤人六月寒。”

“病从口入，祸从口出。”

“言多必失，少说为妙。”

上述，都是古人留下所谓有关说话的警句名言。

习近平主席在浙江主政期间，在一次全省领导干部会议上说了四句催人深思、令人汗颜、促人回味的经典话语。他说：“现在有些干部与新社会群体说话，说不上去；与青年学生说话，说不进去；与困难群众说话，说不下去；与老同志说话，给顶了回去。”细细品味这四句话，很是值得思考。

说不上去，是理论水平低的反映；说不进去，是知识匮乏的表现；说不下去，是由于漂浮的作风；顶了回去，是自以为是的结果。但在表现形式上，都是说话的问题。

为人处世中，大抵离不开三件事：一是做人，二是做事，三是说话。说话谁不会？但要把话说得恰到好处，是一门很深的学问。

有的时候，成也一句话，败也一句话，说话不小心，不把说话当做一回事，必定要吃大亏。

有个人请客办事，看看约定的时间过了，还有一大半的客人没来，心里很焦急，便说："怎么搞的，该来的客人还不来?"一些敏感的客人听到了，心想："该来的没来，那我们是不该来的喽?"于是悄悄地走了。

主人一看又走掉好几位客人，愈发着急了，便说："怎么这些不该走的客人，反倒走了呢!"剩下的客人一听，又想："走了的是不该走的，那我们这些没走的倒是该走的了!"于是又走了一拨。

最后剩下一个跟主人较亲密的朋友，看到这种尴尬的场面，就劝他说："你说话前应该先考虑一下，说错了，就不容易收回来了。"主人大叫冤枉，急忙解释说："我并不是想让他们走的啊!"这个朋友听了，大为光火，说："不是叫他们走，那就是叫我走了!"说完，头也不回地离开了。

事是人干的，话是人说的。话说不好，事也就干不好。一句话可以得罪一个人，也可以赢得一个人。因此，干事情要先从说话开始。

3000多年前，埃及古墓上镌刻着这样的铭文：便捷的口才将使得你雄辩滔滔，占尽上风。我国也有"一人之辩重于九鼎之宝，三寸之舌强于百万雄兵"、"片语可以兴邦，一言可以辱国"的说法。作为一名警察，拥有三寸不烂之舌，在发动群众做工作、调查核实问题、处理突发事件中，会如鱼得水、如虎添翼。

有人把高超的讲话水平的作用提升到平步青云的"阶梯"、获得拥戴的"法宝"、增强公信力的"金钥匙"、提高号召力的"如意棒"、关乎命运的"大问题"等高度，在笔者看来一点不为过。

朱元璋做了皇帝之后，他从前的两位苦朋友先后从乡下赶来找他，说的是同一件事，可是一个会说话，一个不会说话，结果是一个当了官，一个被杀了头。

对于说话的技巧，鲍威尔有一段精妙的表述："急事慢慢地说，大事想清楚再说，小事幽默地说，没把握的事小心地说，做不到的事不乱说，伤害人的事坚决不说，没有发生的事不要胡说，别人的事谨慎地说，自己的事怎么想就怎么说，现在的事做了再说，未来的事未来再说。"

有一篇短文《多余的一句话》，不可不读。

一辆旅游公交上，刚从外地来的小 A 手拿一张地图正认真研究着，但怎么也看不明白。于是请教售票员："去公园应该在哪儿下车啊?"售票员抬头瞄了一眼小伙子，说："你坐错方向了，应该在对面坐××路车才对。"本来，她要是光说这些也没什么，坐错了大不了下站再坐回去呗，可她又眼皮都不抬地冒出了多余的一句话："拿着地图都看不明白，还看什么劲儿啊!"

小 A 嘿嘿地笑了一笑，没说什么，把地图收了起来，准备下一站下车换乘。这时旁边有个老大爷听不下去了，他对小伙子说："你不用往回坐，再往前坐四站换车也能到。"本来，他要是说到这就完了，那还真不错，既帮助了别人，也挽回了咱本地人的形象。可这位老大爷非要把多余的最后一句话说完："现在的年轻人哪，没一个有教养的!"老大爷这话真是多余，车上年轻人好多呢，打击面也太大了吧!

可不，站在老大爷旁边的一位女士就忍不住了："大爷，您不能说年轻人都没教养吧，没教养的毕竟是少数嘛。您这么一说我们都成什么了?"这是一位时髦女郎。可你听她这话，绝对不像没教养的人，跟大爷还"您、您"的。

可谁知她也忍不住非要说那多余的最后一句话："像您这样上了年纪的看着挺慈祥，咋就不会好好说话呢?"这时候，一位中年大姐说话了："你这个女孩子怎么能这么跟老人讲话呢？要有点儿礼貌嘛。你对你父母也这么说话吗?"这大姐批评得多好，把女孩子爹妈一抬出来，女孩子立刻就不吭气了。要说这事儿就这么结束也就算了，所有人都可以该干吗干吗去，可这位大姐多余的最后一句话还没说呢：“瞧你那样，估计你父母也管不了你，打扮得跟狐狸精似的。”

后面的事就可想而知了。这么吵着闹着车就要到站了。车门一开，售票员说：“都别吵了，该下车的赶快下车吧，别把自己的正事儿给耽误了。”当然，她也没忘了把最后一句多余的话给说出来：“要吵统统都给我下车吵去，不下去车可不走了啊！烦不烦？”

烦不烦？烦！不仅她烦，所有乘客都烦了！整个车厢这可炸了窝了，骂售票员的、骂外地小伙子的、骂时髦女郎的、骂中年大姐的、骂这热天的，还有骂自个儿孩子的，真是人声鼎沸，别提多热闹了！

本来那个外地小伙子一直没有说话，这会儿估计他实在受不了了，大叫一声：“大家都别吵了！都是我的错，我自个儿没看好地图，让大家都跟着生一肚子气！大家就算给我面子，都别吵了行吗？”

听到他这么一说，当然车上的人都不好意思再吵了，声音很快平息下来。可这小伙子多余的最后一句话还没说呢：“早知道这里的人都是这么一群不讲理的王八蛋，鬼才来玩呢！”

想知道事情最后的结果吗？许多人那天的事情没有办成。因为得先到派出所录口供，然后再到医院处理外伤。小 B 头上的伤是在混战中被售票员用票匣子给砸的。他并未参与打架，他是去劝架的。他呼吁让大家都冷静一点儿，有话好好说，又没什么大事儿，没必要非打个头破血流的。可他多余的最后一句话是这么说的：“不就是售票员说话不得体吗？你们就当她是个傻瓜不就成了，和一位傻瓜计较什么！”

这种说话的方式和态度，得到的只能是指责和声讨。

由此可见，讲话的学问和技巧太重要了。

一、赞美的话，背地里说

赞美之语就如同阳光，可以化敌为友，使友谊锦上添花。美国著名企业家玛丽·凯说过：“人们盼望赞扬，就像在沙漠中盼望甘露一样。”马克·吐温说：“我接受了人家愉快的称赞之后，能够凭着这份喜悦生活两个月。”当然，赞美人首先要善于发现别人的闪光点，其次要讲究方式方法，如要真诚，不要矫揉造作；要恰当，不要南辕北辙；要凭实据，不要随意敷衍；要因人而异，不要笼而统之，等等。当然，赞美的话，背地里说，能够起到事半功倍的效果。

二、批评的话，表扬着说

虽说“良药苦口利于病，忠言逆耳利于行”，但在现实中，真正乐于听逆耳之言的人寥寥无几。你批评别人的缺点，被批评者往往会批评你批评他的态度。在英国，有句话是这样说的：要记住，批评是用来解决问题而不是侮辱人的，不要轻易地去批评谁。即使要，应该在批评中加点糖，那么批评就不会让人觉得那么苦了。

美国第30任总统卡尔文·柯立芝，一贯沉默寡言，但是有一次他却出人意料地夸耀起他的秘书来：“你今天的装扮真漂亮，正适合你这样年轻貌美的小姐。”女秘书听了总统的夸赞简直受宠若惊，一时不知所措了，柯立芝接着说：“我相信你在以后的公文处理上，也能和你的装扮一样让人无可挑剔的。”

常常在公文中出点小错误的女秘书明白了总统的用意，从那天起，她处理公文时就再也没有出错了。

三、直言的话，迂回着说

在语言的表达过程中，有的时候直来直去地说话并不一定能取得很好的效果，而是需要采取“迂回”的策略来达到说话的最终目的。迂回之话不带刺，人们能愉快地接受。其方法有借题发挥、避重就轻、针锋相对、旁敲侧击等。

齐景公的一匹爱马突然死了，大怒，命人将养马人肢解。晏子见状急忙上前阻止，他问齐景公：“大王知道尧、舜二主肢解罪人的时候，是从身体的哪一个部位开始的吗?”

尧、舜都是圣明的君主，并不曾对罪人施以肢解的刑罚。齐景公明白晏子话里的意思，于是下令将养马人交给狱官处置。

晏子知道将养马人交给狱官处置同样有性命之忧，于是又对齐景公说：“大王，可怜的养马人还不知道自己就要受处罚了，让微臣来历数他的罪过，然后再转交狱官处置吧，好让他死得明白。”

齐景公答应了晏子的请求。晏子就数落养马人说：“你犯了三宗大罪，按理说应该判你死刑的。第一，大王让你养马，你却把马养死了；第二，你养死的是大王最爱的马；第三，因为你的过错，让大王为一匹马而去杀人，天下百姓要是知道了这个缘故，肯定会怪大王生性残暴，因此怨恨大王，这样大王就失去了民心，国家也将不保了。有这三条罪状，你是死罪难免了，就把你交给狱官处置吧。”

齐景公听了晏子的话翻然醒悟，急忙说：“还是将他放了吧，免得坏了我的名声。”

想象一下，如果当时晏子当着齐景公的面直言直语地进谏，可能不但替马夫求不了情，还有可能会惹齐景公发怒，给自己带来杀身之祸。晏子很聪明，他用了一种迂回的方式，不但说得合情合理，还恰如其分，使齐景公心生愧疚，态度立转。

四、强硬的话，柔软着说

骨头是硬的，蚂蚁是渺小软弱的，但最终蚂蚁啃掉了骨头；石头是硬的，水是温柔软弱的，但最终却水滴石穿。很多时候，

“硬”不一定就代表强势、所向披靡，适当来点“软”的，却会收到意想不到的“战果”。

一项工作，两个派出所同天接受了两家媒体记者的采访，且都希望尽快见报。可是，事过几天，仍无音讯。两个派出所都派人去问，结果两种不同态度产生了两种不同结果。

一种是狠狠地责怪了记者，记者觉得很没面子，回敬说：“我想你们也太着急了吧，稿子我已经报审了，正等着批复呢。不过鉴于你的态度，我会考虑将稿子撤回。”说完头也不回地走了。

另一种是一边听记者跟自己解释原因，一边微笑着说：“没关系，上稿也不是件容易的事，感谢您的努力。”记者不免心生愧疚，于是表态说：“我今天回去就催稿子，争取明天见报，真是不好意思了。”第二天，关于该派出所的新闻报道果然就出现在报纸上了。

五、承诺的话，悠着点说

杯子留有空间，加水而不溢；气球留有空间，充气而不爆；承诺留有空间，不成好转身。作出承诺很简单，往往一句话就可以，履行承诺却很难，是个体现能力又充满变数的过程。最好的办法是：话说七分满，给彼此留点余地，是对别人负责，也是对自己负责。这样能更好地处理人际关系。

领导交给小王一件事情，并问：“有没有问题?”小王拍着胸脯说保证没问题。可是过了三天，没有任何进展。领导问他进度如何，他才实话实说：“没有想象的那么简单!”领导虽然没说什么，但内心里对小王的能力产生了怀疑。

六、绝对的话，相对地说

《周易》有言曰：“物极必反，否极泰来。”人际交往的诀窍很多，说话的艺术必不可少，如果想要自己在人际交往中游刃有余，最重要的一点就是，说话留有余地，不说绝对的话。为了避免把话说得太满，应该注意以下两个方面：

首先，说话要实事求是，不要说过了头，违反常理。一件事情的存在总会有它的道理，如果我们说话不顾常情常理，很容易让别人非议。对于对方来说，他们会怀疑你说话的真实性，进而会觉得你这个人人品有问题。对于说话人来说，话说得太过头了，会觉得心虚，本来很有把握的事情，反而无法进展，不好处理，于人于己都不好。

其次，面对一个做错事情或陷入困境的人，你说话的时候更应该注意。不要说刺激的话，要掌握好分寸。例如，同事做错了事情，你张口就说："世界上最笨的人就是你了。"不但伤害了同事，得罪了人，还让别人觉得你浅薄无情。又如，一个员工常常迟到，经理可以扣奖金、辞退，但是不能够在众人面前指责他，进行人身攻击。这样做，不但不能解决问题，反而会使对方产生抵触情绪。

七、悲愤的话，激昂地说

1941 年 12 月 7 日，正在听音乐会的尼米兹被紧急叫到一部电话机旁，电话是罗斯福总统打来的。总统在电话中语气沉重而严肃地对他说："我们的珍珠港被日本人轰炸，我们的太平洋舰队命悬一线，我已决定任命你为太平洋舰队司令，我相信，你能挽救它。"

珍珠港损失报告交到了尼米兹手中，令他不忍读：经过 1 小时 40 分的狂轰滥炸后，美国 7 艘大型舰艇沉没，6 艘遭到重创；飞机损失 450 架，伤亡 3800 人……然而，最要命的是弥漫在官兵和民众心中无法驱散的悲观甚至绝望情绪，尼米兹在致电罗斯福总统时说："大多数人已经悲观到了极点，他们认为，日本太过强大，美国已变成上帝的弃儿。我要做的最重要的事情，是帮助他们找到藏匿在乌云中的霞光。”

在圣诞前夕的平安夜，经过精心准备，尼米兹对士气低落的官兵们发表了圣诞讲话：“上帝是如此眷顾我们美国，他让日本人在这一次精心策划的袭击中，犯下了至少三个致命错误。如果日本人少犯了其中的任何一个，太平洋舰队将不复存在。而现在，我、你们、太平洋舰队都还在：在绝望之中还在这里！”

尼米兹的开篇，吸引了在场所有的人，每一个人都竖起耳朵，生怕漏掉一个字。

尼米兹继续讲：“第一个致命错误，日本人将袭击时间定在周日的早上。恰恰是这一天，每周也只有这一天，十有八九的人都不在船舱里，而是在夏威夷的各处度周日。否则，我们的损失将是38000人，而不是3800人。”

众人无不点头称是。

尼米兹接着说：“第二个致命错误，日本人只炸了舰艇而没炸船坞。如果船坞被炸毁，我们仅存的舰艇将无处停泊，大量毁伤的舰艇也无处修复，难道将他们托运到几千公里以外的本土去修复？日本人会给我们这么漫长的时间吗？”

人群中自发地响起了掌声。

尼米兹更加充满激情地说：“第三个致命错误，日本人为我们留下了自卫和复仇所必需的血液——油料，它就在区区5英里以外的山上，在当时的情况下，哪怕一架日军战机飞到那里，就可以将它们炸得一滴不剩。倘若如此，我们所有的舰艇和飞机都将变成动弹不得的一堆废铁。”

说到这里，尼米兹提高了声音，以极富煽动性的腔调吼道：“日本人为什么会犯下这么多的致命错误？只有一种解释，那就是上帝在帮助我们。所以，上帝并没有抛弃我们，它仍然和我们站在一起！”

人群中响起雷鸣般的掌声，经久不息……

一个月后，在尼米兹的部署下，美国海军突袭了日军控制的马绍尔群岛和吉尔伯特群岛，一举击沉了日军8艘舰艇，这是美国海军在第二次世界大战中的第一次得分，美军士气从此由低沉转向振奋。

1943年4月18日清晨，在布干维尔岛上空，美军将珍珠港事件的始作俑者——山本五十六截杀。

八、是非的话，坚决不说

说人是非者，必是是非人。喜欢背后议论别人是非的人，大多数情况下都是喜欢挑拨离间或者无所追求的人，还有一小撮喜欢打小报告的人，也是喜爱说东道西的人，他们说话做事的方式，面前背后不一致。在与这样的人交往时，难免会被抓住把柄，给一些不怀好意之人以可乘之机。而你要做的就是尽可能离这些人远些。学会远离是非漩涡，不要背后议论别人是非。

背后说人坏话，打小报告，把别人的缺点作为谈论的焦点，这是一种病态的心理。世上真正成功的人一般都不去说别人的坏话。相反，那些天天盯着别人是非的人士很难成功，因为他们把时间都耗费在没有任何意义的事情上。可笑的是，他们特别喜欢议论别人的是非，有时会深陷其中不能自拔。这不正说明了他们毫无追求、心胸狭窄吗？

背后说人坏话还是素质低下的表现。当你一味说别人坏话的时候，很容易让人看不起。如若这个毛病一直不能去掉，那么就会被贴上一个可怕的标签：这人品德有问题。

常在背后说人坏话的人是最没有安全感的人。在议论是非的时候，损害的必定是自己的形象。因此，在日常生活中要时时督促自己不要乱嚼舌头，说人闲话，更不要背后议论领导。如果那闲话、坏话广为流传，你还有安全感吗？

九、会说的，不如会听的

聪明的聆听者能够让说话者有充分表达的机会，自然就更容易获得别人的好感。三国时候诸葛亮举兵伐魏，两军在五丈原对峙日久，诸葛亮拖延不战，只派使者送信和一套女人衣服给司马懿，本想羞辱司马懿以反促其出战。没想到，老谋深算的司马懿不但没有上当，还从使者说的“我们丞相勤于政事，事情不管大小都要亲自过问，而且吃得很少”话语中听出了弦外之音：诸葛亮食少事烦，其能久乎？于是，传令下去，不管蜀军如何挑衅，只坚守不战。没过多久，诸葛亮终因操劳过度，病倒在五丈原。蜀军只好班师回朝。最后，诸葛亮病逝，反而成就了司马懿的大业。

24

人生最难生产的是——幽默

幽默是一种机智，是一种生活的调味品和开心果，是一种优美、健康的品质。幽默能使人们平淡的生活充满情趣；幽默能使紧张的气氛得到缓解；幽默能减轻疲劳，振奋精神，产生创造力。但是，人生最难生产的是幽默，它就像一座山峰耸立在那里，需要我们努力去跨越。只要脚步不停，一切皆有可能。

幽默是一种笑的文化，是一种个人品格的修养，是一种睿智和机敏的表现。钱钟书先生认为“幽默减少人生的严重性，决不把自己看得严重”。在关于幽默的神话里，一旦人成功地使用了幽默，就可以把握自己的生活，使人生充满欢乐和幸福，进而开创事业，创造奇迹。在一辆奔驰的公共汽车上，一个乘客坐在最后一排椅子上打盹儿，突然一个急刹车，乘客一下子连滚带爬地扑到司机旁边。大家都以为要发生口角了。不料乘客对司机说：“师傅，你找我有事吗?”全车一片笑声。

联谊会上，一个年轻人不慎把酒洒在了老教授的秃头上，空气顿时凝固了。老教授摸摸自己的头皮，又拍拍年轻人的肩膀，笑着说：“小伙子，这种方法我试过，酒不治秃头的。”言毕，全场大笑，年轻人也轻松地笑了。

这两个笑话中，如果乘客和老教授气急败坏地破口大骂，可以想见人们对他们是何印象；如果保持沉默不语，尴尬的气氛必然会弥漫整个现场。他们睿智的一句话，就把人们的视线转移了，将不愉快的遭遇变成了有趣的花絮。

古往今来幽默的故事很多，幽默的作用很大。

一、幽默作为人们相处的润滑剂，使人们之间的相处充满快乐

林肯身为美国总统时，很受民众的爱戴。然而他有一大劣势，那就是他难看的相貌，他自己也意识到了这一点。但他并没有刻意去回避这些，也没有想过要去整容，相反，他却凭借这一缺陷一点点地拉近了与美国民众的距离。

有一次，林肯的竞争对手攻击他，说他是一个两面派。林肯听到后并未生气，反而十分平静地说："在座的听众为我评评理，假如我真的是两面派的话，我还会给你们展示我这对不起观众的相貌吗？"台下的听众都不约而同地笑了起来。林肯利用幽默展示了他的真诚和乐观，更把人们喜欢的人情味和人性展现了出来。也正是这些使他获得了人们的理解和喜欢。

有位名叫凯瑟琳的心理学家曾经说过："假如你可以使一个人对你有好感的话，那么你身边的任何一个人乃至整个世界的人都有可能对你产生好感。你并不需要到处和人握手，仅仅用你的友善、机智和风趣去传递你的信息，就可以消除你与他们之间的距离感。"

二、幽默可以拉近人与人之间的距离，在人们之间搭建感情的桥梁

有一次，白宫举行钢琴演奏会，当里根总统正在讲话的时候，他的夫人南希不小心摔倒在地毯上。恰好里根观察到了这一幕，在他确认夫人并没有受伤后，说道："亲爱的，只有在我没有获得掌声的时候，你才能这么表演，难道忘记我偷偷告诉过你

的话了吗？”顿时，台下响起了一阵笑声和掌声。

原本是一件极尴尬的事情，假如里根装作没有看到，或者责备他夫人的话，便会使她觉得脸上不光彩。在这场社交活动的危机当中，里根总统的幽默语言不仅化解了他和夫人的窘境，还获得了观众的认可，可谓一举两得。这也正是里根总统的机智和魅力所在，在无形中拉近了他和观众之间的距离。

英国首相、陆军总司令丘吉尔有一次去视察部队，那天正好下过雨，临时搭建的演讲台被雨淋过，有些潮湿。

丘吉尔演讲完了之后，走下台阶，一不小心竟然摔了一跤。台下的士兵们从未见过自己的总司令如此狼狈，都哈哈大笑起来。陪同丘吉尔的军官此刻十分慌张，不知道怎么办才好。

丘吉尔爬起来后则笑着说：“我想我的这一跤比演讲更能鼓舞士兵们的斗志。”

士兵们听了丘吉尔的话都不由得鼓起掌来。他们对总司令的睿智和幽默产生了亲切感和认同感，在内心更加坚定了服从总司令指挥的决心，要在前线英勇战斗。

三、幽默可以化解对方的疑虑，使其毫不怀疑地接受你的意见

运用之妙，存乎一心。要想把最简单的幽默运用到化解对方的疑虑中去，不仅需要敏捷的思辨和坦荡的胸怀，还需要对症下药。

一条船正在海面上航行，忽然狂风大浪铺天盖地袭来，船眼看着就要沉了。船长命令大副去通知所有的乘客，让大家赶快弃船逃命。可是大副去了，根本劝不动大家。船长只好亲自去劝。

船长最先告诉英国人，作为绅士，就要做好表率，于是他二话不说就跳下去了；然后又表情严肃地告诉德国人，这是命令，于是他也跳下去了；接着又告诉法国人，这时候跳下去是浪漫而潇洒的表现，他也跳下去了；接着告诉伊拉克人，这是真主和将

军的旨意，他马上穿上救生衣跳了下去；最后提醒美国人，他在船公司入了保险，结果他赶紧拿着皮包跳下去了。

故事中，船长根据每个人不同的民族特点进行了不同的劝说。在我们看来，这样劝说的方式充满了睿智和幽默感，让听者比较容易接受。一方面，情况的确很紧急；另一方面，船长幽默的语言很好地化解了大家心中的疑虑，也是一种轻松的调侃。大家明白船长所要表达的意思。因此，大副没有完成的任务，船长运用幽默的方式轻松地解决了。

四、幽默可以缓解凝重的气氛，使彼此的交往充满亲切和睿智

毛泽东就是一位公认的幽默高手。他早在 1929 年为红四军干部制定的《教授法》中就规定："说话要有趣味。"凡是与毛泽东交谈过的人，都被他那幽默风趣的语言所折服。

在中央苏区时期，毛泽东一度在瑞金东华山养病。一天，他问卫生所负责护理他的小战士："你叫什么名字?"

"钱昌鑫。"

"是哪几个字?"

"钱币的钱，日日昌，三个金字的鑫。"毛泽东一听，笑了笑说："哈，你姓钱还不够，还要那么多金子！小心打你的土豪啊!"

1951 年，时任中国人民志愿军司令员的彭德怀，从抗美援朝战场回京向毛主席述职。

谈话间，毛泽东开玩笑说："德怀呀，你我都是同石头有缘分的。你的字号叫石穿，我的乳名叫石三伢子，我们两个同是石头。"彭德怀谦虚道："我岂敢与主席相比。主席是块稀世宝石，我彭某只不过是一块冥顽不灵的顽石。两者之间，有天壤之别!"

毛泽东摆摆手说："不，同样都是石头嘛。我们两块石头，

一块扔给了杜鲁门（时任美国总统），一块扔给了麦克阿瑟（时任侵朝美军总司令）！”两人相顾，发出会心的笑声。

1953年年底，毛泽东去杭州，负责保卫和饮食起居的浙江省公安厅厅长王芳陪同毛泽东吃饭。席间，公安部部长罗瑞卿建议王芳把“芳”字上的草字头去掉。原因是，这个名字容易搞混，不知情的人还以为他是女同志呢。“这可不行。”毛泽东放下手中的筷子说：“王芳，你是山东人，你们山东的绿化怎么样?”“刚刚起步。”“山东还有许多荒山秃岭没有绿化起来，你的头上刚长了一点草，就想把它除掉，这怎么能行！什么时候山东消灭了荒山秃岭，绿化过了关，你再把草字头去掉。”

1947年3月13日，胡宗南的14个旅分兵进犯延安。50多架敌机对延安狂轰滥炸了一整天。其中，一颗重磅炸弹在王家坪毛泽东的窑洞门前不远爆炸，一阵山摇地动之后，便见硝烟弥漫，负责保卫毛泽东的卫士们很为他的安全担忧，警卫参谋贺清华心急如焚推门而进，但见毛泽东从容自若，根本没事似的，他右手拿着的那支笔正在大地图上移动着。他身旁的彭德怀目不转睛地注视着地图上移动着的那支笔的笔尖。

贺清华的推门而进惊动了毛泽东，但他的注意力还在那张地图上。他看着地图问：“客人走了吗?”

贺清华丈二和尚摸不着头脑，他愣了：哪有客人呀？于是反问：“谁？谁来了?”

“飞机呀。”毛泽东微笑着说。大家听毛泽东这么一说，都笑了起来。

卫士拿着散落在门前的一块炸弹片给毛泽东看。毛泽东接过来掂量一下，又风趣地说：“嗯，发财发财，能打两把菜刀呢。”

1971年7月，基辛格秘密访华期间，发生了这样一则趣事：

一天下午，基辛格的助手、美国国家安全委员会东亚事务助理约翰·霍尔德里奇，拿着一份新华社英文新闻稿，找到了接待组负责联络的人员，他指着封面上的毛主席语录问这是怎么一回事。

联络人员一看，那段语录摘的是："全世界人民团结起来，打败美帝国主义及其一切走狗！"霍尔德里奇说："这是从我个人的房间里搜集到的，我们希望这些新闻稿是被错误地放到了房间里。"很显然，美方误以为这是中方故意这样做的。

这件事被汇报到了周恩来和叶剑英那里。后来又向毛泽东作了汇报，毛主席听后哈哈一笑说："去告诉他们，那是放空炮。他们不是也整天喊要消灭共产主义吗？这就算是空对空吧。"

从那儿以后，"报刊事件"和毛泽东"空对空"的妙论，就成了工作人员聊天的一段"笑语"。

正像有文章所阐述的：毛泽东的幽默具有深刻的哲理性、通俗性和强烈的鼓动性，是他个人品格和领导艺术中一个重要的组成部分，无处不闪烁着智慧的火花。他继承了先秦诸子的幽默精华而加以升华，把深奥的道理融会于幽默之中，却又从人民群众的语言中吸取养料，使妇孺皆知，而不落于士大夫似的幽默。他的一个幽默可以让你永远难忘而毕生奉为座右铭；他的一个幽默可以让你视敌人千军万马如草芥而从容不迫。仿佛只要他在那里一站，胜利之神就永远不会离开，即使遇到再大的危险，你也有了支撑信念的勇气……

五、幽默可以反击别人的挑衅，并像太极拳的借力打力一样将挑衅化于无形

萧伯纳常在他写的戏中揭露资本家的丑恶面目。一次，有个资本家企图在大庭广众之下羞辱萧伯纳一番，他挥着手大声地说："人们说，伟大的戏剧家都是白痴。"萧伯纳笑了笑，随即回敬道："先生，我看你就是最伟大的戏剧家！"资本家十分尴尬，没想到萧伯纳会这样回敬他。

萧伯纳运用讽刺性的幽默，给予了那个资本家有力的回击。一方面维护了自己的尊严，使自己从遭受讽刺的境地中解脱出

来；另一方面又在大庭广众之下展现了自己的睿智和风度。

社会交往中，有些人喜欢仗着自己的有利条件，寻机在他人身上挑出某个弱点以进行讽刺、欺侮，从而显示自己的优越地位。这时候，运用讽刺性的幽默进行还击便是最好的武器。

在一次宴会上，生物学家达尔文和一位年轻漂亮的女士一起就座。“达尔文先生，”旁边的女士用一种轻蔑的口气问生物学家，“我听说你曾断言，人类是通过猴子进化而来的，我是否也属于你的结论之内呢？”

“那是自然！”达尔文同样轻蔑地看了她一眼，然后很有礼貌地回答说：“我们都是由猴子进化而来，只不过您不是普通的猴子进化的，而是由一只很漂亮的猴子进化来的。”

六、自嘲性幽默，可以迅速摆脱困境

古时候有一个石学士，一次在大街上骑着驴转悠，一不留神，“咚”的一声就从驴身上摔了下来。街上的人都纷纷回头看笑话，可这位石学士从容不迫地爬起来自嘲道：“亏我是石学士，这要是瓦的，还不摔成了碎片？”一句妙语，惹得围观者哈哈大笑，石学士也在大家的笑声中化解了尴尬。

某年的中秋节，陈毅到亲戚家看望，进门刚坐下，他就在书桌上发现了一本好书，于是便专心翻阅起来，还不时地拿毛笔做批点。午饭时间到了，主人几次催他去吃饭，他不忍丢下手中的书，就没去。见此，主人干脆就把糌粑和糖端了过去。就这样，陈毅边读边吃，不料，竟把糌粑伸进砚台里蘸了两下墨汁欲往嘴里送。亲戚们连忙叫住他，捧腹大笑。他却说：“吃墨水没关系，我正觉得自己肚子里的墨水少哩！”

不管你的地位高低、影响大小，适时恰当的自嘲都会让你受到大家的喜爱和支持。小人物的自嘲可以为自己赢来好人缘，方便自己走向成功；大人物的自嘲则可以显示出自己容易亲近的秉性。

那么如何培养自己的幽默感呢?

(一)要能够领会幽默的内在含义

幽默与乐观是孪生姐妹。一个遇到挫折和困难就忧愁满面、愁肠百结的人，怎么会具有幽默感呢?而一个具有幽默感的人往往能够从自己不顺心的遭遇中发现一些“戏剧性因素”，然后让自己快乐，内心平衡。列宁的姐姐乌里扬诺娃曾告诉外人说:“列宁巧妙的幽默使人胸怀开朗。”只有我们自己心胸开朗了，才能使周围人心胸开朗;只有自身具有感染力，才可能感染周围人，使大家都能快乐开朗地生活。

(二)要扩展自己的知识面

幽默是智慧的一种外在表现，它建立在内涵丰富、拥有渊博知识的基础之上。如果你知识丰富，那么必定能够谈吐不凡、审时度势、妙语连珠，令人敬佩叹服。因此，你必须先博闻强记、广泛涉猎，不断补充新知识以充实自己，这样才具备培养幽默的条件。同时，在日常生活中试着调动自己所看到的一切事物，把平时听到的、读到的，或取其一点，或相辅相成，或望文生义……将这些加以联系，相互之间进行比较，这样一来你就有可能达到语出惊人的“幽默”。

(三)要学会培养自己的洞察力

拥有深刻的洞察力，提高观察事物的能力，培养机智、敏捷的能力，也是增加幽默感很重要的一方面。只有具备迅速捕捉事物本质的能力，并进行恰当的比喻，用诙谐的语言表现出来，才能使人们产生轻松的感觉。当然，幽默的同时也要注意一点:处理事情时，重大的原则不能马虎，不同的问题要加以不同的对待。

中国文化博大精深，语言更是丰富多彩。我们不妨择取几朵小小的浪花，给大家平添一些欢乐。

某男参加歌唱比赛，一首歌曲之后，四个裁判倒下了三个，没倒下的那个裁判走上台握着他的手激动地说："人才啊！别人唱歌是要钱的，你唱歌是要命的。"

小明问妈妈："什么叫乐观的人啊？"妈妈说；"就像咱家的水壶，屁股都烧得红红的，还有心情在那吹口哨呢。"

米饭和包子打群架，米饭仗着人多势众，见了包着的就打，豆沙包、糖包、蒸饺无一幸免。粽子被逼到墙角，情急之下把衣服一撕，大叫："看清楚，我是卧底！"

有一老板与情人同眠，手机铃响，情人接曰："您呼叫的用户已喝醉！"次日回家，妻子高声质问："昨天你到底喝了多少酒？连移动公司都知道了！"

一个拳击运动员对医生说："我失眠了有什么办法能治？"医生说："你在睡前数数，从1数到99就行了。"运动员说："这办法我试过，但每当数到9时我就会从床上跳起来。"

亨利："你每天晚上只喝两杯白酒，今天怎么要了四杯？"鲍勃："我自己觉得喝两杯已经够了，可我太太还是不满意。"亨利："她怎么不满意？"鲍勃："每天我一到家，她总是埋怨我：'真该死，又喝得半醉！'"

冰箱里并排放着五颗鸡蛋，第一颗悄悄跟第二颗说："第五颗身上都长毛了，真恐怖！"不幸被第五颗听到，大怒："老子是猕猴桃！"

有个腼腆的男孩终于鼓足勇气问心爱的女孩："你喜欢什么样的男孩？"女孩说："投缘的。"男孩再问还是一样，他只好伤心地说："头扁一点的不行吗？"

在一艘军舰上，每当舰长下舰船时，广播都要播出消息以示敬意。这天，军舰靠岸，舰长正欲离舰，只听扩音器中传来："本舰舰长下舰，本舰舰长下舰。"舰长一听大怒："谁说我下贱！"过了一会儿，只听扩音器纠正道："舰长不下舰，舰长不下舰。"

一个农户明天杀鸡，晚上喂鸡时说，这是你最后一顿！第二日见鸡已躺倒并留遗书："爷已吃老鼠药，你们也别想吃爷，爷也不是好惹的！"

蜈蚣被蛇咬了，为防毒液扩散必须截肢。蜈蚣想："幸亏腿多！"大夫安慰说："兄弟，想开一点，你以后就是蚯蚓了！"

有一天，一只蚂蚁在森林里玩，这时远处一只大象往这边奔跑过来，这只蚂蚁赶紧躲进洞里，并伸出一只脚。一只小鸟看见了就问它："蚂蚁你干吗呢?"蚂蚁："老子绊死它！"

蜘蛛深爱着蚂蚁，表达爱意时却遭到拒绝，蜘蛛大吼："为什么？这一切是为什么?"蚂蚁胆怯地说："俺妈说了，成天在网上待着的都不是好人！"

喜鹊飞来，妈妈告诉孩子这是喜鸟是客人；燕子飞来，妈妈说这是益鸟是客人；乌鸦飞来，孩子问："你也是我们的客人吗?"乌鸦叫："吾乃黑客！"

两只青蛙相爱了，结婚后生了一个蛤蟆，公青蛙见状大怒说："贱人，怎么回事?"母青蛙哭着说："他爹，认识你之前我整过容。"

狗对熊说："嫁给我吧，嫁给我你会幸福的。"熊说："才不嫁呢，嫁给你只会生狗熊，我要嫁给猫，生熊猫那才尊贵呢！"

鳖调戏河蚌，被咬，老鳖忍痛拖着河蚌来回爬，青蛙见了敬佩地说："乖乖，鳖哥混大了，出入都夹着公文包。"

蜜蜂狂追蝴蝶，蝴蝶却嫁给了蜗牛。蜜蜂不解："他哪里比我好?"蝴蝶回答："人家好歹有自己的房子，哪像你住在集体宿舍。"

25

人生最难美满的是——婚姻

与人之间的强烈依恋、亲近、向往，以及无私、专心并且无所不尽其心的情感，是爱情。爱情，是幸福婚姻的入口。爱情与婚姻是完美人生不可缺省的内容。但是，人生最难美满的是婚姻，它就像一座山峰耸立在那里，需要我们努力去跨越。只要脚步不停，一切皆有可能。

妻子吵着要同丈夫离婚。他们去法院的路上，经过一条宽阔但不深的河。丈夫说："我把你背过河吧！"妻子伏在丈夫背上，过了河。他俩没走多远，妻子说："算啦，别离婚了。咱们回去吧。"丈夫问："你不是吵着要离婚吗？"妻子说："等离婚回来，谁背我过河呢？"

真正的知音和同道，是可遇不可求的。

找到一个爱你的人很容易，找到一个你爱的人却很难。

夫妻如同左右手，左手提东西累了，不用开口，右手就会接过来；右手受了伤，也不用呼喊和请求，左手就会伸过去，相濡以沫，你扶我牵，互帮互助。

夫妻又如一双筷子，什么时候都要齐心同力，酸甜苦辣，一起品尝，栉风沐雨，共度人生。

夫妻还如"人"字一撇一捺，俩人合力，才能顶天立地。

如果你还没有结婚，你想要哪种婚姻呢？如果你已经结婚，你属于哪种婚姻呢？时时照照镜子，不要让尘世的污浊亵渎了神圣的婚姻。

婚姻是建立在感情基础上的一种特殊的契约关系，有时候脆薄如纸，有时候坚硬如石。

一对夫妇，昨天结婚，今天离婚，原因是新娘发现新郎的感情不专一。

要知道，对感情不能认真对待的人，心里永远只有孤独陪伴；对爱情忠贞的人，才能在危险面前挺身而出。一对夫妇，登山遇险，丈夫失足坠落山崖，妻子情急之中一口咬住安全绳，坚持了 6 个小时等到救援人员到来，把丈夫拉了上来。这时候妻子一张口，满嘴牙齿全部脱落。

当然，生活中这样特殊的事例很少，绝大多数的夫妻关系都建立在小小的细节上。

对于世界来讲，你只是芸芸众生的一个，但对于某个人来说，你就是他（她）的整个世界。

也有人说：爱情是享受，婚姻要忍受。

还有人说：爱情是艺术，结婚是技术，离婚是算术。

有这样一个故事：一个漂亮的女孩同时被两个家境不同的英俊小伙子看上。在取舍时，女方家庭出了一道难题：用一天的时间，谁先把空荡荡的一间房子装满，就把女儿嫁给谁。结果，一个富家子弟雇了许多人，买了许多粮与物往里搬，但仍有空隙；另一位青年小伙虽资源不多，却成竹在胸，到傍晚时分提了一盏油灯进屋去，就让灯光把整个房子“填”满了。

这个故事告诉人们一个道理，幸福也是一种智慧，这种智慧，就在于看到了幸福生活并不等同于物质堆积如山、财富充塞于室；幸福全靠“实”的还不行，还需要点“虚”的东西。这里边包含了对生活的反思。

那么，到底如何选择自己生命中的那一半并相伴一生呢？

一、爱人是你最好的选择

生活中常常遇到这样的现象，你无职无权的时候，她说你：“没本事、窝囊废。”你好不容易有职有权了，她又说你：“有什么了不起，你原来不就是个……”

生活中我们经常可以看到这样的对话，男的说：“没见过像你这样蛮不讲理的女人。”女的说：“不错，我也没见过像你这样粗鲁蛮横的男人。”男的又说：“你看看人家小雨妈，多温柔体贴，多会操持家务，哪像你整天就知道围着牌桌不下场！”女的反唇相讥：“还好意思说，你也不看看明明他爸，人家上两个班，还经常写字画画发表文章赚外快，哪像你就知道喝酒聊天瞎胡诌！”

俗话说：“老婆是人家的好，孩子是自家的亲。”现实生活中的确存在这种现象。回想当初，他（她）不也是你的最佳选择吗？若不然你又何必与他（她）结婚呢？两个人经过一段婚姻生活后，婚前的新鲜感已荡然无存，对方的缺点也暴露无遗，这时便生出许多感叹埋怨：当初要不是怎么怎么，我才不会看上你呢……

如果你总是期待那些未到手的，而不好好珍惜手中所拥有的，怎么可能获得幸福呢？

二、最适合自己的才是最美的

有两只老虎，一只在笼子里，一只在野地里。在笼子里的老虎三餐无忧，在野外的老虎自由自在。笼子里的老虎总是羡慕外面老虎的自由，野外的老虎却羡慕笼子里的老虎安逸。一天，一只老虎对另一只老虎说：“咱们换一换。”另一只老虎同意了。于是，笼子里的老虎走进了大自然，野地里的老虎走进了笼子。从笼子里走出来的老虎高高兴兴，在旷野里拼命地奔跑；走进笼子的老虎也十分快乐，它再不用为食物而发愁了。

但不久，两只老虎都死了。从笼子中走出的老虎获得了自由，却没有同时获得捕食的本领，饥饿而死；走进笼子的老虎获得了安逸，却没有获得在狭小空间生活的心境，忧郁而死。

不求得到最好的，只求得到最适合的。许多时候，人们往往对自己的幸福熟视无睹，而觉得别人的幸福却很耀眼。想不到，别人的幸福也许对自己并不适合；更想不到，别人的幸福也许正是自己的坟墓。因此说，选择最适合自己的才是最美的。

三、自己的幸福靠自己

没有谁会愚蠢地相信自己在某个领域轻而易举地就能成功，可是几乎人人都觉得自己理所当然应该有一个成功的婚姻。一位出嫁的女儿，回家向母亲倾诉，说婚姻很是糟糕，丈夫既没有很多的钱，也没有好的职业，生活总是单调无味。母亲笑着问，你们在一起的时间多吗？女儿说，太多了。母亲说，当年，你父亲上战场，我每日期盼的，是盼他能早日从战场上胜利凯旋，与他整日厮守，可惜——他在一次战斗中牺牲了，再也没有能够回来。我真羡慕你们能够朝夕相处。母亲沧桑的老泪一滴滴掉下来，渐渐地，女儿仿佛明白了什么。

一群男青年在餐桌上谈起自己的老婆，都说被管束得太严，几乎失去了自由，边说边显露大丈夫的凛然正气，狂饮如牛，扬言回家要和老婆怎么怎么斗争。邻桌的一位老叟默默地听着，起身问道，你们的夫人都是本分人吗？男青年们点头。老叟叹了一口气，说：“我爱人当年对我也是管得太死，我愤然离婚，以至于她后来抑郁而终。如果有机会，我多希望能当面向她道一次歉，请求她时时刻刻地看管着我。小伙子，好好珍惜缘分吧！”

四、世界上没有十全十美的爱情

大千世界，人海茫茫，如何才能找到属于你的那个完美的伴侣呢？现代的人们，总是不能固守这份天缘，屏息静候吧。于是，他（她）们常常很勉强地接受了随风而至的他（她），却又一遍遍地把他（她）和自己心目中那个完美的设想进行对比，对比一次，失望一次。他们并不懂得，如何去珍惜身边的和已经拥有的；他们也不知道，自己已经得到的其实就是最大的幸福、最真的爱情！

如果有这样一个人，他（她）在你的心目中是绝对完美的，没有任何缺陷，你敬畏他（她）却又渴望亲近他（她），那么，这种感觉不是“爱情”，而是“崇拜”。崇拜需要一个偶像，而爱情则不需要，爱情是真真切切地能够用手触摸、用心体会的。爱情是你明知他穿得十分“土气”，却甘愿带他出入于大庭广众；是你以前鄙视穷人，却偏偏做了穷人的妻子；是你素有洁癖，却十分勤快地为他洗着油腻腻的饭盒、脏兮兮的球鞋……

一位秀外慧中的女孩大学毕业后，拒绝了很多优秀男孩的追求，最后却选择了一个毫不起眼且个子矮小的同事。周围的许多人都觉得不可思议，就连她的闺中女友也表示不理解。而她自己却很坦然，在众人疑惑的目光中，她披上婚纱与先生粲然走进了婚姻的殿堂。多年以后，当她的同学们都疲倦于营造自己的一隅、失望于当初幻想的破灭之时，众人在同学聚会上发现：这位女孩并没有如他们原先所想的那样，庸碌无为，憔悴不堪，而是更加光彩照人，甚至比以前还多了一份成熟的雍容和深沉。这位女士告诉大家，她的丈夫不是最优秀的，有着许多的缺点，这些在她还没有接受他的时候就已知道，但她愿意今生今世将自己的感情托付给这个在她遇到挫折的时候默默地帮助她、在她失意的时候热情地鼓励她，并且从不索取任何回报的男人。

由此可想，如果有一份执著而持久的感情和一份金玉其外却瞬间即逝的“感情”，你宁愿选择哪一种？世界上有许多出色的男孩和美丽的女孩，然而真正属于你的感情只能有一份，千万不要因为别人的眼光而改变了自己的挚爱，莫要活在别人的眼光里而失去了自己！感情不能贪心，也不能梦想。所以，我们只有用心来守候着属于自己的、并不惊天动地的爱情，等待之后便是一生一世的厮守！

五、爱我的人还是我爱的人

在《乱世佳人》中，思嘉丽在少女时代就狂热地爱上了近邻的一位青年艾希礼。每当遇到艾希礼，思嘉丽就恨不得把自己全部的热情都倾注在他身上，然而艾希礼却浑然不觉。此情此景，被另一个青年白瑞德发现，从此白瑞德对思嘉丽产生了爱慕之情。艾希礼没有领会思嘉丽的真情，同他的表妹梅兰结婚了，思嘉丽陷入深深的痛苦之中，然而对艾希礼的爱恋依然没有丝毫减弱。

后来“二战”爆发了，白瑞德借机会多次接触思嘉丽。他非常欣赏思嘉丽独立、坚强的个性和美丽、高贵的气质，狂热地追求她，引导思嘉丽冲破传统习俗的束缚，激发她灵魂中真实、叛逆的潜能，让她开始追求真正的幸福。思嘉丽最终经不起他强烈的爱情攻势，他们结婚了。然而，思嘉丽却始终放不下对艾希礼的感情，尽管白瑞德十分爱她，她却始终感觉不到幸福，一直不肯对白瑞德付出真爱，以致他们的感情生活出现了深深的裂痕。后来，他们最爱的小女儿不幸夭折，白瑞德悲痛万分，对思嘉丽的感情也失去信心，最终离开了她。

思嘉丽被一个并不爱她的男人蒙蔽了发现爱情的双眼，一生都在追求一种虚无缥缈的感觉，追求一种并不存在的所谓的爱情，当真正的爱情一直追随自己时，她却屡屡忽略。白瑞德为自己的选择付出了大量的青春和感情，最终使自己伤痕累累。

他们俩的选择都是错误的，致使自己的感情白白付出，酿成了悲剧。

读完这个故事，我们都应该掩卷沉思，从中得到启发，避免类似的悲剧再在我们身上发生。真正完美的、能够长久地给人带来幸福的爱情，应该是两相情愿、两情相悦的，是爱情双方互相认同和吸引的，是双方共同努力营造的。

六、夫妻恩爱和睦的秘诀

人是群居动物，任何人都会有家庭，这些家庭形成了国家和社会。婚姻造就了家庭，夫妻是家庭的主角。成家了就意味着你必须对自己的家庭负责，对自己的家庭负责其实也是对自己负责、对社会负责、对国家负责。一个人家庭生活幸福与否从他（她）在社会上的表现就能看出来。

俗话说："家和万事兴，家衰闹不宁。"家庭的兴衰关键在夫妻。能成为夫妻就要珍惜这种缘分，幸福相处；反之，就早点分手重新洗牌，不然痛苦甚至灾难会伴你终身。

那么，夫妻恩爱和睦有哪些秘诀呢？

（一）永远不要争辩谁对谁错

家不是法庭，不是说理的地方，也说不清道理，更没有法官，不存在谁对谁错的问题，自古清官就难断家务事。再说即使你争辩赢了又能如何？懂得了这个道理你就别像头倔驴不回头，早点偃旗息鼓休战，更不要找别人来裁决，别人只会越帮越"忙"。现在很多人把郑板桥当年在山东莱州的云峰山观碑时写的"难得糊涂"制作成匾挂在办公室，要我说是挂错地方了，应该挂在家里，我认为处理家务事的第一秘诀是"难得糊涂"。

（二）话不投机时要马上转换话题

夫妻在一起交谈，开始好好的，不知不觉间就晴转多云了，那肯定是哪句话没说好激怒了对方。这时你千万不要再说下去了，可以停顿少许，在对方准备发作或者刚刚发作的时候装糊涂，表面像无意其实你是有意地赶紧转换另一个话题，把冲突扼杀在摇篮里。否则，可能瞬间多云转雨甚至伴着雷鸣电闪，整整一天的好心情立刻灰飞烟灭。

（三）把表扬赞美挂在嘴上

不要吝啬你的华美词语，对爱侣的优点和长处要不厌其烦地反复表扬，对爱人对你的帮助和贡献要不厌其烦地不断赞美。事实上，对好听的话，他（她）才不烦呢，烦的是你总也不说。当然对爱侣的赞美要真实，要分清是非黑白，比如私心，即使是为了你的小家庭也不能助长，否则你无法做人。

（四）宁愿气晕也不说过头话、做出格事

有人献秘诀如下：床上做小人，床下当君子。新社会夫妻平等，男尊女卑行不通。结婚后爱侣的一切都属于你，要懂得珍惜，互相关心，真诚以待。夫妻之间难免闹别扭，但即使闹得再凶也要克制，不能气急败坏地说伤感情的话甚至动手打人，毕竟覆水难收。

（五）不要动辄打骂指责孩子

孩子是夫妻感情的结晶，比自己生命还宝贵，所以不要责骂体罚孩子，惩罚孩子同时也容易伤爱侣的心，搞得家里乌烟瘴气。一是要相信孩子，船到桥头自然直，你小时候也有让父母失望的时候。夫妻教育孩子的理念和方式很难一致，因此对孩子不要有过高的期望，否则你会活得很累，孩子也会很累。但关键的一点要记住：不论谁管孩子，都不要横插一杠子。二是教育要一主一辅，一般男孩以父亲为主，女孩以母亲为主，不要夫妻两人都来做主，除非你不怕爆发家庭战争。孩子是你们共同的，相信爱侣培养孩子的能力和责任，辅就是服务保障和提合理化建议，这要有甘当绿叶的精神。

（六）善待爱侣的父母和亲友

夫妻结合后就是一家人，你既然选择了对方也就是选择了对方的父母和亲友，不管你乐意不乐意都得接受。所以，你如果真的爱自己的伴侣，就要以爱侣的意志为转移，真心地对待爱侣的家人，从思想和行动上完全接纳他们。人心都是肉长的，你对他们好，你的爱侣会用真心来回报你，更加善待你及你的家人，这是双赢的战术。如果是娶了媳妇忘了娘，嫁人不理丈夫的娘，必然会使婚姻陷入十分尴尬的局面，最终导致失败。因此，要想婚姻幸福美满，你一定要懂得母爱。母爱，是滋润心田的甘露；母爱，是一把透明的雨伞；母爱，是一截蜡烛；母爱，是一杯清茶。

有一个故事说，在美国西部的一个洲，干旱已久，饮水困难，人们靠每天运水为生，牲畜总是没有水喝。一天，一头母牛堵在送水的车道上，对着水车哞哞直叫，棒赶鞭抽都无济于事。于是人们心软了，“就破例一次！”给了一小碗水给母牛。但它不喝，反是朝西边叫了几声，不一会儿，来了几只小牛，大家都明白了，感动的泪纷纷流下。小牛们跑过来，舔尽了碗中的水，又舔舔母亲的眼睛，那母牛慈爱地看着孩子们，带上它们，走了。

这个故事一直感动着我。一个母亲，无论是人或是动物，在危急时总会牺牲自己，换取孩子的生命与健康。这头牛就是如此，无论如何也要把水留给孩子们，自己没有喝一滴！这无比伟大的亲情，让我为之动容。母亲，就是这么伟大而无私的；母亲，总拥有一种神奇的力量——为了孩子，忘记自己……

懂得母爱的爱情，才能历久弥新！

（七）共同营造一个欢乐之家

人生大部分时间是在家里度过的，所以人一生幸福与否，家庭氛围好坏是关键。首先，夫妻双方都应有家庭责任，自己的所作所为必须对得起自己的家庭和爱侣，杜绝不良嗜好。其次，夫妻双方要相伴相随，心相通情相连，有空没空都要经常户外走走，开阔心胸。还有一点非常重要，就是要善于找乐、逗乐，不能在外一本正经回家也板着脸。营造欢乐之家就要彼此多信任少猜忌，多谈高兴的事不谈气恼的事，多记好人好事淡忘坏人坏事，多规划美好未来少杞人忧天，多看影视喜剧少看影视悲剧，多点知足少点抱怨……千年修得共枕眠，活着就要开心，如果你把每一天都当成与爱侣度过的最后一天，你没有理由想不开，没有理由与爱侣闹别扭。

（八）不要等失去时才知道珍贵

我们的工作很忙，经常加班加点，但是家里人也需要体贴，而且这种体贴的要求常常很简单。没有人会要求你为他（她）穿越太平洋，只希望你可以在他（她）生日那天送去祝福；没有人会要求你登上珠穆朗玛峰采集奇花异草来证明你的爱情，只盼望你在他（她）生病的时候送上一份问候。

有人翘首企盼有一天能以某种英雄的方式证明自己对恋人的爱，然而遗憾的是时间在等待中流逝，许多微小却可以刻骨铭心的细节也从指间溜走。

也许你的另一半一生都不需要你给他（她）捐个肾，却一直在盼望你给他（她）回个电话。这些看似简单的事情，并不像你想象的那样无足轻重。眼前的更重要，不要等失去时才知道珍贵。

另外，还要记住：只要有地下情，就没有阳光的爱。

对亲人的最爱，是看好自己别惹事。

七、给爱一条生路

爱情有时也会出现质量问题。毕竟爱情是两个人的事情，彼此个性的不同会使爱情产生很多问题。爱情的保质期究竟有多长，判断爱情消逝的标准又是什么？很多人都在研究。

当你的另一半已经像变了一个人，变得对你冷漠的时候，很显然，你们的爱情已经出现了问题。如果可以补救那固然很好，可是有时爱情已经变质到无法挽回的地步，这时硬在一起也没有好结果，甚至容易因爱生恨。那么我们为什么不去做新的选择，放爱一条生路呢？

人生变化难测，更何况是不能用理性评判的爱情呢。不知你有没有想过，明知爱已经不在，可就是不肯放手，原因是什么呢？“我就是要死拽着他，死也要拖死他！”当你说这句话的时候，很显然，不仅是他已经不爱你了，你也已经对他没有了爱。那么不放手的原因就是不甘心，不正确的自尊让你变得糊涂，让你执拗地牵拽着对方去继续已经没有结果的事情。筋疲力尽的牵拽甚至可能让你变得疯狂，越加没有理性，做出一些过激的行为，从而更加丧失自尊，甚至想回头是岸都悔之晚矣。早知如此，何不及时放手呢？洒脱地爱，洒脱地放手，才能拥有真正的幸福。

在爱情上不要犯傻，要时刻警醒自己，爱也是可以选择的。在放手的同时，也是给予了自己一次新的选择的机会。

给爱一条生路，也是给自己一条生路。

26

人生最难识别的是——谎言

谎言是虚假的、不真实的话语。谎言掩盖了实事，遮挡了真相，谎言总是披上美丽的外衣，扰乱人们的视线和判断。善意的谎言可以理解，恶意的谎言不可饶恕。但是，人生最难识别的是谎言，它就像一座山峰耸立在那里，需要我们努力去跨越。只要脚步不停，一切皆有可能。

某一天，真实和谎言一起到河边洗澡。真实细致地刷洗着自己身上的污垢，而谎言则匆匆忙忙地洗完澡独自上了岸。

他偷偷穿上真实的衣服，悄悄地溜走了。当真实上岸后，找不到自己的衣服，却也不愿意穿谎言的衣服，于是只好一丝不挂地走回去，一路寻找着谎言。

从此，人们错把穿衣服的谎言当做真实，百般敬重；而真实则因为一直赤裸而遭受了别人的白眼和不屑。

披着“真实”外衣的“谎言”赢得了人们的敬重，而这些人，也必然会为自己轻率的判断付出代价，因为真实与谎言的最终结果，必然是“真实归于真实，谎言归于谎言”。

事实上，不管多么周密的谎言，总有一天会在阳光的照射下被揭穿。而赤裸裸的真实，洗尽铅华，才有持续的美丽。

一、不攻自破的“末日”谎言

2012 年 12 月 22 日，太阳照常升起，天没有“崩”，地没有“裂”，洪水没有“滔天”，玛雅历法“世界末日”之说，被证实是一个耸人听闻的超级大谎言。

根据玛雅“长历法”，2012 年 12 月 21 日是第五个太阳纪的最后一天。它缘于在墨西哥的玛雅遗址托尔图格罗找到的一块刻有符号的石头。石头上刻有包括对于明日将发生的某些大事发生的神秘暗示。实际上，玛雅人的本意与“世界末日”的荒谬论调相去甚远。

《参考消息》载文称：“20 世纪 60 年代，一名备受尊敬的美国学者表示，对于玛雅文化而言，此时或预示着‘世界末日’。2012 年 12 月 21 日是‘世界末日’的说法自此流传开来。”传说中的“世界末日”连黑三天、天体撞击、地磁倒转等，都随着 22 日太阳的照常升起而化为浮云。当天，美国 NASA 驳斥了 12 月 21 日“世界末日”的谎言，“末日”话题成为笑谈。

两年前，针对甚嚣尘上的“玛雅人预言太阳纪结束、地球毁灭”等谣言，国内外许多权威机构如美国 NASA 官方网站、中国科学院等，都已多次辟谣、反复说明；玛雅人后裔也一再重申，所谓的“世界末日”传说源于西方的误读，玛雅文明中根本不存在“世界末日”这一观念。玛雅长老、历史学家及人类学家巴里奥斯说：“2012 年 12 月 22 日是玛雅历法中又一个周期的开始。玛雅人没有把这一天当做‘世界末日’，玛雅的‘长历法’指 2012 年 21 日是一个周期的结束，由零日开始计算。一些学者看了遗址的刻文后，以自己的推测编出‘世界末日’论，最可耻的是，有人竟以玛雅人的名义去撰写预言。”

然而，世界上居然还有一些人相信“世界末日”会发生，再加上少数媒体渲染、商家故意炒作、不法分子兴风作浪，让许多人乱了方寸陷入“末日”恐慌，让一些人利用这个原本神圣的日子赚个盆满钵满。

在世界各地，迷信者有的逃到山里或地堡里，有些人还储备了枪支和救生包。一些人相信，法国南部比加拉什镇附近的一座山是可以逃过“世界末日”的地方。萨尔维亚人选择在高1565米的“金字塔”形山峰勒塔尼山躲避“世界末日”。

“末日论”成为玛雅后代致富的大好商机，在墨西哥和危地马拉等玛雅文明发祥地，涌来数以万计的游客考证“末日论”，可以说是财源滚滚来。

美国人罗恩·哈伯德斥资10万美元在住所的院子里建造一个地堡，里面配有沙发、电视、床，并装有一个安全舱门。由于有人预测“世界末日”，这种安全舱门非常畅销。

荷兰人彼得·范德梅尔自己制造了“诺亚方舟”，并在互联网上公布了照片，一时间引起了不小的轰动。

70岁的莫斯科人马什科娃早就为“世界末日”做好了准备，他买了大量可以长期储存的食品，为此花掉了一半的积蓄，她并不后悔，因为她认为21日之后未必需要钱了。

“我们有独一无二的条件，绝对保证您和您的家人可以安然度过12月21日。”这是莫斯科一处地下防空洞打出的广告。

在我国，有人疯狂抢购蜡烛、火柴，有人利用“末日论”骗人敛财，有人在农村散发传单搅得人心惶惶，还有人挥霍家财及时行乐，害人不浅，误事不少。

对愚昧无知的人来说，最容易对谎言深信不疑。当然，在这起“世界末日”谎言事件中，也有许多值得我们欣慰和称赞的地方，比如面对谣言和谎言，更多的人选择的是淡定和不信，他们或嗤之以鼻，或付之一笑，或以娱乐的心态调侃消解，他们坚信科学，自觉抵制谣言，这也许正是人类面对未知世界时应有的心境和态度。

“世界末日”这个世界上最大的谎言不攻自破，成为历史上的又一个笑谈。不过也要清醒地认识到，在人类历史上，这不是第一起，也不会是最后一起“世界末日”谎言。

谎言止于智者，智者需要勇气。经历此番谣言冲洗的人们应当好好吸取教训，今后无论面对怎样的奇谈怪论、谣言谎言，都不要轻易上当受骗，更不要跟风炒作，而应当多一点质疑，多一点理性，多一点科学精神。

二、谎言挑起的战争

格里维采在“二战”前属德国管辖，处于当时的波德边界线德国一侧。它与边界另一侧的波兰卡托维兹市仅一街相隔。从1938年10月起，德国向波兰接二连三地提出领土要求，要求波兰交出“波兰走廊”和但泽（即现在的格但斯克市），以及转让在“波兰走廊”建筑公路、铁路的权利。这些要求遭到波兰政府的严词拒绝，于是德国决定用武力迫使波兰就范。德军把侵波战争的计划定为“白色方案”。到1939年，希特勒明确要求帝国安全事务总局局长海德里希制订行动计划，作为向波兰发起战争的借口。这一计划当时被定为最绝密的行动，行动地点就定在格里维采电台。

1939年8月31日，海德里希直接在电话中说出代号，意味着发布行动指令。当晚8点，党卫军让事先从德国监狱里挑出来的几名囚犯穿上电台制服冒充电台工作人员，然后几名党卫军军人穿上波兰军装冲进电台，解除了“警卫”的武装，用钢棒把“工作人员”打昏在地。随后冒充波兰军人的党卫军用波兰语播出了一则公报：“注意，注意！这里是格里维采，电台已掌握在波兰手中。”

整个行动只持续了十几分钟。党卫军在发完公报后又胡乱放了几枪就溜之大吉。为了使现场显得更加“真实”，党卫军把一名已被杀死的名叫霍纽克的波兰人留在现场，作为波兰人向德国领土发动进攻的“人证”。

德国法西斯炮制的所谓“波兰人进攻格里维采电台”事件

刚一公布，德国电台就广播了致波兰的最后通牒，最后通牒提出了16点要求，作为德国向波兰“建议”的谈判基础。而这些要求，作为主权国家的波兰是绝对不会接受的，对于这一点，希特勒本人知道得清清楚楚。况且波兰政府也只是从电台广播中才知道这个最后通牒的，要进行任何谈判都已经来不及。

第二天，即1939年9月1日，希特勒发布命令称，由于波兰政府进行边境挑衅，德国别无选择，只能向波兰宣战。当日凌晨，法西斯德国出动56个师、2700辆坦克、2300架飞机，从西南、西北和北部3个方面向波兰发动全面进攻。一场持续了6年之久、千万生灵遭涂炭的第二次世界大战就这样在欧洲爆发了。

三、人为什么要说谎

蒋子龙专门写过一篇《人为什么要说谎》的文章，全文如下：

谎言就其本质来说是人类对自己的惩罚和戏弄，有善意的谎言却无有价值的谎言，任何欺瞒都没有永久性，一旦揭穿必然会构成伤害。说谎大师希特勒宣称：“广大的群众容易被大谎言所愚弄，反而不易被小谎言所欺骗。”正是他的大谎言不仅毁了他的国家，给半个地球造成严重灾难，最后也彻底毁了自己！

一对和和美美的年轻夫妻突然吵得天昏地暗，使邻里们想装聋作哑也不行了。我明知夫妻间吵架外人越劝就会吵得越凶，还是走了过去。人家打翻了天，再坐视不管，于情于理都说不过去。

孩子用母亲叫他买油的钱做了他用，且说谎。女人向男人告发，男人下狠手打孩子。女人心疼又护着孩子。男人盛怒，认为孩子说谎就是被女人惯坏的。于是爆发了三口之家的一场混战。

我先叫孩子躲到我家去，剩下三个大人就好说话了：

“孩子第一次说谎你们就发动一场这么猛烈的风暴，其结果不是告诫孩子今后不要撒谎，而是给他一个教训，今后说谎要更巧妙些，不让你们觉察。我敢肯定，孩子今后还会说谎，其他孩子也一样。因为我们这些做大人的，没有一个敢说他从没撒过谎，也从没有被人骗过！萨特说：'谎言不是我制造出来的，而是阶级分化社会的产物。因此我一出世就继承说谎。'陀思妥耶夫斯基讲过，唯有那些缺乏机智的人才讲真话。早在16世纪末一个叫巴托罗缪的西方人就写了本《说谎手册》，赞扬了一大批卓越的说谎者，声称'说谎是上帝赋予人的能力，它使人有别于其他动物'。有些人类学家居然很推崇这一观点。世界每年都举行说谎比赛，去年在英国坎布里进行了第150届说谎大赛，并规定'政界要人'不得参赛，因为他们是'职业说谎者'。来自对20世纪90年代新世界道德品质的一份调查报告说，'美国人都在说谎。总是说谎的占91%，说谎的男性比女性多'。1990年，英国10个秘书中就有7个为了讨好老板要吹牛……"

夫妻俩被我说蒙了，早已停止了吵架。

"您在鼓励说谎？您是说说谎是应该的，无法禁止的？"

"我刚写了篇短文叫《当代骗坛》，所以对说谎的资料倒背如流。目的是让你们先冷静下来，正视生活中存在着大量谎言这样一个事实，就知道不说谎有多么难，正因为难，诚实才更可贵。古人说，人之操履无若诚实。意志薄弱的人难以诚实。其实大智大慧的第一要素是诚实。诚实是生命中最重要的，唯诚实才有真正的人生和坦荡的欢乐。既然如此，人们为什么还要说谎呢？为什么对谎言不像对其他罪恶那么深恶痛绝呢？有人说谎是出于恶意，为了欺骗，为了伤人。有些谎言并无恶意，甚至是出于善意，比如：为了保持一份快乐，丈夫饭后高高兴兴地想同妻子去散步，妻子已经很累了，不愿去散步，为了不扫丈夫的兴，就谎称自己也正想去散步。或者有了不愉快的消息或不幸的消息，如挨批、挨斗、丢钱包、得了病，说些保护性谎话，不让对方担忧、生气，等等。圣奥古斯丁认为，谎言有8种。有的时候人们宁愿听信谎言，却不肯听信真话，面对真话是冰，面对谎话是火。世界上没有比人更会创造、更会伪善的物种了，而人们偏偏不是把人想得太坏，就是把人想得太好。”

四、谎言的基本特征

谎言的言语形式并无特殊之处。它们都是正常的语句或语段，在语言的表现形式上是没有破绽的，它们的形式是符合语法与逻辑结构规律的。事实上，谎言由于其欺骗的目的，都是经过充分思考而产生的，都有一个自圆其说的过程，如果形式上就有破绽，那还怎么欺骗得了经验丰富的人呢?

谎言的破绽既然不在形式上，那么总的来说其破绽都在内容上。谎言内容的基本特点是不真实。这不真实的内容是编造出来的假象，并以此将真相掩盖。所以，证实谎言内容是个不真实的假象，是寻找谎言内容破绽的基本途径。然而，要证明谎言内容的不真实却不是那样容易，因为谎言通常表述的都是已然或未然的事件。已然的就是已经发生的事件，未然的就是还没有发生而将有可能发生的事件。它们都是人们不能亲眼所见的事件。不能亲眼所见的事情，判别它的真实性便是一个比较困难的事情。

由于潜意识的作用，撒谎者在说谎时会不自觉地留下一些语言的“破绽”。大部分谎言在语言表述上都可能具有以下四个方面的特征：

（一）表达信息过量

语义信息过量之所以成为谎言的破绽，是因为它是一种反常的表达方式。通常人们的言语交际总是尽可能使话语语义信息适量，根据对方的需要提供信息，不提供不需要的信息。信息过量违反了这种常规，因而容易引起对方的注意。而说谎中的信息过量都不是说谎者的本意所为，而是他的表达失误。信息过量的失误是因为经验不足，矫揉造作，老想着把谎言编得更圆满。因此人们识别这种谎言时，如能同时注意到说谎者表情动作的不正常，则能更有把握识别它。

（二）表达逃避细节

对方在编故事时通常会避免说一些细节，由于紧张或内心矛盾等原因，而一时无法把证明谎言具有“真实性”的某些详细内容说出，故而造成该谎言比通常交际信息量更加简略的现实。如果他在说谎，他不仅要虚构一个根本不存在的故事，而且还要编得让人信服，所以他会非常心虚。在这几种压力下，他还编得出细节吗？所以大多数时候，说谎的人都是非常简练地告诉你故事大概就完了。

（三）回避第一人称“我”

为了竭力使自己同谎言保持一定的距离，在叙述时都会下意识地避免使用第一人称“我”这个代词。

（四）内容不合情理

在一些谎言中，可以捕捉到几个可疑的语义信息，这些信息在谎言中发生临时的联系，但其联系的条件都违反了一些常理，因而能看出其中的虚假性。分析时，一般要联系语言环境，将社会环境中类似事物及其普遍规律与谎言的这些可疑点类比对照，就很容易使其虚假性显现出来。社会同类事物及其普遍规律与谎言的可疑点常常构成两个矛盾的前提，进而可以推出一个证明谎言虚假的结论。比如，有一个本科毕业生因为实习期间表现优异而让老总许以月薪一万和生产副总的高管职位，但是对于中国的任何一个企业来说，尤其是民营企业，月薪一万和副总职位意味着需要承担很大的责任，而作为一个没有任何工作经验的本科毕业生来说，获得这种机会的可能性几乎是不可能的。

此外，在说谎过程中，说谎者出现语言错误的情况可能会逐渐增多，其中包括语法错误和说话结结巴巴。

五、如何识别谎言

德国自然科学家、哲学家莱布尼兹认为对面孔和声音的研究能提高人们识别谎言的能力。保罗·埃克曼在他的《说谎》一书中写道，有些人识别谎言的准确率高达80%～90%。

美国FBI认为，瞬间扒开别人的“伪装服”，读懂别人的想法和心理，成功地操控别人的心理，可以让你在工作和事业中左右逢源、移步生莲。

（一）通过面部和语言所发出的信号来识别谎言

哪些信号能帮助我们识别谎言呢？当一个人说话音调升高时，很可能暗示这个人在撒谎。撒谎的人老爱触摸自己，就像黑猩猩在压抑时会更多地梳妆打扮自己一样。有关识别谎言的线索还包括：回答问题前停顿的时间较长，更加简短的回答，更多的“嗯”和“啊”，更加缓慢的语言以及在说明观点时手臂姿势比平常用得更少。

关于面部表情则情况更加复杂，更加令人迷惑。我们所有的人都是“双面孔”，一副面孔用来表现本能和自然的表情，而另一副面孔却用来表现人为的、做作的故意表情。

从面部识别谎言的一个关键线索就是微笑。说谎人的微笑很少表现真实的情感，更多的是为了掩饰内心的情感世界。研究显示，微笑并伴随着较高的说话音调是证实谎言的最有力的证据。假笑源于情感的缺乏。由于缺乏情感，微笑时神情显得有些茫然，嘴角上扬，一副愉快的病态假象，好像在说：这绝非是我的真实感受。

（二）通过五官来识别谎言

隐藏的情感常常会在脸的上部暴露出来。英国著名诗人托马斯·怀特说：“眼睛是心灵的叛徒。”眼睛、眉毛、前额及其周围的肌肉都会暴露你的心理。当一个人试着用微笑来掩饰他内心的痛苦时，泄密的往往是眼睛，从他的眼里我们能读出难过和悲凉。这正如最近所进行的一项研究所发现的，当来自嘴和眼的线索发生冲突时，眼睛会占优势并获胜。当说话者所说的话与其内心的强烈情感不相称时，眨眼的速度就会变慢或变快，因此关注眨眼的情形对我们识别谎言特别有用。

前额是这些肌肉的中心。例如，当一个人悲哀、苦恼、痛苦和有负罪感时，眉毛的内角挑起，前额向中间皱起。不到15%的人能假装出这种表情。要装出恐惧和难过的表情甚至更难，这些表情为：眉毛挑起，双眉皱在一起。它们很易将秘密泄露，并且只有10%的人能装出这种表情。

肌肉不自然地出现在面孔的其他部位也能将秘密泄露。例如，当痛苦和悲哀时，唇角会向下拉，而下巴的肌肉却不动。不到10%的人能随意做出这个动作。绷紧的双唇是愤怒可靠的标志。这常常将一个人的内心情感揭露，从根本上说，它是一种警告。嘴唇不是向里拉或相当明显地压在一起，而只是向里稍稍抿了抿便形成了相当严厉的表情。人们能够模仿并学会这些表情，但那得花数百小时的时间。

（三）通过细微表情来识别谎言

极细微的表情展现常常是我们识别谎言的关键之所在。有时在一瞬间，面部会突然冒出所隐藏的真实情感。通过对“伊朗门”事件听证会的录像进行分析，可以显示约翰·波因德克斯撒了谎。当有人问及约翰·波因德克斯同美国中央情报局头目威廉·凯西会见的情况时，他的面孔因愤怒而红白相间，就像图画书一样，这一表情只持续了0.25秒。很明显，沉着冷静的波因德克斯隐藏了有关会见的重要事实。而审问者则错过了这一机会，并没有追根求源，把事实真相弄清。

以表情的细微变化作为识别谎言的证据相当不易。一个更为复杂也更为普遍的现象是：说大话唬人。当一个人感到他那伪装的表情失败了，通常情况下，他还会用微笑迅速将其掩盖。而有些人则通过说大话唬对方来隐藏其内心的真实情感，它保持的时间比表情发生细微变化持续的时间要长。在这期间，我们甚至不能明了说话者的真实情感，而能察觉到的常常只有大话本身。

（四）识别谎言要多策并举

1．要正确判断

当我们说“花是红的”时，我们只是在说一个简单的事实判断；而当我们说“花是美的”时，我们说的是一个价值判断。当我们说“张三是个很狡诈的人”时，它无疑是描述事实的，但又不是纯粹的事实判断，这里包含着评价的因素。假如有这样三个判断：“张三的证件有伪造痕迹”，“张三回答询问时不能自圆其说”，“张三的行为反常”，那么我们似乎可以得出“张三是个偷渡者”的结论。

2. 要用重复发问的方式来揭穿谎言

这种方法的原理在于：人在说谎的时候，会有“谎言状态”与“非谎言状态”之分，很多人在说谎时会很认真，到了后来自己都被自己给骗了，这个时候，他就处于“谎言状态”。而这个状态不会一直持续下去，它会随着时间的流逝渐渐消失，等这种状态过去后，他就处于“非谎言状态”。研究认为，处于“谎言状态”的嫌疑人都会做大量的心理准备，甚至有可能他们在脑海中已经将假象转化为事实了，此时讯问，是很难找到破绽的，只有当他们回归平静，从自己的幻想中回归现实之后，才是突破的好时机。

3. 要因势利导，从口误中寻找突破口

一般情况下，“口误”常常不被人们所在意。但是在警察眼中，口误就成了研究对手心理变化的一个重要突破点。

在我们的日常生活中，口误人人都有，常常是因为紧张或者着急所致。因为当事人一时间大脑反应速度没有跟上嘴的发音，所以很容易发生口误。而警察更看重的是另一种口误，那就是人们常说的“说漏嘴了”。

在我们与对方的交流中，如果对方说谎就会十分紧张，他会有意识地回避一些问题，于是会发生口误。在这种情况下，“口误”就代表嫌疑人心底的秘密，而这就和案情有关。

4. 要通过海量的信息攻破说谎者的心理

同样，在一个人的一生中接触到的信息是无法计算的，有些信息会在一段时间内消失，还有一些信息则会长期保留下来。研究认为，在人的脑海中有很多信息抹不去，当这些信息出现在这个人眼前的时候，就会和他脑海中的原有信息产生共鸣，冲击人的心理防线。

5. 要防止对方转移话题

在论证的时候，论点必须明确并贯彻始终，组成问题的概念内涵和外延必须确定，阐明问题的论据必须与论点保持一致。要防止对方转移话题。顾客：“同志，用旧报纸包装食品不卫生！”售货员：“没有关系，这是《健康报》。”审判员威严地问：“被告，你为什么向那个人扔了两个酒瓶？”“因为第一个没有打中他，审判员先生。”这两个回答问题的人都是答非所问，在回答问题时故意转移了话题。前一例，售货员故意将报纸的物质形式（纸）与报纸的内容（《健康报》）混为一谈。后一例，被告故意转移问话的逻辑重点（提问的逻辑重点在“为什么扔”，答话却转移成“为什么扔两个”）。

6. 要防止落入圈套

在工作中，警惕复杂问语中的圈套十分必要，如“你是否停止侵犯人权”之类，无论你回答是还是非，都无法摆脱侵犯人权的指责。这时候你只能回答：“我从来就没有侵犯过人权，所以也谈不到停止不停止的问题。”小孩子不喜欢上幼儿园，父亲说：“今天是走着上幼儿园，还是坐车上幼儿园？”父亲这样说实际是个圈套，孩子无论怎样选择，只能选择上幼儿园的方式，而不能选择不上幼儿园。

27

人生最难消除的是——误会

在生活和工作中，人与人之间产生误会在所难免，如何对待误会更是千差万别。减少误会的办法是相信别人，也尽量让别人相信自己。但是，人生最难消除的是误会，它就像一座山峰耸立在那里，需要我们努力去跨越。只要脚步不停，一切皆有可能。

一、人生误会常有

早年在美国阿拉斯加地方，有一对年轻人结婚，婚后生育，他的太太因难产而死，留下一孩子。

因没有人帮忙照看孩子，他就训练了一只狗，那狗聪明听话，能咬着奶瓶给孩子喂奶，看护小孩。

有一天，主人出远门去了，因遇大雪，第二天才赶回家，狗闻声出来迎接主人。他把房门打开一看，到处是血，抬头一望，床上也是血，孩子不见了，狗在身边，满口也是血，主人发现这种情形，以为狗性发作，把孩子吃掉了，大怒之下，拿起刀把狗杀死了。

之后，忽然听到孩子的声音，又见他从床下爬了出来，于是抱起孩子；虽然身上有血，但并未受伤。

他很奇怪，不知究竟是怎么一回事，再细看那只狗，腿上的肉没有了。这才发现有一只嘴里咬着狗肉的狼死在旁边。狗救了小主人，却被主人误杀了，这真是最揪心的误会。

一位夫人打电话给建筑师，说每当火车经过时，她的睡床就会摇动，因此要求索赔。“这简直是无稽之谈。”建筑师回答说：“我来看看。”建筑师到达后，夫人建议他躺在床上，体会一下火车经过时的感觉。建筑师刚上床躺下，夫人的丈夫就回来了。他见此情形，便厉声喝问：“你躺在我妻子的床上干什么？”建筑师战战兢兢地回答：“我说是在等火车，你会相信吗？”丈夫当然不信，不但立马撵走了建筑师，还和妻子吵了一架，索赔的事也就泡汤了。

误会，往往是人在不了解、无理智、无耐心、缺少思考，未能体谅对方、反省自己，感情极为冲动的情况下发生的。

误会一开始，就只想到对方的千错万错，因此，会使误会越陷越深，弄到无法收拾的地步。人对狗所发生的误会，尚且会有如此可怕严重的后果，那么人与人之间的误会，其后果更是难以想象。

有一条来自境外的箴言说：“这个世界的一半人始终对另一半人心存误解，不管你身处哪个阵营。”

我们也常常碰到这种情况：你原本不是这个意思，却被理解为这个意思；别人原本不是那个意思，却被你理解为那个意思。在生活和工作中，有时我们被误会，有时我们也误会别人。误会是人际关系交往中的巨大障碍，像是系在心中的绳节，需要我们去消除、化解。

阿梅朝她停放汽车的地方走去，突然看到汽车旁边站着一位警察，这令她十分慌张，心想会不会是我已经犯了什么法而自己还不知道呢？她强作微笑地说：“警察同志，我想我没有做错什么事情吧？”那位警察把两手一摊，做出一副无可奈何的样子回答说：“我总得有个地方站站吧。”这种事情我们会经常遇到，而且不可回避。

二、消除误会，不要逃避

2012 年诺贝尔文学奖获得者、中国作家莫言在瑞典学院发表文学演讲时，讲了这样一个故事：三十多年前，我还在部队工作。有一天晚上，我在办公室看书，有一位老长官推门进来，看了一眼我对面的位置，自言自语道："噢，没有人？"我随即站起来，高声说："难道我不是人吗？"那位老长官被我顶得面红耳赤，尴尬而退。为此事，我扬扬得意了许久，以为自己是个英勇的斗士，但事过多年后，我却为此深感内疚。

在日常工作和生活中，发生这样或那样的误会是在所难免的。在被人误解以后，有的人感到非常的委屈和悲伤，觉得事情明明不是这样的，为什么别人会这样想或那样说。也有些人遇到这种事后，会产生强烈的情绪反应，觉得别人太不理解自己了，应该采取以牙还牙的报复手段，以消除遭人误解所带来的怨恨。事实上，这些做法非但不能使问题得到解决，甚至还会使事情更加复杂，最后以损害团结、影响双方之间的感情收场。当你与朋友之间出现了误会时，切记：一定不要逃避，要想方设法消除误会。

（一）心地坦然，时过自化

误会总会消除，是或非最终都会有一个定论，只是时间的长短问题而已。所以，一般的误会发生后，我们不妨采取坦然面对的态度。相反地，如果觉得自己被人误解受了莫大冤屈，便急忙气急败坏地四处辩白，其结果可能不但得不到同情，而且会加深误会。要想消除误会，要首先学会承受，学会宽容。化解误会靠的是真诚和耐心。要知道：硬碰硬两败俱伤，软中软春风化雨。

（二）查清原因，因应施策

产生误会后，最常见的就是一方怒气冲冲，充满怨恨、敌视，张牙舞爪；另一方半信半疑，委屈压抑，双方隔阂越陷越深。而且如果两人接着谈下去的话，会立马将火药点着，激化矛盾，一谈即崩，大有新的误会随即而来的势头。这时候，双方最需要的是冷静，你应该下工夫进行内查外调，以便弄清楚对方为什么误解你、根源何在。不然，任凭你费多少口舌，也很难将问题解释清楚。弄不好，还会越描越黑，搬起石头砸了自己的脚。因此，一定要保持冷静，以便清楚地分析误会产生的根源，找到症结所在。如果产生误会的责任在自己一方，不妨“有则改之”；如果不是，也不必着急或感到气愤。

（三）行动证明，不释自解

有的误会无法用语言解释清楚，那就用行动去证实。比如，一位名气很大的人，一般都想得到他人格外的尊重和赞扬。如果你肆无忌惮地对他批评、指责，在别人眼里可能会觉得你在嫉妒他。不管你怎样进行辩解，并且保证没有此意，人家也不会相信。这时候，你应该保持沉默，并且在今后的工作中，虚心请教，同时多肯定人家的长处，更不要跟他争荣誉、争地位。在他被人攻击诽谤时，站出来讲几句公道话，时间久了你们以前的误会便可烟消云散。

（四）及时沟通，媒介传情

人活着，无愧于自己的良知就可以了，何必过分在意别人怎么说，这也是种豁达的人生态度。有些不关大局的小事，可以一笑而过，时间会让清浊泾渭分明。但有些关系人格尊严原则的事，需要寻找特定的时间、环境、方式方法，通过有效的沟通，达到去伪存真、纠偏树正的目的。有些当面难以启齿的话，可以通过一封信、一个邮件、一条短信坦然地表达出来。所以说，书信表达能起到当面交涉达不到的效果。需要注意的是，写信时用词一定要简洁、亲切、明晰，语气应真挚、诚恳，充分表达出自己想要消除误会的态度，以及想要和好如初的急切心情，体现出自己至今仍不忘以往的友情，以及对对方的信赖和敬重。

（五）自找原因，对症下药

误会发生后，应先从自己身上找原因、找对策，不要贸然地指责误解你的一方。自己试着回忆导致误解的导火索在哪里，所谓的“非议”有没有有理之处，自己有没有哪些方面做得欠考虑。反思原因所在，改进沟通的方式，坦然承受勇敢面对。真诚地解剖自己，发现过错，及时弥补。虽然你自认为走得正、行得端，但是否有未注意细节使人产生误解的可能？瓜田李下是否有提鞋摘帽的举动？听言观景是否有道听途说片面的主观？只有在换位思考中发现问题，在下次和别人交往的过程中，才会有的放矢地防止类似的问题出现。如果有，应该立即找到症结所在，并且及时向对方解释清楚，保证今后多加注意；如果没有，也不要随意责怪对方，而应采取更加积极恰当的方式，来消除双方的误解。

（六）冷静对待，不必委屈

误会大部分是由于不了解情况而产生的。遇到误解，心里感觉委屈自是正常。有时遇到太过分的事情，也会感到愤懑，激动之下自会萌发要去讨个说法，还事情的本来面目，洗去冤枉的冲动。但是，千万不要遇到误会就怒火中烧，怒火中烧的人，浑身都是毒素。排毒，要从心开始。孔夫子一生颠沛流离，其学说政见难为当权者所接受，而其为人也常遭人误会。邻居不理解他，称他为“俺东家之丘”；郑国人称他为“累累（颓败、疲惫）若丧家之犬”。在迷津问路时，还受到了农夫的嘲弄。就连小孩子也讥笑他“孰为汝多知乎”。但孔子好就好在他有博大的襟怀，能够坦然承受各种误会、嘲讽、指责，说他是“丧家之犬”，他会自嘲“然哉、然哉”。正是这种豁达的态度，使得孔子在挫折面前不会选择屈原式的自戕，不会选择商容式的撞柱血谏，不会选择伯夷叔齐式的逃遁山林，而是能够怀仁弘毅，一以贯之，百折不挠，坚忍不拔，乐观面对。

人生就像一条河流，有舒缓怡然风平浪静的时候，也有奔流而下波涛汹涌的时刻。只有碧波荡漾的平稳，没有激起美丽浪花的跌宕，不是完整完美的人生。所以，无论面对什么流言和误解，都要学会宠辱不惊，这才是坦然大度的活法。谣言止于智者，息谤得于无言。

三、淡化误会，避免升级

许多误会的产生，是对方理解和判断上的错误造成的。短时间让他的理解和判断改变过来，或短时间让其提高他的理解能力和判断力，是很困难的事。坚持清者自清，走正确的路，无视别人的诽谤和误解，让时间证明一切，是一种淡泊的境界。面对误会或误解，需要具体情况具体对待。避开误会是聪明，化解误会是智慧，淡化误会则是一种境界。不管怎样，都别太把误会当回事，别自寻烦恼、自找不爽。

（一）不抱怨，抱怨只会让事情更糟

抱怨会使自己的情绪恶化，看什么都不顺眼，使自己陷入自己营造出来的消极情境之中。

经常抱怨也会变成一种习惯，遇到压力或不如意之事，便先抱怨一番，这是最可怕的事。

一位伟人曾说：“有所作为是生活中的最高境界。而抱怨则是无所作为，是逃避责任，是放弃义务，是自甘沉沦。”不论我们遭遇到的是什么境况，光是喋喋不休地抱怨不已，不仅不能解决问题，还会把事情弄得更糟。而这绝不是我们的初衷。

倘若我们的抱怨毫无理由，就应从根本上改变自己的心态，由消极变为积极，由推诿变为主动，由事不关已变为责任在我。即使我们的抱怨具备十足的理由，那也还是不要抱怨吧！在逆境中拼搏能够产生巨大的力量，这是人生永恒不变的法则。当你遇到某一个难题时，也许一个珍贵的机会正在悄悄地等待着你。抱

怨并不能解决实际问题，尽快地停止抱怨吧，用行动才能解决问题。

因此，我们要从现在开始记住，不要抱怨父母，不要抱怨环境。无法改变环境，就改变自己；改变不了过去，就努力改变现在。

有专家指出，认真完成下面的行动，能帮助你克服抱怨的弱点。

行动1：写下发生在你身上的五件事，写下其中你的抱怨。

对照自己写的内容，抱怨能真正帮你解决问题吗？显而易见，抱怨满腹不能解决任何事情，相反会阻碍我们成功。

行动2：找出一直困扰你的一件事，你要像看电影一样回忆其中的每一个细节，然后把这段过程转化为滑稽的形式。

你找一把高高的椅子坐在上面，然后满脸堆笑，气定神闲地进行这一过程。如果有个人对你说了什么坏话，你就像录像带倒带一样，让那个人说话的速度变快很多，如果不过瘾，你还可以给那个人安上米老鼠的鼻子和唐老鸭的耳朵，再配上一些古怪的音乐。这样来来回回十遍，再看这个困扰你的过程，你会发现变得非常滑稽了，你会觉得失去了抱怨的意义。

行动3：找一个支持和值得你信赖的真挚友人作为倾诉的伙伴，把所有的抱怨、牢骚、不满都发泄出来。

行动4：在一张纸上尽快地写出你所有的感受，把你的每一个意见、思想和感受尽情地发泄在纸上，当你全部发泄完之后，把纸撕掉，最好把纸撕得粉碎，重复地写出来，再撕掉，直到你感觉不到激烈的情绪为止。

（二）不怨恨，多一份谅解，多一份快乐

怨恨是使自己觉得自己重要的一种方法。很多人以“别人对不起我”的感觉来达到异常的满足。从道德上来说，不公正的受害者和那些受到不公正待遇的人，似乎比那些造成不公正的人要高明。

怨恨的结果是塑造劣等的自我意象。就算怨恨的是真正的不公正与错误，它也不是解决问题的好方法，因为它很快就会转变成一种习惯情绪。一个人习惯于觉得自己是不公平的受害者时，就会定位于受害者的角色上，并可能随时寻找外在的借口，即使对最无心的话在最不确定的情况中，他也能很轻易地看到不公平的证据。

北宋名臣范仲淹就是一个善于谅解的人。

景佑三年，范仲淹任吏部员外郎。当时，宰相吕夷简执政，朝中的官员多出自他的门下。范仲淹上奏了一个《百官图》，按照次序指明哪些人是正常的提拔，哪些人是破格提拔，哪些人提拔是因公，哪些人提拔是因私，并建议任免近臣，凡超越常规的，不应该完全交给宰相去处理。他被吕夷简“指为狂肆，斥于外”，贬为饶州知州。

康定元年，西夏王李元昊率兵入侵，范仲淹被任命为陕西经略安抚副使，负责防御西夏军务。

这时，神宗下谕让范仲淹不要再纠缠和吕夷简过去不愉快的事。范仲淹“顿首”谢曰：“臣向莺论盖国家事，于夷简无憾也。”他的意思是：我过去议论的都是有关国家的大事，对吕夷简本人并没有什么怨恨。

吕夷简听说后，深感愧疚，连连说：“范公胸襟，胜我百倍!”

忘记怨恨就是忍耐。同事的批评、朋友的误解、过多的争辩和“反击”实不足取，唯有冷静、忍耐、谅解最重要。

温斯顿·丘吉尔用自己的经验总结出：“报复是最为宝贵的，也是最没有收获的。报复的想法会让你的灵魂受到玷污，使你不再受到信任，变得愤世嫉俗而且充满偏见。怨恨还会伤害人的生理和精神，使你感到与社会的隔离，没有活力，没有精神。”

报复是一把“双刃剑”，伤害别人的同时也会伤害到自身。心中想着报复别人，行为便趋向罪恶；心中有了恶，恶便支配你的心灵，头脑被报复的念头所占据，报复也会回到自己的头上。

忘记怨恨就是快乐。人人都有痛苦，都有伤疤，经常去揭，会添新创。学会忘却，生活才有阳光，才有欢乐。如果没有忘却，人不会快乐，智慧淹没在对过去的懊悔、痛苦和对未来的恐惧、忧虑与烦恼之中。

忘记怨恨就是潇洒。“处处绿杨堪系马，家家有路道长安。”宽厚待人，忘记怨恨，乃事业成功、家庭幸福美满之道。如果你事事斤斤计较，就会患得患失，活得很累、很辛苦。

现在很流行一些雷人的语言，比如，穿别人的鞋，走自己的路，让他们找去吧；穿自己的鞋，走自己的路，让别人打车去吧。对待误会，有这种态度，也是一种境界。

（三）不回避，多一份自信，多一份尊重

对那些由于个人偏见所造成的误会，我们可不必过于在意。对于那些因为别人的成见甚至恶意的中伤、诽谤所造成的误会，我们应该勇于斗争，毫不退缩，必要时可诉诸法律，因为它对我们的人格是一种侮辱。在工作中最常见的问题，一是误会领导，二是被领导误会。要是你误会了领导，那就要自己系铃自己解，尽快采取措施，解释清楚，挽回影响。己所不欲，勿施于人，及时纠错是最大的智慧。要是领导误会你了，最好的办法是直接找到这位领导沟通，把你的感受告诉他，让他更多地了解到你的用意。千万不要自己郁闷或者到处乱说。在当你做一件事没做好的时候，你要解释，就要有心理准备，也许领导会说，别解释了，解释就是借口，找理由就是找借口，只有成功胜利才是硬道理。因为你再怎么解释，领导已经听不进去了，把你的解释当做找借口，甚至在心底鄙视你。在这种情况下，就不要解释了，最好的办法是把事情做成功，或用其他方面的成功来弥补。

有些事被人误会，其实不是我们的错，是身边的某些因素造成的。这个时候，解释是解释不出结果来的。此时，你就要等待，让时间来澄清一切，让时间来证明你的清白。

一个人是否能很好地处理误会，可以看出这个人的成熟程度和处理问题的能力。这些能力是在生活中一点点积累的。小时候如果我们被误会了，用武力解决问题，在草坪上大战一场，谁胜了谁就赢，叫对方闭嘴。可到了后来，发现武力不行了，毕竟武力是野蛮的行为，法律是不允许的，对方也不一定会用武力，于是只有通过智慧来解决。智慧就是经验，就是技巧，就是能力。有些人总是处理不好双方间的误会，使自己处于不利位置，那是能力不够，还没完全成熟。可有些人总能大事化小，小事化了，这是了不起的，这些人是真正的强人，是聪明人。

如果你不想让自己被误会，那就让自己多学知识，多长本事，多出成绩，多积累经验，让成熟的程度更深一层。这样一来，误会将一点点远离你，不然，吃亏的是你，伤心流泪的还是你。多一份自信，就会赢得一份尊重。

28

人生最难做好的是——细节

细节是一种创造，是一种功力。细节表现修养、体现艺术、隐藏机会、凝聚效率、产生效益。细节是链条上的扣环，是钢轨上的铆钉，是太空飞船上的螺丝……要想成就一件大事，就必须做好一件件小事。但是，人生最难做好的是细节，它就像一座山峰耸立在那里，需要我们努力去跨越。只要脚步不停，一切皆有可能。

什么是细节，一般来说，细节就是细小的事物、环节或情节。细节往往因其“小”，而容易被人忽视，掉以轻心；因其“细”，也常常使人感到烦琐，不屑一顾。但就是这些小事和细节，往往是事物发展的关键和突破口，是关系成败的“双刃剑”。

一、细节不细

在波斯沃斯战役中，英勇善战的英格兰国王查理三世，竟然因为其战马的马掌少了一个铁钉，而被击败，丢失了自己的国家。原来，战前他的卫士在给国王的战马钉马掌，可当他钉到第四个时，为了赶时间，就没有钉。少钉了一个钉的战马，在战场上没跑几步就摔倒了，结果查理三世狼狈地跌落马下，被敌军轻而易举地俘虏了。士兵看到国王从马上摔下来被俘，于是便纷纷逃跑，使本来力量占绝对优势的英格兰随即告败。

这个故事，被有心的人作出了这样一个精辟的概括性总结：少了一个铁钉，失了一个马掌；少了一个马掌，失了一匹战马；少了一匹战马，丢了一个国王；丢了一个国王，输了一场战争；输了一场战争，失了一个国家。故事经典，这总结更可谓经典，一环紧扣一环，入情入理，入木三分，令人警醒。一个国家的元首，一个军队的最高指挥官，往往不容易惨死在敌人的手中，但弄不好会毁在自己的部下手里。通过查理三世国王的卫士少钉了一个铁钉丢失了一个国家这件事，足以证明这一点。

细节不细，千万不要认为小事不重要，一心憧憬着大事，到头来大事做不了，小事也忽略了。而恰恰就是那些“微不足道”的微小差异，为一个人的成功与否制造了差异。就像赛跑一样，大家的起跑点都一样，都是听到同一声枪响后才出发，但在过程中却隐含着常人看不到的微小差异，那比别人多跨出的一小步，到最后累积成了巨大的记录差异。请记住，在我们不经意的琐碎的日常生活中，正隐藏着惊人的成功因素。

抓工作要有大动作，但不管多大的动作，都要落实到细节上，否则，一切都是空的。办事重细节，要从接听每一个电话、起草每一份文件、办理每一件事情做起，缜密精细，井井有条，不马虎疏漏，不东一榔头西一棒子，弄得满地鸡毛。把握住每一次机会，乘势而上，大功必成。

“蝴蝶效应”的发现者——美国科学家洛伦兹有一句被传播甚广的名言：“里约热内卢的一只蝴蝶扇动了一下翅膀，可能在纽约导致一场暴风雨吗?”在当今世界里，每一个细节的变化都可能引发重大变化。因此，我们要从细节观察社会，当好“风向标”。

慎终如始，则无败事。从事情一开始到事情快要成功时，都应始终如一地谨慎，这样就没有办不成的事。许多人做事刚开始时都很认真，到后来就马虎大意，结果一事无成。

干大事要从细微的小事做起，行千里要踏踏实实迈好每一步。因为，“天下难事必作于易，天下大事必作于细”。要建筑高楼大厦，需从一砖一瓦垒起；要远行万里，必须踏实迈好每一步。

海尔总裁张瑞敏有一个经典的说法：如果让一个日本员工每天擦桌子六次，那么这个日本员工一定会不折不扣地执行，每天都会坚持擦六次；可是如果让一个我们的员工去做，那么他在第一天可能擦六次，第二天可能擦六次，但到了第三天，可能就会擦五次、四次、三次，到后来，就不了了之了。与日本员工的认真、精细比较起来，我们的员工确实有大而化之、马马虎虎的毛病，以至于社会上“差不多”先生比比皆是，好像、几乎、似乎、将近、大约、大体、大致、大概、可能是，等等，成了“差不多”先生的常用词。然而就在这些词汇一再被使用的同时，时间耽误了，计划落空了，工作迟滞了。

二、细节致败

一个女子找了个对象，一起上街过马路，遇红灯，女的大步流星闯过去，男的不敢越雷池半步，结果被斥为“连红灯都不敢闯，还能干成什么?”遂吹灯拔蜡。另外一个女子也找了个对象，遇见红灯时熟视无睹，大胆超越，女的遂寻思“这哥们儿连红灯都敢闯，还有什么干不出来?”亦分道扬镳。两种态度截然不同、泾渭分明。一个生活细节决定了人的取舍。当然，如果将前面的两对调换一下可能就都属于“投缘”的了，但机缘常常是可遇不可求的。

大家都看过《泰坦尼克号》，但也许不知道，导致泰坦尼克号沉没、1522 人葬身大西洋的是一把普通钥匙。1912 年泰坦尼克号处女航时，二副布莱尔把锁着瞭望台的唯一一把钥匙带下了船，致使放哨船员只能靠肉眼观测前方障碍物，等到他们发现海洋上的冰川时，一切都为时晚矣。可见“1% 的错误可能导致

100%的失败”，重视小节，做好小事是多么重要。以此类推，在落实规章制度上，打1%的折扣，平时就有可能造成事故，而关键时刻就可能导致失败。只有平时养成了干事有板有眼、纹丝不乱的好习惯，关键时刻才能不出错，才能避免“1%的错误导致100%的失败”。2007年9月美国空军公布核弹误挂事件就源于细节疏漏。

也许不经意的失误会导致一场战役的失败。在中国军队和侵华日军在柳州激战中，美军出动轰炸机前去轰炸南丹、六甲地区的日军。可是机场指挥部的译电员却把电报中的“六甲”错译成了“六寨”。六寨和六甲虽然只有一字之差，但却相差100多公里，而且驻扎在六寨的是友军。这次误炸夺去了1名中将、2名少将、200多名上校以下军官、800多名士兵和5000多名平民的生命。

民国时期，军阀混战。冯玉祥的北京政府与蒋介石的南京政府对峙，蒋介石决定北伐，于是冯玉祥的西北军与阎锡山的晋绥军商议合兵伏击蒋介石的中央军。不料，冯玉祥的电报员误把集结军队的地点——“沁阳”写成了“泌阳”，沁阳在河南北部，而泌阳却在河南南部，两地相差数百公里，这样一来，就使得冯玉祥的军队误入泌阳，因而贻误了聚歼蒋军的有利时机，让蒋军争得了主动权。在这次中原大战中，冯阎联军致贻误战机，处处被动挨打，最后和蒋军在河南呈胶着状，可以说与这次严重的笔误不无关系。

美国哥伦比亚航天飞机升空80秒后爆炸，机上7名宇航员遇难，而调查结果表明，造成这一灾难的“凶手”竟是一小块脱落的泡沫，其击中了飞机左翼前的隔热系统。应该说，飞机整体性能等许多技术指标是一流的。但是，一小块脱落的泡沫就毁灭了价值连城的航天飞机和7名无法用金钱衡量的生命，实在是不值得。

细节出问题，大多与马虎有关，而“马虎”这个词发源于一个血泪斑斑的故事。宋代时京城有一个画家，作画往往随心所欲，令人搞不清他画的究竟是什么。一次，他刚画好一个虎头，碰上有人来请他画马，他就随手在虎头后画上马的身子。来人问他画的是马还是虎，他答："马马虎虎!"来人不要，他便将画挂在厅堂。大儿子见了问他画里是什么，他说是虎，次儿子问他却说是马。不久，大儿子外出打猎时，把人家的马当老虎射死了，画家不得不给马主人赔钱。他的小儿子外出碰上老虎，却以为是马想去骑，结果被老虎活活咬死了。画家悲痛万分，把画烧了，还写了一首诗自责："马虎图，马虎图，似马又似虎，长子依图射死马，次子依图喂了虎。草堂焚毁马虎图，奉劝诸君莫学吾。"诗虽然算不上好诗，但"马虎"这个词就流传开了。

有三个人到纽约度假，他们在一座高层宾馆的第 45 层订了一个套房。一天晚上，大楼电梯出现故障，服务员安排他们在大厅过夜。他们商量后，决定徒步走回房间，并约定轮流说笑话、唱歌和讲故事，以减轻登楼的劳累。笑话讲了，歌也唱了，好不容易爬到了第 34 层，大家都感觉精疲力竭。"好吧，彼德，你来讲个幽默故事吧。"彼德说："故事不长，却令人伤心至极：我把房间的钥匙忘在大厅了。"

三、小中见大

从古至今，尊重细节、精细制胜的先进理念一直得到人们的肯定与推崇。古人云："长堤溃蚁穴，君子慎其微。"今人说："小事成就大事，细节成就完美。"要想成就一件大事，就必须做好一件件小事。

（一）事小眼界不能小

小事有时并不"小"，它连着大事，做不好就可能变成牵扯全局的大"事"。只有做好小事，才有资格做好大事。要洞察全局，做到围绕大局做小事，紧贴中心做小事，保证小事始终沿着正确的方向运行。

（二）事小用心不能少

小事不解决，就会集成大事；小隐患不消除，就会酿成大患。要用好“以小识大”这面凸透镜，对那些能够牵动全局的小事，绝不放过：一是那些虽然眼前看处在萌芽状态，但有可能发展为大事的小事不容轻视，要研究它产生的原因、发展走向，然后作出决策。二是那些与大事相联系，如涉及多数人的切身利益，或者关系着党的方针政策等的小事，绝不可以轻视。三是那些能反映一个人的生活观、人生观、价值观的小事，不可等闲视之。例如，一个干部爱贪小便宜、爱吃吃喝喝、爱拉拉扯扯，看起来是生活小节，发展下去却很可能成为贪官污吏。对这样的人，必须及早严格要求，加强教育。

（三）事小规矩不能少

俗话说：“制度落地生根，隐患无处可藏。”要把事情办好，应做到以下几个方面：一要严格程序。程序是减少失误的关口，就像过滤器，经过一道就会过滤掉一些错漏。要养成按程序办事的习惯，逐级请示汇报，按级呈文办事，不图省事、方便，不遗漏任何一个细小的环节。办小事也要讲“封闭”，特别是一些重要的小事，怎么办的、办得效果如何都要及时向领导汇报。二要把握节奏。单纯的小事，也有节奏的问题。有时想把事立即办好，看上去热情很高，实际上违背了规律，工作难以落实。明天的事放在明天办是福，放在今天办就可能是祸。因此，办小事要把握好“度”，做到有急有缓、有张有弛，一环扣一环地抓好落实，一步一个脚印地做好工作。三要注意总结。规律是总结出来的。在工作实践中，对规律认识得越深刻、运用得越熟练，干起工作来也就越具有预见性、超前性，也就越主动，越富有成效。

（四）事小标准不能低

小事不小，小事里面见精神、见人品。善于做小事的人，能把小事做出大成果。把小事做成精品，一是靠耐心。做好小事，不但要有吃苦受难的思想准备，而且要有精雕细刻的耐心。不怕反复，经得起磨。这就需要有“咬定青山不放松”的韧劲、始终如一的恒心。要不怕琐碎，个别小事时间跨度大，久拖不决，要特别小心，不能忘事、漏事，始终关注其发展变化，什么时间办哪一步，要做到心中有数，有头有尾，确保落实。二是靠准确。准确领会上级的精神和领导的真正意图，准确传达领导的指示和有关情况，在规定时限内完成领导交办的各种事项。三是靠创新。创新不分事情大小，小事也能有所作为。有的小事，虽然不起眼，解决起来却左右为难，久拖不决会成为影响全局工作进程的“瓶颈”。要把小事干得干净利索、稳当妥帖，必须努力在小事中发现不好的苗头，下力气解决，以推陈出新。

四、细中求深

我们现在讲重细节，除了要有细之又细、持之以恒的敬业精神和责任心以外，还要注意提升关注细节的“深度”，要在追求“深度”上下工夫。

（一）要能够读懂从细节里透露出来的关键信息

中日甲午海战前，日本间谍化装到北洋军舰上侦察。当时，北洋海军的军舰在吨位、数量等很多指标上都与日本不相上下，可是中国军舰的炮塔上居然横七竖八地晾着短裤、袜子。日本间谍就把这一“发现”写在情报中，并分析道：这是一支纪律松弛、管理混乱的军队，不会有强大的战斗力。果然，海战一开，北洋海军惨败，最终全军覆没，未被摧毁的军舰也都成了日军的战利品。

明代朱棣发动靖难之役时，解缙与胡广、吴溥、周是修、王艮、胡靖、方孝孺等七位名士相约要为建文皇帝守节，以标千古风节。退下来后，解缙便悄悄指派家人“瞧瞧胡广是什么动静”。家人回来说：“没什么动静，只听见胡大人问‘猪喂了没有？’”解缙听了，心里想：“一猪尚不肯舍，况肯舍生命乎？”于是心安理得地活了下来。明成祖继位后，七位要为孝文帝死节的名士中，方孝孺壮烈而死，周是修自缢身亡，王艮服毒自尽，而胡广等四位“名士”老老实实做了“贰臣”。

俗话说：“天网恢恢，疏而不漏。”警匪之间的斗智往往以正义战胜邪恶而告终，绝大多数都是一些微小的细节决定了破案的成败，比如，一滴血、一根头发丝、一句话、一个神态、一双鞋、一个电话、一个信息，都可能成为破案的关键。

在上述情况中，不论是军舰上的炮塔上晾衣服，还是喂猪的话语，以及破案的证据，都是一些很小的细节，但正是这些细节反映出了深层次的问题，被目光敏锐的人所捕捉，成为预测事物发展变化趋势的一种征兆。

（二）要能够探知从细节里反映出来的重要信号

据报载，青岛市某部门在一次例行检查中发现某个下水道零件年久锈蚀，不能正常工作，而在国内又找不到合适的零件替换，一筹莫展之际，工作人员发现损坏处留有一个电话号码，是当时负责下水道修建的公司留下的联系方式。抱着试一试的态度，市政府有关部门和他们取得了联系，其结果是，不仅该公司拿出了百年前的图纸，告知在什么位置存放有备用零件，而且政府部门在依言找到密封的零件时，发现其表面均匀涂抹黄油，崭新如初。工作人员很快更换了原零件，解决了问题。德国公司的细节“深度”正是这种联系性的生动体现。有效的联系方式、长久的档案保存、完好的备件保管，诸多细节缺一不可，倘若没有全局观念，仅仅关注一处，效果便会大打折扣。

（三）要在实干中把各项工作抓细、抓实

细节要“用心才能看得见”。如果缺乏认真的态度、负责的精神，就看不到细节。抓好细节还需要踏踏实实、真心诚意地去追求细节的圆满。否则，即使去做，也做不到位、做不精致。工作中出现“差不多”、“大概”、“也许”之类的敷衍搪塞之词，正是缺乏责任心、干事不实的表现。须知细节往往就是关键的地方，“失之毫厘，谬以千里”，一切隐患也往往潜藏在那些司空见惯的细节之中。“做细有限度，用心无止境。”实践一再证明，许多事故的发生，皆因在细节上失之粗疏。因此，我们必须时刻秉持认真负责的实干态度，一丝不苟地抓好工作中的每一个环节，真正把各项工作抓细、抓实。

29

人生最难相信的是——危机

所谓危机，可以理解为险境降临，还可以理解为一种机会。人们都不希望自己遇到危机，但危机随时都有可能降临到你的头上。克服困难、战胜危机，是我们健康成长的必由之路。但是，人生最难相信的是危机，它就像一座山峰耸立在那里，需要我们努力去跨越。只要脚步不停，一切皆有可能。

一、危机无处不在

这里所说的危机，是指产生危险的祸根和严重困难的关头，也指令人感到危险的时刻，以及一种处于特别危险的境地，即将发生火海的末端。

两个人在森林里，遇到了一只大老虎。A 赶紧从背后取下一双更轻便的运动鞋换上。B 急死了，嚷道：“你干吗？再换鞋也跑不过老虎啊！”A 说：“我只要跑得比你快就好了。”

一个酒店老板在会上问员工：“如果上餐时手上的托盘将倾，又救之不急，该怎么办?”许多人无以应对，觉得只能任由托盘掉下来。这时老板铿锵有力地说：“是的，托盘就要掉下来，无可挽回，但即使这样，也要用最后一点力量，使托盘掉向远离客人的地方。如果周围都有客人，则倒向自己；如果有大人和小孩，则远离小孩；如果有男人和女人，则远离女人；如果只能倒向人的身体，则远离人的要害部位……这是我们必须遵守的原则。”

我在吉林下派锻炼期间乘车从延吉去长白山，由于前两天刚下过一场大雪，路面上推土机铲过的雪水和冰块搅和在一起，异常难行。车一路吱吱呀呀地行进在崎岖的山道上。我们听着音乐，讲着笑话，赏着风景，浑然不觉危机的存在。当司机一路踩着刹车下山后，一抬脚发现一个车轮的刹车片掉了。这时，车上的人个个神情惊诧，后背冰凉。

一个单位经过几天的忙乱，终于迎来了高级领导前来视察，不承想，出事了。出什么事了？当领导一行十几个人走到最大一间客房的楼下时，突然一股呛鼻的烟味和着一股浓烟迎面扑来。工作人员三步并作两步跑进房间，发现是热水壶在燃烧。经过一阵手忙脚乱的扑打，火被扑灭了，领导也转身离去。原来，水烧开后，热水壶没有自行断电，直至把水烧干又把壶底烧着。其实，危机的祸根从购买不合格产品时就已经埋下了。

干部小 A 经过竞争当上了副处长，但在试用期期间，小 A 的工作尚可，但却产生了严重的骄傲自满情绪，仗着学历高、竞争上岗考试成绩好，不但经常对处里的新老同志发脾气，甚至对处长也不够尊敬，渐渐地成了“独行侠”。结果可想而知，小 A 没通过转正考核。小 A 又哭又闹还找领导告状，均无济于事，一气之下选择了辞职。实际上，小 A 的危机从任职的那一天就开始生根发芽了。

深圳华为技术有限公司总裁任正非说：“危机并不遥远，死亡却是永恒的，这一天一定会到来，你一定要相信。从哲学上，从任何自然规律上来说，我们都不能抗拒，只是如果我们能够清醒地认识到我们存在的问题，我们就能延缓这个时候的到来。”

在迪斯尼影片《冰河世纪Ⅱ》中，地球上的冰河期就快要结束了，大大小小的动物们都在欢天喜地地庆祝水上世界即将来临，一片歌舞升平的景象。因为冰块即将溶解，地球表面形态将进一步分化成海洋和陆地——新的纪元也即将诞生！所有冰河时期的动物都非常高兴，欢呼雀跃地迎接水上世界的来临，面对喷泉、清水、激流，以及冰雪融化的奇景，所有的动物都沉浸在水上乐园带给它们的欢乐之中。

然而，影片中机警的猛犸象曼尼、树懒希德及剑齿虎迭哥却警觉到天气正在剧烈变化，巨大的冰川正发生着大规模的崩解。它们察觉到周围融化和崩塌的雪山将会形成洪水，它们赖以生存的乐土很快就会成为一片汪洋。因此，它们必须承担起警醒所有无忧无虑的动物，并且带领它们逃离即将化为汪洋的灾难之地的重任……影片在最后安排了一只船来拯救它们。最后，历尽艰险，幸免于难的动物们终于登上方舟，躲过了劫难。

影片虽然是一部喜剧片，但在幽默诙谐中却为我们带来了一丝沉重的担忧——貌似巍峨的冰山下，潜流暗涌，冰雪的消融随时会让冰山毁于一旦。如果你不去注意这些潜在的危险，并且不知道如何应付这些危机，那么等待你的将是不可逆转的灭顶之灾。

二、没有危机感是最大的危机

危机感是什么？危机感是由于人们所处的环境和形势已处于或将处于困难危险的境地而产生的一种紧迫感、责任感。危机感同时也是一个人进取心的源泉，是一个人成长发展的重要动力。危机并不可怕，可怕的是没有危机感。

有一条名叫杰克的鲱鱼厌倦了当下的生活，决定周游世界。它说："我想到世界上的其他地方去见识一下。""那会很危险。"杰克的亲戚这样劝它。杰克不顾所有鱼的劝说，毅然决然地从地球的北部出发了。

杰克这一路的确遇到了各种危险，它曾差点被一条鲨鱼吞掉，也曾险些被一条电鳗击中，还有一次，它差一点被一条黄貂鱼刺伤。可杰克仍然继续向南游，游过大西洋、游过印度洋、游过太平洋、游过西伯利亚海域、游过格陵兰岛和冰岛海峡，最后游回了自己的老家。

杰克回家后，所有的亲朋好友都赶来看望它，并设宴为它接风，大家嘘寒问暖，把最好的食物都拿出来给它吃，请他讲讲一路的见闻，杰克有些飘飘然，满不在乎地说道："我周游了世界，世上一切东西都见过，世间各类各种极品美味也尝过，我的见识没法跟你们说，因为你们无法想象。"此后的每一天，杰克的亲戚朋友相继邀请它去家里做客，但它都拒绝了，"我可是周游过世界的，你们那又阴暗又狭小的岩石怎么能容得下我？"自此，它便孤独一人居住。

到了繁殖的季节，它拒绝产卵，它说："我周游过世界。我认识世界上的很多鱼，我已对生产不再感兴趣了。"

最终，一条老鲱鱼游到它面前说："听着，如果你不与我们一起产卵，一些鲱鱼卵就不会受精，也就孵不出健康的小鲱鱼。若你不与家人同住，就会令它们很伤心。还有，如果你不吃东西，你就会饿死。"但杰克却说："我不在乎！世界上的每个角落我都去过了，能看到的东西也都看见了，现在我已经通晓一切。"老鲱鱼摇着头说："没有人见识过世界上的一切，也没有人能通晓一切。"

"你看，"杰克说，"我游过大西洋、印度洋、爪哇海、珊瑚海、太平洋、西伯利亚海和冰天雪地的北冰洋。那你告诉我，还有什么我没看过，有什么是我不知道的呢？""我也不知道，"老鲱鱼说，"可总会有些东西是你没见过、也不知道的。"

此时，经过一条渔船，一个大网下来把杰克捞走了，带到了当天的集市上。有人把杰克买回家去，当晚把它吃掉了，而且这个人永远也不知道这条鲱鱼叫杰克，它周游过世界，知晓一切。

这就说明，没有危机感是不会获得成功的，甚至会毁掉自己。有这样一则笑话很能说明问题：鱼说："我时刻睁开眼睛，是为了让你永远在我眼中。”水说：“我时刻流淌不息，是为了能永远把你拥抱。”锅说：“都快熟了，还这么贫。”

面对这种危机已到眼前，还浑然不觉，依然热衷于耍嘴皮子，沉浸在自得其乐之中的现象，我们能说什么呢？

内心的危机感通常能够使人爆发惊人的胆量，是勇气的重要来源之一。因此，人们把“置之死地而后生”当做兵法的精髓之一。

在现代社会，竞争日益激烈，无论从事何种职业，人们都会有一种危机感。许多人因为压力而焦虑难安，许多人因为压力而日夜奔波，许多人甚至在压力下崩溃。当我们失去了危机感，就会变得安于现状、裹足不前，等待我们的只有被淘汰的命运。正如孟子所说：“生于忧患，死于安乐。”

当然，我们还需要注意的是，危机感是一种心理状态，其存在不一定是事实的逆境和困境。聪明的个人，聪明的企业家，聪明的政府，都善于在逆境下勇敢面对危机，又善于在顺境中保持忧患意识，使自己能够坚持不懈地努力。所谓居安思危、未雨绸缪、有备无患，就是这个道理。

微软的比尔·盖茨总是感到危机的紧迫存在：“微软离破产永远只有18个月。”

海尔的张瑞敏总是感觉：“每天的心情都是如履薄冰，如临深渊。”

联想的柳传志总是认为：“你一打盹，对手的机会就来了。”

百度的李彦宏经常强调：“别看我们现在是第一，如果你30天停止工作，这个公司就完了。”

创建过亚信公司、中国宽带产业基金，担任过网通总裁的田溯宁也认为：“企业成长的过程，就像是学滑雪一样，稍不小心就会摔进万丈深渊，只有忧虑者才能幸存。”

这些身经百战的创业家们都深知缺少危机感的后果。事实上，我们每个人的内心也都需要有适度的危机感，使自己保持进取的斗志，保持人生开放的胆量。

黑夜和白天总是密不可分，没有黑夜就没有白天。危险和机会也总是并行，机会的背面就是风险。因此，正如哈佛商学院教授理查德·帕斯卡尔所说的那句名言："21 世纪，没有危机感是最大的危机。"

一个社会或一个人由于暂时的优势而处于安逸之中忘掉了危机，就像一只不断沉睡忘了奔跑的狮子一样，最后只能被活活饿死。所以羚羊和狮子生存的法则就是：羚羊必须不断地思考如何跑得更快，以逃避狮子的追逐；而狮子也必须不断地思考如何跑得更快，追上自己生存下去所必须得到的羚羊。这也更证明了没有危机感是最大的危机。其实，源自外界的危机并不是最可怕的，可怕的是我们对这种危机的麻木不仁和茫然无知。这样，我们会在危机临头时，丧失了对抗风险的能力。

三、防微杜渐，有备无患

身处逆境和困境，危机迫在眉睫，自然谁都会有危机感。

"三军之行，不可无备。"不难了解，一个国家的用兵之道，不光能打，还要能防，这是保证国家安全的根本。如同诸葛亮那句名言："如果不能居安思危，敌人来了还不知警惕，那就犹如燕子把窝筑在门帘上，鱼在锅里游，灭亡的日子只在旦夕之间了！"亦如日常生活，因为，事故、险情很少出现在"警钟长鸣"之时，而常常酿成于"高枕无忧"当中。聪明的人善于在顺境下保有危机感，保持忧患意识，使自己依然能够坚持不懈地努力下去。

由此可见，居安思危，从承平中预见危机，从有利中发现不利，进而未雨绸缪，防患未然，乃厚黑者之举和制胜之道。

做事未雨绸缪，居安思危，这样在危险突然降临时，才能应付自如，不至于手忙脚乱。

居安思危，是每一个人都应该具备的心态。它要求人们处在安全的环境里要想到危险困难随时可能出现，应做好应对危险困难的准备，有长远的打算。

古人云："泾溪石险人兢慎，终岁不闻倾覆人。却是平流无石处，时时闻说有沉沦。"任何事都有其两面性，越是危险的境况，大家越会小心谨慎；越是不熟悉的环境，思想上越会高度重视，这时候恰恰会很安全。而越是稍有好转的局势，思想上越会放松警惕；越是赞扬声多了，越是容易麻痹大意，产生骄傲情绪，这时候倒是最危险的。因此，学会居安思危，才能使人在逆境中面不改色，坦然面对，在人生道路上怡然自得。我们在生活中难免会遇到这样或那样的困难与挫折，甚至有时会祸从天降。面对这一切，对于没有准备的人来说，他只能是抱头痛哭，怨天尤人；而对于有准备的人来说，却可能会因祸得福，柳暗花明，走出一片新天地来。如果说机遇只偏爱那些有准备的人，那么灾祸就只光临那些没有准备的人。会居安思危的人在困难降临时，甩甩头，耸耸肩，让困难离他而去，没有半点恐慌。让我们学会居安思危，它会让你转危为安，预作安排，从容面对一切事物。这样，我们的生活就会变得无忧无虑、快乐幸福。

所谓，成事在天，谋事在人。这谋事的人非常关键。谋事就是要提前做好充分的准备，深谋远虑，预防天雨屋漏。当然居安思危绝不是杞人忧天，而是在理性的认识中思考可能出现的危机，这样的"思危"才是真正的深刻的有备无患的思考，它才能使我们在为人处世中立于不败之地，成为"笑到最后的人"。

四、转危为机，化险为夷

世界上的任何事物都具有两重性，在一定条件下，它们都能够向自己的对立面转化。当人们经历过多次危机考验之后，就会明白：并不是任何危机都只有消极的一面，如果人们对发生危机的原因进行认真研究，有针对性地采取措施，就会把"危机"变成"良机"！

我们每个人的成长史不也是如此吗？如果一个人的一生中从未经历过危机，那么他的人生经验就是不全面的。因此，没有经历过危机考验的人是很难成熟起来的。危机很可能是一个人成长过程中的一种契机。

人们都不希望自己遇到危机，但这却不是以人的意志为转移的，有的时候，因为某种主观原因或者客观原因，会使危机突然降临到你的头上。所以，我们必须理性地对待危机，而不能持一种侥幸心理，那样，总有一天会使自己倒霉的。

当工作和生活中出现危机时，我们要迅速解决遇到的困难和问题。原则是不找借口找方法。只为成功找方法，不为失败找借口。只要精神不滑坡，方法总比问题多。

应对危机，亡羊补牢，犹未为晚。约翰和迈克尔是同学，他们同一年大学毕业，而且被同一家公司录用。两个人工作非常努力，而且暗中较劲，只不过约翰办事呆板，而迈克尔则显得更加灵活。几年后，老板提拔迈克尔为部门经理，而约翰还是一名普通员工。约翰心里不服，一气之下写了封辞职信，并抱怨老板不会用人，只提升那些阿谀奉承的人。

老板知道这几年约翰的工作确实很努力。他想了一会儿说："谢谢你对我的批评。我只有一个请求，希望你在离开前再为公司做一件事情。说不定，到时你会改变决定，收回辞呈。"

约翰勉强同意了。老板让他去市场找一个卖西瓜的人。约翰去了并很快回来说他找到了。老板问西瓜多少钱一斤？约翰摇摇头，回到市场去问，然后又回来告诉老板每公斤 1.2 美元。

老板让约翰等一会儿，这时他把迈克尔叫来，也请他去市场找一个卖西瓜的人。迈克尔回来之后说："老板，市场上只有一个卖西瓜的，每公斤 1.2 美元，但 10 公斤以上 1 美元。他一共有 340 个西瓜，其中 58 个放在货架上，每个西瓜重约 2 公斤，都是两天前运来的，很新鲜，而且很甜。"

约翰在一旁深受触动。正如老板所说，他改变了决定，收回了辞呈。

同时，一个人在其职业生涯中，如果未经历过危机，特别是没有处理危机的实践经验，那么，他的才能就是不全面的，是脆弱的，并且很难经得起职场风浪的考验。

当今中国，就像一列磁悬浮列车在风光如画的旷野里飞奔，就像一艘核动力航船在波涛滚滚的大海上疾行。伦敦奥运会上，来自世界各地的体育健儿，无论成败得失，都尽情展示了自己的风采。他们坚守了“更高、更快、更强”的奥林匹克精神。我们呢？应对危机，应随时准备好自己的跑鞋。

（一）政治上要有方向感

道路决定命运，方向决定成败。方向不对头，走得越快，离目标越远。

（二）本领上要有恐慌感

欲揽瓷器活，需有金刚钻。“先天下之忧而忧，后天下之乐而乐”的名句流传千古，圆明园正大光明殿内也有一副楹联：“心天之心，而宵衣旰食；乐民之乐，以和性怡情。”工作面临“不进则退、不转则衰”的挑战，学本事、长本领，一天也不能等，总是保持着一股“不松懈、不怠慢”的劲头、一种“只争朝夕”的精神、一颗“不服输、不放弃”的心志，孜孜以求，不懈努力；争先恐后，一马当先。

（三）工作上要有紧迫感

紧迫感，是事业成功的一块基石。增强紧迫感，具体地说就是要增强时间观念，加快工作节奏，突出工作的“早”和“快”。对工作要早谋划、早安排，快启动、快落实。要把“今日再晚也是早，明日再早也是晚”作为一种理念，做到今日事今日毕，日积月累，大功必成。

增强紧迫感，最直接的要求就是不要等。不要等到想优雅时才露出微笑，不要等到想要得到爱时才付出，不要等到孤单时才想起朋友，不要等到有了最好的职位时才努力工作，不要等到失败时才忆起他人的忠告，不要等到生病时才意识到生命的脆弱，不要等到完美的对象出现时才恋爱，不要等到分离时才后悔没有珍惜感情，不要等到有人赞赏时才相信自己，不要等到别人指出时才知道自己错了，不要等到腰缠万贯时才准备帮助穷人，不要等到退休时才发现自己并没有认真研读工作这本“书”。

（四）事业上要增强成就感

食人间烟火的人，都有七情六欲。即使是思想境界很高的人，作出了巨大贡献，在事业上获得了惊人成就，他可能不会居功自傲，但不可能没有成就感。因为，这是人之常情所致。俄罗斯作家克雷洛夫曾说：“至于我，生来就为公众利益而劳动，从来不想去表明自己的功绩，唯一的慰藉，就是希望在我们蜂巢里，能够看到我自己的一滴蜜。”可以说，这“一滴蜜”会使他产生成就感，从而看到自身的价值，受到鼓舞，增添继续前进的勇气和力量。由此也足见成就感是多么可贵。这种美好的品质历久弥新，它萌生于我们的心中最柔软的部分，崛起成为我们灵魂最闪亮的高地。它就在你我身边，影响着我们每一天的衣食住行，激励着做好自己、照亮他人。顶天立地，执著于心，奔跑于行，危机就会离我们越来越远，机遇就会离我们越来越近，我们将会享受执著的成功，收获执著的快乐。

30

人生最难躲避的是——陷阱

越是想要占有，越是失去的更多。世上没有免费的午餐，即使掉下来少量的馅饼，不是圈套也是陷阱。随着社会的进步、经济的发展、生活的富裕，各式各样的陷阱也越来越多，而任何一个人都不想掉进这些陷阱。但是，人生最难躲避的是陷阱，它就像一座山峰耸立在那里，需要我们努力去跨越。只要脚步不停，一切皆有可能。

一个农夫进城卖驴和山羊。山羊的脖子上系着一个小铃铛。三个小偷看见了，一个小偷说："我去偷羊，叫农夫发现不了。"另一个小偷说："我要从农夫手里把驴偷走。"第三个小偷说："这都不难，我能把农夫身上的衣服全部偷来。"

第一个小偷悄悄地走近山羊，把铃铛解了下来，拴到了驴尾巴上，然后把羊牵走了。农夫在拐弯处环顾了一下，发现山羊不见了，就开始寻找。

这时第二个小偷走到农夫面前，问他在找什么，农夫说他丢了一只山羊。小偷说："刚才我见到你的山羊了，有一个人牵着它到那片树林里去了，现在还能抓住他。"农夫恳求小偷帮他牵着驴，自己去追山羊。第二个小偷趁机把驴牵走了。农夫从树林里出来一看，驴子也不见了，就在路上一边走一边哭。

走着走着，他看见池塘边坐着一个人，也在哭。农夫问他发生了什么事。那人说："人家让我把一口袋金子送到城里去，过河时不小心掉到水里去了。”农夫问他为什么不下去把口袋捞上来。那人说：“我怕水，因为我不会游泳，谁要把这一口袋金子捞上来，我就送他 20 锭金子。”农夫大喜，心想：“正因为别人偷走了我的山羊和驴子，上帝才赐给我幸福。”于是，他脱下衣服，潜到水里，可是他无论如何也找不到那一口袋金子。当他从水里爬上来时，发现衣服不见了。原来是第三个小偷把他的衣服偷走了。

大意、轻信、贪婪，这就是人生的三大陷阱。英国哲学家洛克说过：“当人们乐意上当的时候，就没有必要对骗术吹毛求疵了。”这正是一些骗术拙劣却屡屡成功的原因。

当一个人眼里只剩下利益时，危险就很近了。

一、天上掉馅饼，地上有陷阱

世上没有免费的午餐，即使掉下来少量的馅饼，不是圈套也是陷阱。

从前，有一只鹧鸪，在一处山林的草丛里安了一个窝，它的窝不但能遮风挡雨，而且还舒适透气，是一个很不错的栖居之地。

有一天，鹧鸪离开它的窝，去一个很远的地方觅食。这一去就是好些日子。其间，一只兔子来到这里，发现了鹧鸪的窝，就住了进去。可是，过了几天，鹧鸪回来了，对兔子的行为十分生气。

“喂，兔子，”鹧鸪怒道，“你怎么能趁我不在的时候霸占我的窝呢？出来，赶快出来！”

“你凭什么说是你的？”兔子也不甘示弱，“这是一个无主之窝，我占了就是我的，这是森林法则规定的。”

“可是，这并不是无主之窝，在你来之前我就在这儿住好久了。”鹧鸪据理力争。

“就算你说的是真的，”兔子说，“但是我来的时候这儿是空的，而且我已经实际住好多天了，所以这儿现在就是我的！”

在它们争执不下的时候，一只体型硕大的野猫走了过来。野猫是一个卑鄙的家伙，但是它总把自己伪装成很神圣的样子。此刻，一个恶毒的计划正在它心中酝酿。不过，它现在首先需要得到鹧鸪和兔子的信任。只见它用后足站立，把一只前足放在胸前，装模作样地祈祷道：“哦，我的主啊，生命如此脆弱，又如此短暂，让我们文明地生活，公正地做事，理性地解决争端，共同创造出一个和平美好的世界吧！”

兔子听了野猫的祈祷后觉得野猫既强大又公正，让它充当裁判解决窝之争应该是一个不错的办法。它把这个想法说了出来。鹧鸪表示怀疑，提醒兔子别忘了野猫是它们俩共同的天敌。不过，兔子坚持自己的想法，对鹧鸪说：“如果你不愿听野猫的裁决，就是你承认放弃窝的拥有权。”野猫心中暗喜，但是它假装犯难地说：“你们俩，一个是早就在此居住，一个是现在实际居住……唉，该怎么办呢？”

兔子说：“神圣的野猫先生，我们相信你，如果谁不听从你的裁决，你就将谁吃掉！”

“亲爱的朋友，请你别这样说。”野猫说着看了一眼始终与自己保持一段距离的兔子和鹧鸪，“我是决不会做出那种凶残的事情的！不过，既然让我裁决，你们就要让我听明白。我老了，耳朵不好，你们离我这么远，我怎么能听明白呢？来，都靠我近一点。”

兔子和鹧鸪听了野猫冠冕堂皇的言语之后，放松了警惕，往它近前走了走。当它们走到野猫面前时，野猫露出了真面目，它一手抓住兔子，一口咬住鹧鸪，然后将它们全部变成自己的盘中餐。坏人总喜欢打着神圣的幌子行骗，我们要提高警惕，切勿上当，落入陷阱！

在诱人的利益面前，我们应该低声问问自己：“这种好事怎么会落在我头上？”多一分小心谨慎，才能少一些危险和磨难。

没有免费的午餐，“免费”不过是个幌子，在那些令你怦然心动的利益背后，你并不总是能够看透这背后的用意。如果别人莫名其妙地给你送礼，他可能会利用你办一些不正当的事，你要切记：“拿人家手短，吃人家嘴软。”千万不要因为贪图一点儿实惠而把自己置于进退两难的境地。

俗话说：“君子爱财，取之有道。”孟子也说过，对于钱财，可以取也可以不取，取和不取的分界，在于会不会损害自己的为人处世原则。如果是对你辛勤劳动和智慧付出的奖赏，那自然可以毫无愧色地慨然接受。如果是不明来路和目的的利益，最好还是避之为上。

越是大利在前，越应该小心谨慎，因为大利背后可能隐藏着巨大的陷阱，一不留神，就会上当受骗。为了避免上当，必须时时提高警惕，尤其是面对诱惑的时候。

那些白白提供给你的东西都是充满危险的，因为它们通常不是涉及一个骗局，就是其中包括隐藏的义务和责任。那些有价值的东西都值得你为之付账。只有你以自己的方式支付之后，你才能和那些东西，如心存感激、罪恶感、欺骗与谎言等划清界限。

二、纵火的手，扑不灭火

据报载，福建一农民捡到了一张名为林阿香的身份证，他端详着这个年轻女人的照片，不免想入非非：阿香，好香，好艳，好靓……脑袋灵光一闪，随即冒出一个发财的主意。先想办法搞到了一份官员名单，再到泉州建设银行开了一个账号，然后以林阿香的口吻写了一封信：“大哥：您好！我曾在贵地一家酒楼上班，真名林阿香，您一定还记得。您还经常应酬吗？因取缔‘三陪’我失业了，前几天家里又出了大事，急需用钱，走投无路我想起了您。您曾跟我说过，遇到困难时会帮我的……希望您收到信后五天内，往下面这个账号汇3000元钱来。如果这么一个小小要求您都做不到，我是什么事都可能去做的……”

他将信打印后寄出，很快就有148个官员上钩，陆续汇来的钞票达37万元之多！他真是把这些官员的心思摸透了：只要是被阿香、阿妹的咬上，自会乖乖地掏钱，以求“破财免灾”。

任何邪恶都有它的诱惑性。老话说，人贪财色如双斧伐孤树，焉有不倒之理？

2012年3月，宋女士在公交车上搭识了一陆姓男子，该男子自称是医院的外科副主任。两人一路上交谈甚欢，并在分手时互留了手机号码。之后，陆某便经常打电话、发短信。绵绵情话让宋女士一步步落入“桃色陷阱”。

3月底，陆某谎称自己的钱在定期的存折上，取出来会有损失，以请客送礼、着急还钱等理由向宋某借钱。宋某先后借给其6.9万余元。此后，陆某又以补贴前女友的分手费为由从宋女士处拿到1.3万余元。仅仅一个多月，宋女士就先后借给陆某8万余元。

与此同时，就职于一家证券公司的宋女士一直劝说陆某来自己公司开户炒股，几次催促仍不见陆某前来开户。宋女士渐渐起疑，之后发现陆某已关停了手机，于是向警方报了案。

现代社会中，“桃色陷阱”可以说是用滥了的招，可它还是屡试不爽，俘获了一批又一批官员。前车之鉴犹在，但好多人明知道是悬崖，明知道有陷阱，还是义无反顾地跳下去。石榴裙下“前腐后继”，真应了那句俗话，“上当受骗，自觉自愿”。

究其原因，如此桃色案件部分或有人为因素，但不管外因如何，归根结底是在自身。终是自己没能坚定立场，没有把持住，就算明知道是人家给你设的“陷阱”，但你没能禁受住诱惑，你跳进去了，就是你不对。虽古语有云，“食色，性也”，但人之所以为人，其区别于其他动物的一点就在于人有思维，善思考，知廉耻，能自控。如果只是追求身体和感官上的一时刺激，将礼义廉耻、利益大局都抛于脑后，只凭本能办事，那和动物又有什么区别？

而今社会，桃色案件基本成了腐败的一个典型。故而，党的十八大强调，要坚决反对低俗奢靡、腐朽堕落的生活方式，坚守共产党人的精神追求。

人生得到的总比失去的多。但有些东西却永远不能失去。尤其应谨记：失去自由则失去一切，失去家庭则失去归宿，失去子女则失去未来，失去朋友则失去快乐。

三、生财有道，躲避陷阱

在工作和生活中，陷阱无时不有、无处不在，只要不大意、不轻信、不贪婪，就不会跌落陷阱之中。要切记，没有配件的汽车不能买，没有信誉的朋友不能交，不是正路来的钱不能花。

（一）把追求金钱放在合适的位置

没有金钱便不能生活，但生活绝不仅仅是为了金钱。金钱对某些人来说，可能很重要，但对某些人来说，一点也不重要。要做金钱的主人，不要做金钱的奴隶，金钱不是万能的，它不能买到世间的一切。

不要做金钱的奴隶，最有效的办法是不要让追求金钱的欲望太强烈。要知道欲壑难填，欲望永远都只是生命沉重的负荷。

汤玛斯·富勒说：“满足不在于多加燃料，而在于减少火苗；不在于积累财富，而在于减少欲念。”任何事物都不是多多益善。贪婪是一种顽疾，人们极容易成为它的奴隶。一个贪得无厌的人，到头来可能两手空空，得不偿失。

（二）找准追求金钱的正确途径

“君子爱财，取之有道。”什么是“道”？今天说来就是要靠勤奋劳动、合法经营挣钱。有道是人不能把金钱带进坟墓，金钱却能把人带进坟墓。

小山次郎是一个地道的农夫，他终日守在自己的土地上辛勤地耕耘着，日出而作，日落而息，虽然生活并不富裕，但是不愁温饱，日子倒也过得和美快乐。有一天晚上，他梦见自己得到了10锭马蹄金，他从笑声中醒来后，并没有把这个梦放在心上。

可意想不到的是，第二天，小山次郎在耕地的时候，竟然真的挖出了5锭金子，他的妻子和儿女们都兴奋不已。可他从此后却变得闷闷不乐，整天心事重重，家人向他为什么现在有钱了，反而不高兴了呢？小山次郎回答说："我整天都在绞尽脑汁地思考：另外5锭马蹄金到底在哪儿呢？"

庆幸得到了金子，却失去了生活的快乐，有时真正的快乐是和金钱无关的。"人为财死，鸟为食亡"，如果把钱财看得太重，结果往往是对自己无益的。最终金钱不但不是为自己服务，自己反而被金钱所奴役。

其实生活的心态是一把"双刃剑"，我们通常把拥有财产的多少、外表形象的好坏看得过于重要，用金钱、精力和时间去换取一种令外界羡慕的优越生活和无懈可击的外表，自己却丝毫没有察觉自己的内心在一天天地枯萎。

任何时候我们都不可远离生活中的真善美，不能被金钱所奴役，必须保持一颗不被铜臭所玷污的心，这样才能永远与快乐同行。否则，对金钱和财富的欲望会让我们坠入痛苦的深渊。

金钱不应该是罪恶的根源，但如果金钱让人白天吃不香、夜里睡不着，那它就会成为残害你的"刽子手"。对许多人来说，金钱不管拥有多少，总觉得还是不够，这就是过于贪婪了，太不值得了。幸福和快乐原本是精神的产物，期待通过增加物质财富而获得它们，岂不是缘木求鱼？

当我们为了拥有一辆漂亮的小汽车、一幢豪华的别墅而加班加点地拼命工作，每天半夜三更才拖着疲惫的身体回到家里……此时此刻，我们应该问问自己：金钱真的那么重要吗？有些人的钱只有两样用途：壮年时用来买饭吃，暮年时用来买药吃。

人生苦短，不要总是把自己当成赚钱的机器。一生为赚钱而活着是非常悲哀的，要学会把钱财看得淡些，不要一味地去追求享受。

一般贪婪自私的人目光如豆，只看得见眼前的利益，看不见身边隐藏的危机，也看不见自己生活的方向。人如果贪欲越多，往往却是生活在日益加剧的痛苦中，一旦欲望获得满足，他们仍然会失去正确的人生目标，陷入对蝇头小利的追逐；还有一些人好贪小便宜，却因此而吃了大亏，这就是所谓的“知足之人永不穷，不知足之人永不富”。

（三）生活无须太奢华

这是一个极具诱惑力的社会，这是一个欲望膨胀的年代，不少人总是奢求穿要高档名牌，吃要山珍海味，住要乡间别墅，行要宝马香车。这是很危险的。有一些领导干部的奢侈性消费日益成为社会关注的焦点，一些远超过实际收入水平的消费行为招来人们的种种猜疑，有的在吃穿住行方面极度奢华，令人咋舌。他们花钱的方式可分为两大类：一是挥霍型，二是扩张型。奢华的生活，必然导致腐败。

生活无须太奢华，低配意识很重要——知度而行、量入为出、适可而止。家有广厦千万间，睡觉只需三尺宽；纵有黄金千万两，一日不过吃三餐。诚如哲学家苏格拉底所说：“当我们为奢侈的生活而疲于奔波的时候，幸福的生活已经离我们越来越远了。”

“事到知足心常惬，人至无求品自高”。简单生活、低配人生，值得每个人自觉追求和全力践行。生活越是改善，越要保持低配意识，越要富而不奢、谦而不骄，越要在事业上拼搏进取、工作上吃苦耐劳、生活上量入为出，越要自觉争当艰苦奋斗、勤俭节约的模范。

（四）锁住贪欲是根本

有一个专做老红木家具生意的古董商，在一处偏僻的小山村里，无意间发现了一个十分珍贵的老式红木旧柜子。他惊喜万分，但此后不久，古董商开始动了心思。

他先是与柜子的主人闲扯聊天，然后又假装在不经意间小心翼翼地扯到了柜子上。随后，开价500元人民币准备购买。

山里人从来没有见过这么多钱，他把古董商看得直发毛。最后，山里人终于同意了，古董商一颗乱跳的心才算稳了下来。

但他马上又开始后悔了。原来，当看到山里人这么爽快地答应下来，他就觉得自己吃亏了，“根本就不应该出500元，也许300元就足够了”。但是，还不能反悔，这样很容易让对方看出破绽。于是，古董商不死心地围着房前屋后细细琢磨。

“真巧，居然找到了一把脏兮兮的红木椅子!”他对主人说：“这个柜子实在太破了，拿回去也修不好，只能当柴火烧。”

山里人喃喃道：“要不，你就别要了。”

古董商非常大度地一挥手：“说出的话，怎能随便咽回去？这样吧，你干脆把那把椅子也送给我算了。”

山里人本来就有些自感惭愧，听他这样说，当然感激地连忙点头。

古董商笑道：“那我明天早上再来取这些柴火。”

第二天一早，当古董商带着车来装运柜子和椅子时，看到门前有一堆柴火，山里人走出来说：“您大老远地来一趟不容易，我已经替你把柴火劈好了。”

结果，古董商除了500元外，还支付了300元的劈柴费。

欲望，人皆有之。欲望本身并非都不好，但是欲望一旦无度，变成了贪欲，人也就变成了欲望的奴隶。贪婪是灾祸的根源。过分的贪婪与吝啬，只会让人渐渐地失去信任、友谊、亲情等；物欲太盛，会造成灵魂变态，精神上永无快乐，永无宁静，只能给人生带来无限的烦扰和痛苦。

托尔斯泰曾说过：“欲望越小，人生就越幸福。”这话蕴涵着深刻的人生哲理。它是针对欲望越大人越贪婪，越容易致祸而言的。“身外物，不奢恋”，这是思悟后的清醒。谁能做到这一点，谁就会轻松，过得自在。

因此，每个人都要懂得控制自己的欲望，善待财富，切忌吝啬与贪婪；还要自由地驾驭外物，将钱财用于正道，凭借自己的才能、智慧赚取钱财，去助人成就好事。因此，锁住贪欲是非常必要的。

圣贤人士也都谆谆告诫我们，可以留意于物，但不能留恋于物，更不能为物所役。

（五）别让欲望成为心灵的陷阱

有一天，一个老头在山里砍树时，突然从树上飞出的一只金嘴巴的小鸟对老头说："你为什么要砍倒这棵树呀？"

"家里没柴烧。"

"回家去吧，你不要砍倒它。明天你家里会有很多柴的。"说完，小鸟就飞走了。

老头空手回到家，他对老太婆说："上床睡觉吧，明天家里会有很多柴的。"

第二天，老太婆发现院子里堆了一大堆柴，就叫老头："快来看，快来看，是谁在院子里堆了这么一大堆柴？"

老头把遇到了金嘴巴鸟的经过告诉了老太婆，老太婆说："柴是有了，可是我们却没有吃的。你去找金嘴巴鸟，让它给我们点吃的。"

老头又回到森林里的那棵树下。这时，金嘴巴鸟飞来了，它问："你想要什么呀？"

老头回答说："我的老太婆让我来对你说，我们家没有吃的了。"

"回去吧，明天你们会有许多吃的东西的。"金嘴巴鸟说完又飞走了。

老头回到家，对老太婆说："上床睡觉吧，明天家里会有许多食物的。"

第二天，他们果真发现家里出现了许多鱼、肉、水果、甜食、葡萄酒和他们想要的其他食物。他们饱餐了一顿后，老太婆对老头说："快去找金嘴巴鸟，让它送我们一个商店，商店里要有许许多多的东西，这样我们以后的日子就舒服了。”

老头又来到了森林里的那棵树下。金嘴巴鸟飞来问他：“你还想要什么？”

“我的老太婆让我来找你，她请你送给我们一个商店，商店里的东西要应有尽有。她说，这样我们就可以舒舒服服地过日子了。”

“回去吧，明天你们会有一个商店的。”金嘴巴鸟说。老头回到家把经过告诉了老太婆。

第二天他们醒来后，简直都不敢相信自己的眼睛了。家里到处都是好东西：锅、戒指、布匹、纽扣、镜子……真是应有尽有。老太婆仔细地清理了这些东西以后，又对老头说：“再去找金嘴巴鸟，让它把我变成王后，把你变成国王。”

老头回到森林里，他找到了金嘴巴鸟，对它说：“我的老太婆让我来找你，让你把她变成王后，我变成国王。”

金嘴巴鸟冷漠地望了一下老头，说：“回去吧，明天早上你会变成国王，你的老太婆会变成王后的。”

第二天早上醒来，发现绫罗绸缎、山珍海味一应俱全，周围还有一大帮的侍臣。

但是，老太婆对此仍不满足，她对老头说：“去找金嘴巴鸟，让它把魔力给我，让它来宫殿每天早上为我跳舞唱歌。”

老头只好去森林中找金嘴巴鸟，他找了好长时间，最后总算找到了它，老头说：“金嘴巴鸟，我的老太婆想让你把魔力给她，她还让你每天早上去为她跳舞唱歌。”

金嘴巴鸟愤怒地盯着老头，说：“回去等着吧！”

老头回到家，他们等待着。

第二天起床后，他们发现自己被变成了两个又丑又小的矮人。

拥有快乐和生命已经是人生最大的拥有，又何必贪求得太多呢？贪婪的最后结果，只能是一无所有。

主要参考书目

1. 柯延主编：《毛泽东生平全纪录》，中央文献出版社 2008 年版。

2. 徐四海编：《毛泽东诗词鉴赏》，云南人民出版社 2008 年版。

3. 胡哲峰、孙彦编著：《毛泽东谈毛泽东》，中共中央党校出版社 2008 年版。

4. 宋慧昌著：《换个角度看问题》，中共中央党校出版社 2011 年版。

5. 孙宝义、刘春增、邹桂兰编著：《毛泽东的读书人生》，中央文献出版社 2006 年版。

6. 金一南著：《苦难辉煌》，华艺出版社 2009 年版。

7. 同道主编：《向毛泽东学战略》，当代中国出版社 2010 年版。

8. 雅琴编著：《小故事大道理》，海潮出版社 2005 年版。

9. 曲艺平、唐坚编著：《细节改变人生全集》，西苑出版社 2007 年版。

10. 胡宝林编著：《舍与得的人生经营课大全集》，中国华侨出版社 2010 年版。

11. 苗发勇编著：《领导干部不可不会的讲话谋略》，广西人民出版社 2010 年版。

12. 吕永著：《每天学点为人处世技巧》，北京航空航天大学出版社 2011 年版。

13. 牧之编著：《思路决定出路大全集》，新世界出版社 2011 年版。

14. 宿春礼著：《思路决定出路》，陕西师范大学出版社 2009 年版。

15. ［美］卡耐基著：《做内心强大的自己》，孙晶玉编译，新世界出版社 2012 年版。

后记

我所追求的一种学习方式

党的十八大报告中强调指出："要坚定理想信念，坚守共产党人精神追求。"我一直认为，学习能助思想起飞、能叫理论落地、能催花开似锦、能让梦想成真。因此，我一直把学习当做一种精神追求，坚持在学习中动笔，在动笔中学习，把学习当成知识积累的过程、当成能力积累的过程。

一、动笔总要有点学问，这就要多读些书，不断增强学习力

作家刘亚伟说过："好的书籍就像飞机场的跑道，能帮助我们的思想起飞。"对此，我深有同感。

我是"50后"，生下来就遇到三年困难时期——挨饿；上学后赶上"文革"——停课；好不容易复课了但好景不长，又来了"批林批孔与反击右倾翻案风"——"运动"。尽管如此，当时多数学生的求知欲望还是很强的。没什么课上，我们就串换着借书看，《钢铁是怎样炼成的》、《三国演义》、《水浒传》、《林海雪原》、《烈火金刚》等名著都是那个时候

看的。当时，能借到一本书即如获至宝，期限一般是三天，为了及时还书以利再借，必须熬夜看，煤油灯下、被窝里头，一看就是七八个小时。当时，求知若渴的心情可以用无以复加来形容，书中的故事情节和人物形象都深深地印在了脑海里。

1976年入伍到秦皇岛边防检查站工作，有幸被分到了“文艺班”，这时候的读书学习不仅是自己的爱好，而且是工作的需要，每年“八一建军节”、春节都要排节目，领导只是下达任务，20天就要出一台一个小时的节目，什么枪杆诗、对口词、快板书、三句半、小合唱、相声、山东大鼓、京剧清唱，全都是自编、自导、自演。完成这样的硬任务，现上轿现扎耳朵眼不行，必须经常读书、看报、找资料。就是这个时候，我读到了《唐诗三百首》，还认识了普希金、巴尔扎克、托尔斯泰、塞万提斯、茅盾、老舍、巴金、李瑛、刘璋、郭小川等大师们，《解放军文艺》每一期都几乎被翻烂了。参加培训班、上《山西青年》刊授大学，为了把节目编排得更好、更符合兵味，可以说是费尽心思。

现在条件好了，各种书籍琳琅满目，“大全”、“宝典”应有尽有，再加上网上读书异常方便，知识之窗豁然打开，各种资源取之不尽、用之不竭，阅读效率大大提高。现在的写作基本是计算机操作，什么生僻字、记不准的事，到网上一搜，既快又准，写作的效率也大大提高。

二、动笔总要有点新意，这就要勤于动脑，不断增强认知力

船的力量在于帆桨，人的力量在于思考。读书与思考相

伴，方能读出思想；读书与动笔相随，方能付诸行动。

当兵提干以后，我就琢磨着写通讯，开始是豆腐块，逐步也有“大部头”了，后来有感而发，写了一首小诗《三尺梯口》，先后被《秦皇岛日报》和《人民武警报》试刊刊载。这个时候我的读书热情更加高涨，读书笔记几大本、读书卡片一大堆，走到哪里带到哪里，反复翻看，琢磨思考。记得有一次上党校班时，我把一些读书卡片放在褥子底下，一位学员未经我允许就给拿走了，气得我与其断绝了来往。当时最大的消费就是买书。由于钱少，我是看到最有用的书才买，我从自己购买的书中获得新知，写成文章，并由钢笔字变成铅字，那种成功的喜悦就是无穷的动力，绵绵不绝地激励我再读书、再思考、再创作。

1984 年考入廊坊武警学院后，读书学习的条件大为改善，我思考了许多问题，先后有《建立原则性与灵活性相结合的教学管理制度》、《边防研究要走出低谷》、《边检站的最佳领导结构及领导观念现代化》等研究文章和《花籽遥寄法卡山》、《梨园漫步》、《蚯蚓歌》等诗作在报刊上发表，还创作了中篇小说《拦截天堂号》，被《警笛》1992 年第 9 期和《边防武警》文艺专刊登载。

认知力的提高，为我后来的发展提供了坚实的基础。后来我多次调换工作岗位，每走上一个新的岗位，都把学习作为首要任务，作为新的出发点。因为，角色不同，借助知识思考问题的方式有所不同；岗位不同，要求知识储备有所不同。只有学习了，才能进入新角色、新岗位，才能适应新阶段的要求。

三、动笔总要有点生活体验，这就要深入实际，不断增强研究力

1991 年我调到公安部工作。当时感到，作为一名人民警

察，不仅要成为一名“战将”、“干将”，更要成为一名“儒将”、“闯将”，一名专家型领导、知识型警官。在此期间，由于职责所在、站位提高、视野开阔，再加上亲身经历了许多重大事件和活动，不论是学习力、研究力还是写作能力，都得到了大大提高。

我认真学习了港澳基本法，深入研究了港澳问题，与其他学者合著了26万字的《跨越1997年的香港》一书，撰写了《迈向97的香港警队》、《香港临近97谨防偷渡潮起》、《香港临近97黑帮逃向哪里》、《港澳台——黑势力横行的金三角》、《港警皇牌飞虎队》、《中国反偷渡》等文章，被《人民公安》、《香港风情》、《紫荆》、《现代世界警察》等杂志刊载。在吉林延边边防支队下派锻炼时，我的《长白山上的国门丰碑》一文发表在《现代世界警察》上，成为我献给延边战友的一份厚礼。

1998年参加职业化改革后，我到公安部出入境管理局工作，其间赴美考察24天，回来后撰写了9万多字的《美国移民局考察访问报告》和30万字的《中国反偷渡与美国移民管理》一书，填补了中国出入境管理方面的一项空白。

自2002年开始，在任公安部国保局政治处主任期间，我认真学习机关党建工作精神和思想政治工作要求。其间，撰写了《如何当好处长》和《机关党员若干思想心理问题的自我调适28法》，被《紫光阁》杂志刊用。之后，又针对机关干部关心的90个现实问题，撰写了近30万字的《感悟机关之道》一书，由中国人民公安大学出版社出版，当年被列入国家公务员必读教材目录。

2006年9月到澳门中联办工作后，面对崭新的环境、复杂的形势、繁重的任务，我仍然坚持学习和写作。一是撰写调研文章。其中8篇被中央或部一级内参刊用，得到多位中央领导同志的批示认可，为中央决策提供了重要依据。二是撰写总结文章。为了总结回归十年澳门警方的成长历程和成功经验，我先后撰写了《澳门警方柔性处置群体性事件的实践与思考》、《澳门警队十年》、《由乱到治成就澳门十年稳定》等，先后被中央有关部门内参、《紫荆》、《现代世界警察》和《人民公安报》刊用。三是创作文学作品。澳门虽小，中西合璧的人文知识却很丰富。把学习澳门人文知识当成一项工作，当成一种兴趣，当成一种回馈，我先后创作了多篇诗作。在“澳门回归十周年献礼”的活动中，其中《有一种精微叫博大——回归十周年诗记》被2009年12月20日《人民日报》刊载；其中18首诗歌在澳门文化基金会的赞助下定名为《诗读壕江》，结集后用笔名出版；还自行设计制作了《澳门纪念》诗画册，作为“澳门回归十周年献礼”礼品赠送给澳门警方各级官员；在陪同澳门警方代表团赴井冈山参观考察时，我有感而发创作了《有一种坚持叫胜利——井冈山诗记》，在《人民公安报》发表后送代表团成员每人一份，赢得了广泛赞誉，增进了我与澳门同行在思想境界上的认知和融合。

四、动笔总要有点实用价值，这就要学以致用，不断增强执行力

“纸上得来终觉浅，绝知此事要躬行。”人一生中最大的本事就是学本事。我把善动笔看成是一种责任，让自己能站得高、看得远、想得深，以胜任本职工作；把善动笔看成是一种境界，不断从知识的海洋中吮吸营养，提升品格，陶冶情操；把善动笔看成是一种领导艺术，将大家的智慧和意志凝聚起来，为一个共同的目标而努力奋斗；把学习的出发点放在解决实际问题上，以正在做的工作为载体，将学习渗透

到岗位职责之中，努力把学习的体会和收获转化为谋划工作的思路、促进工作的措施、干好工作的本领。

在澳门工作期间，我提出了“把学习当工作抓、把工作当职业干、把研究当工程做、把单位当家庭建”的工作思路，开展了“五个一”（日听一篇佳作、周学一次业务、月读一本好书、选择一个锻炼项目、发展一项业务爱好）等活动。由于我们紧紧抓住用科学理论武装人这个根本，突出业务和队伍建设“两手抓”这个基础，强化“工作满负荷、争当多面手”这个措施的落实，我们单位获得多个先进称号，并受到表彰。

2010年9月1日以后，我结合实际工作创作了《深圳警察赋》、《深圳国保赋》等作品，并根据上级建党90周年征文活动要求，带头创作了《有一种力量叫信仰》等诗作；在国内外报纸杂志上刊发了《一代伟人千古风范——毛主席诗词所展现出来的十大精神气质》等多篇文章；同时，我撰写了一些讲课稿，做成PPT，为一些单位授课，得到广泛好评。

五、动笔总要花费时间和精力，这就要恒心远志，不断增强意志力

动笔，是一种意志的磨炼，一种心灵的修行，一种品格的锻造，也是数十年如一日的执著坚守。这需要一种恒心，也需要一种远志。

作为一级负责人，首先必须完成日常的繁重工作，不可能每天拿出大量时间用于读书与写作。但是，又要把读书与写作作为日常生活中必不可少的内容，细水长流、持之以恒，科学合理地安排时间。这些年，除了利用“三上三余”的时间读书学习外，基本上每晚用两三个小时读书、写作，渐渐成为一种习惯，晚饭后、书桌前、台灯下、网络上，放松心

情，全神贯注，既有利于平衡一天紧张的工作节奏，又可以取得较好的学习效果。遇有应酬比较疲劳我就早睡，到凌晨三四点钟爬起来再把“欠的账”补上。在写作的过程中，我经常连续几个长假不出门、不下楼；在平时，每个周末我都会拿出四五个小时遨游书山网海，吸取其精华，结合实际写体会。这样日积月累、水到渠成，每年自然就能阅读几十本书，撰写形成二三十万字的文字材料。同时，我还把学习、动笔作为高雅的生活情趣来培养，作为健康的生活方式来养成，作为人生的追求来对待，切实增强纷繁复杂社会中的“定力”和“抵抗力”。

坚持在学习、动笔中认识社会、领悟人生、开阔胸襟，在学习、动笔中强素质、长本领、练意志、砺思想。这样的人生虽有些清苦，但乐在其中；精神上的富足感，也与日俱增。

另外，值得一提的是，本书在编著过程中，参阅了大量报刊资料及专家、学者的有关专著、文章，由于篇幅所限，未能一一列明出处，谨向有关著作者表示感谢和歉意。

2013 年 3 月 4 日